Interkulturell führen

Connie Voigt
Herausgeberin

Interkulturell führen

Diversity 2.0 als Wettbewerbsvorteil

Mit Geleitworten von Professor Roland Berger
und Professor Jürgen Bolten

GABAL

Bibliografische Information der Deutschen Nationalbibliothek
Die Deutsche Nationalbibliothek verzeichnet diese Publikation
in der Deutschen Nationalbibliografie; detaillierte bibliografische Daten
sind im Internet über http://dnb.d-nb.de abrufbar.

Lektorat: Regula Walser, Zürich
Gestaltung und Satz Inhalt: Atelier Mühlberg, Basel
Umschlaggestaltung: Martin Zech Design, Bremen
Druck, Einband: Kösel GmbH, Altusried-Krugzell

Lizenzausgabe für Deutschland und Österreich:
GABAL Verlag, Offenbach
www.gabal-verlag.de

ISBN 978-3-86936-004-1

Inhalt

Vorwort 9
Von Professor Roland Berger

Geleitwort 13
Von Professor Jürgen Bolten

Einleitung 15
Connie Voigt

Teil 1
Grundlagen

Kulturdimensionen: das Unbewusste fassbar machen 25
Einführung in die Grundlagen interkultureller Kommunikation
Christa Uehlinger

Paradigmenwechsel in der interkulturellen Kommunikation 39
Julia Hintermann

Die Komplexität des Führungsanspruchs:
Pluspunkt multikulturelle Identitäten 53
Daniela Palumbo

Die Latte-Macchiato-Falle: Vielfalt als Standard
statt standardisierter Vielfalt 61
Stefan Kaduk, Dirk Osmetz und Nils Förster

Wertefreie Führung in der interkulturellen Konfliktvermittlung 73
Stuart D. G. Robinson

Teil 2
Leadership Cases: sieben Interviews

Was interkulturelle Leadership in der Politik bewirkt 83
Interview mit Frederik W. de Klerk,
ehemaliger Staatschef Südafrikas und Friedensnobelpreisträger

Ein globales Wertesystem aus Zürich in die Welt 86
Interview mit Inga Beale, Global Chief Underwriting Officer,
Zurich Financial Services Group

China: gläserne Decken und wenig Zeit 96
Interview mit Zheng Xiao Feng, Managing Director,
Cedes Sensor Co., Ltd., Shanghai

Autoritärer Führungsstil aus Sicht einer russischen Managerin 101
Interview mit Regina Kuzmina,
Marketingleiterin Unilever Russland

Zuhören ist alles 105
Interview mit Peter Robinson, CEO Burger King EMEA

Erst mit dem Gefühl der Sicherheit entsteht
ein vertrauensvolles Arbeitsverhältnis 108
Interview mit Dieter Scheiff, ehem. CEO Adecco Group

Culture Clash Marokko und Polen:
Krisenkommunikation mit hitzigen Fachkräften 112
Interview mit Franco Knie, Zirkusdirektor

Teil 3
Teilaspekte interkultureller Führung

Generation Y – die neue Herausforderung für Führungskräfte 119
Charles Donkor

Das verborgene Leitmotiv der Intrakultur: Führung in der Pflicht 131
Holger Rust

Fusionen: der Grundgedanke der Global Leadership, gelebt von einer norwegischen Firma 141
Nancy J. Adler

USA: Weiße Elite führt nach Zahlen und wird sich später selbst entmachten 153
Kerstin Goetz

Japan – Deutschland: Analyse kulturgebundener Medien 167
Margit Krause-Ono und Sylvia Wächer

Wer wen wann in Indien wie führt 185
Waseem Hussain

Interpretation westlicher Führungspraktiken aus indischer Perspektive 197
Prashant P. Khambaswadkar

Die fragwürdige Relevanz des Kopftuchs türkischer Geschäftsfrauen 203
Erol User

Teil 4
Konkrete Umsetzung interkultureller Führung

Interkulturelle Leadership als Unternehmenskultur: Awareness Coaching als Basis mit Messbarkeitsfaktor 215
Andrea Bugari

Der dritte Raum: transkulturelle Teamentwicklung 229
Barbara Greutter

Virtuelle Führung internationaler Teams: Die Krux liegt in der Kommunikation und im Vertrauen 239
Petra Köppel

Bedeutet international arbeiten interkulturell kompetent zu sein? 255
Christa Uehlinger

Die unbewusste Hemmschwelle bei Change: Was Menschen emotional blockiert 267
Gabriele Schendl-Gallhofer

Wie wertefrei können wir handeln? Gedanken zur Neutralität 281
Robert S. Benninga

Nachwort 287
Connie Voigt

Danksagungen 293

Vorwort

Von Professor Roland Berger,
Gründer und Chairman von Roland Berger Strategy Consultants

Kulturelle Vielfalt als Wettbewerbsvorteil nutzen

Unternehmen entstehen – und viele davon verschwinden wieder. Zumal in der globalisierten Wirtschaft nur die überleben, die sich schneller anpassen, als ihr Umfeld sich verändert. Und das wandelt sich rasant: In den vergangenen 200 Jahren hat sich die Weltbevölkerung um den Faktor sieben vergrößert. Gleichzeitig zeigen die Schwellenländer ein immenses Wirtschaftswachstum: 2050 wird China die größte Wirtschaftsmacht der Erde sein – vor den USA. Schon heute kommen aus den Schwellenländern immer neue Global Player. Sie sind zunehmend auch in Europa aktiv und konkurrieren mit europäischen Anbietern somit auch auf deren Heimatmärkten.

Im Zuge dieser Entwicklung internationalisieren sich die Unternehmen fortlaufend: Firmen aus dem Aktienindex Standard & Poor's 500 könnten schon bald die Hälfte ihrer Umsätze im Ausland erwirtschaften. Dax-Konzerne erzielen bereits heute knapp 70 Prozent ihrer Umsätze außerhalb Deutschlands und beschäftigen dort mehr als die Hälfte ihrer Mitarbeitenden. Jeder vierte Dax-Vorstand stammt aus dem Ausland, eine allerdings noch recht geringe Quote. Deutlich internationaler präsentiert sich die Schweiz: Fast die Hälfte aller Manager der größeren Schweizer Unternehmen kommt aus dem Ausland. Damit weist die Schweiz europaweit das internationalste Management auf. Das Interesse an ausländischen Vorständen hat einen einfachen Grund: In Zeiten der Globalisierung müssen sich die Firmen international aufstellen – Erfahrungen aus anderen Teilen der Welt sind da nützlich.

Obwohl sich die Anforderungen an Topmanager gegenseitig angleichen, sind die Karrierewege, selbst in Nachbarländern, teils noch sehr unterschiedlich. Während sich in Frankreich das obere Management aus Elite-Hochschulen rekrutiert und ein starkes Netzwerk bildet, auch in der Politik, haben Topmanager in Deutschland oft eine eher technische Ausrichtung. Hier sind zudem firmeninterne Karrieren noch häufig. Bei allen Unterschieden: Klar ist, dass ein Wirtschaftsstudium längst nicht mehr ausreicht, um es in den Chefsessel zu schaffen – geschweige denn, sich dort zu halten: Studienjahre im Ausland, internationale Berufserfahrung und Mehrsprachigkeit gehören inzwischen zu den Mindestanforderungen für Führungskräfte.

Europa steht für kulturelle Vielfalt und genau das ist im Zuge der Globalisierung und Internationalisierung der Märkte ein zentraler Vorteil. Über

20 offizielle Sprachen, mindestens drei ordnungspolitische Ansätze, unterschiedlichste Steuer- und Sozialsysteme sowie verschiedenste Konsumgewohnheiten und Distributionswege haben Europas Unternehmen früh Erfahrungen im Umgang mit kultureller Diversität sammeln lassen. Kulturelle Sensibilität der Führungsriege ist auch eine wichtige Erfolgsvoraussetzung bei grenzüberschreitenden Fusionen und Übernahmen. Um in anderen Ländern erfolgreich zu sein, müssen Manager die jeweiligen Führungsstile kennen. Fauxpas sind selten auszuschließen, denn selbst innerhalb Europas ist der Führungsstil noch sehr unterschiedlich. Eine Vergleichsstudie zeigt, dass etwa Franzosen eher «autokratisch» und Deutsche eher «demokratisch» agieren. Sie geraten so bei der Entscheidungsfindung manchmal aneinander, weil Deutsche eher abstimmungsfreudig sind und Franzosen eben nicht. Bei Deutschen und Engländern liegt der Knackpunkt in der Sprache. Deutsche pflegen eine sehr direkte Sprache, die von den Briten in der Regel als ausgesprochen unhöflich empfunden wird. Noch fremder erscheinen manche asiatische Gepflogenheiten: Bei Verhandlungen in Korea etwa sollten Ausländer dreimal so viel Zeit für Verhandlungen einplanen wie zu Hause und sich nicht über sehr persönliche Fragen wundern. In dem konfuzianisch geprägten Land ist es wichtig, den anderen einordnen zu können. Deshalb fragen koreanische Geschäftsleute den ausländischen Partner auf eine Weise aus, die einem Europäer indiskret erscheinen mag. «Wer bist du, was hast du studiert, bist du verheiratet, wie alt bist du, hast du viele Kinder und auf welche Schule gehen sie?» In Australien wiederum wären Fragen nach der Familie völlig unpassend. Die Herkunft wird in der ehemaligen Sträflingskolonie traditionell als eher delikate Angelegenheit empfunden. Für Führungspersonen ist es deshalb wichtig, Toleranz, Respekt und vor allem Feingefühl im Umgang mit anderen Nationalitäten zu entwickeln. Ein intensives, interkulturelles Training oder Coaching – nicht nur Sprachunterricht! – sollte vor Auslandseinsätzen daher zum Standard gehören.

Auch innerhalb der Unternehmen werden der Umgang mit unterschiedlichen Nationalitäten und die Integration von ausländischen Mitarbeitenden immer wichtiger. Bildung spielt eine wesentliche Rolle bei der erfolgreichen Integration von Migranten. Viele Unternehmen haben die Probleme erkannt und bieten Deutschkurse für Ausländer oder Förderprogramme für junge Auszubildende mit ausländischem Pass an. Dies hat handfeste Gründe: Weder der Wirtschaftsstandort Europa noch unsere Gesellschaft können es sich länger leisten, Humanpotenzial zu vergeuden. Intelligenz ist über alle Schichten gleich verteilt, und schon heute sind Talente knapp. Im OECD-Mittel hat sich der Anteil der Studienanfänger an Hoch- und Fachhochschulen von 2003 bis 2006 von 53 auf 56 Prozent eines Jahrgangs erhöht, in Deutschland stagniert er dagegen bei etwa 36 Prozent. Die Politik muss dafür sorgen, dass die soziale Durchlässigkeit der Bildungssysteme verbessert wird. Eine gezielte Einwanderungspolitik sollte die Bemühungen der Unternehmen unterstützen und flankieren.

Nicht nur qualifizierte Fachkräfte brauchen wir, sondern auch hoch qualifizierte Wissenschaftler, um international den Anschluss nicht (ganz) zu verlieren. Topforscher aus Fernost sollen nicht nur in die USA, sondern vermehrt auch nach Europa kommen. Nur Unternehmen, die langfristig die besten Talente gewinnen, fördern und an sich binden können, werden überleben. Und technologischer Fortschritt und Innovationen waren und werden auch künftig Treiber von Wachstum, Beschäftigung und Wohlstand sein – zumal in unseren rohstoffarmen Hochlohnländern.

Die Geschäftswelt wird komplexer, internationaler, vielfältiger – und die sogenannten weichen Faktoren werden mehr und mehr zu den wichtigen Erfolgsfaktoren. Langfristig werden multinationale Teams, wie sie in der Strategieberatung seit vielen Jahren gang und gäbe sind und für jedes Projekt neu formiert werden, in allen Unternehmen selbstverständlich sein. Dies fördert die Unternehmenskultur und -leistung, bringt den Beteiligten offensichtliche Vorteile wie die Kenntnis unterschiedlicher Sprachen, Kulturen und Märkte – und fordert die Führung. Nur die Unternehmensführer, die es schaffen, kulturelle Vielfalt als Wettbewerbsvorteil zu nutzen, werden sich international durchsetzen können. Wie unterschiedlich die Facetten sind, tatsächlich interkulturell zu führen, zeigt dieses Buch.

Geleitwort

Von Jürgen Bolten, Professor des Fachgebiets «interkulturelle Wirtschaftskommunikation» an der Universität Jena

Wege aus dem interkulturellen Ethnozentrismus westlicher Provenienz

«Diversität» und «interkulturelle Kompetenz» haben sich im internationalen Management inzwischen zu Trendbegriffen entwickelt. Das ist einerseits erfreulich, weil auf diese Weise ein grundsätzliches Bewusstsein für die Notwendigkeit fairen Verhaltens gefördert wird. Der Nachteil besteht – wie in vielen vergleichbaren Fällen – darin, dass die Begriffe oft nur verwendet werden, weil es die Umwelt erwartet, weil es *en vogue* zu sein scheint und weil man glaubt, auf diese Weise politisch korrekt zu handeln. Faktisch entleeren sich die Begriffe zu Worthülsen.

So wird kaum jemand der positiven Assoziationskette widersprechen wollen, die das Wort «Diversität» auslöst: Vielfalt, Gleichberechtigung, Autonomie, Gerechtigkeit, Respekt vor dem anderen – dies alles sind zweifellos gut gemeinte Vorstellungen. In der Summe können sie allerdings dennoch ins Negative umschlagen; dann nämlich, wenn das Insistieren auf Individuen- und Gruppenrechten im Sinne einer missverstandenen «political correctness» zu einem Nebeneinander des Vielfältigen, und damit zu Vereinzelung, führt. Robert Putnam, Politikwissenschaftler an der Harvard University, hat in seiner in den USA durchgeführten Studie *Bowling Alone* nachgewiesen, dass eine in dieser Weise falsch verstandene Diversity soziale Netzwerke auseinanderbrechen lässt. Dies hat nicht nur sozial, sondern auch ökonomisch fatale Auswirkungen: Gerade weil man Angst hat, andere in ihren Rechten, Ansichten und Meinungen zu verletzen, zieht man sich zurück und geht eben nicht mehr in Gruppen, sondern alleine bowlen – mit der Konsequenz, dass (in den USA in einem volkswirtschaftlich relevanten Ausmaß) weniger Snacks konsumiert werden, als es bei einem gemeinsamen Gruppen-Bowling der Fall wäre.

Selbst wenn man von diesem wirtschaftlichen Negativeffekt absieht, wird deutlich, dass fragmentarisch gedachte Diversität letztlich in eine Sackgasse führen kann. Die Wende von einem solchen *Nebeneinander des Vielfältigen* hin zu einem *Miteinander unter Wahrung von Vielfalt* sollte ein Manager, der sich als «intercultural leader» versteht, weisen können. Von ihm erwartet man hinreichend interkulturelle Kompetenz, um die Einzelnen in ihrer Verschiedenheit zu respektieren, dabei gleichzeitig aber auch Prozesse des Miteinanders zu initiieren, in denen *gemeinsam* Neues und

Unerwartetes kreiert wird; etwas, was für sich allein keiner der Beteiligten zu erreichen in der Lage wäre.

In diesem Sinne scheint auch der Begriff «interkulturelle Kompetenzvermittlung» zunächst durchweg positiv besetzt zu sein, und es wäre sicherlich widersinnig, jemandem, der sich heute bewusst interkulturell engagiert, unlautere Absichten zu unterstellen.

Dennoch könnte das Resultat seines gut gemeinten Handelns negative Auswirkungen haben; und zwar dann, wenn er nicht reflektiert, dass er als «intercultural Leader» notwendigerweise kulturgebunden handelt und diese Sozialisationsspezifik auch nicht abstreifen kann. Genau dies wird von der aktuellen interkulturellen Trainingsforschung und -praxis bislang kaum bedacht: So werden gegenwärtig euroamerikanische Methoden der interkulturellen Personalentwicklung vor allem in asiatischen und osteuropäischen Aus- und Weiterbildungsprogrammen implementiert, ohne dabei die Kulturgebundenheit von Erkenntnis- und Lerntheorien, von Lehr- und Lernstilen, von Methoden und von Training Contents hinreichend zu berücksichtigen. So paradox es klingt, aber von den Beteiligten *gemeinsam* entwickelte und in diesem Sinn «interkulturelle» Methoden interkultureller Kompetenzentwicklung existieren bislang fast nirgendwo.

Um aus dem interkulturellen Ethnozentrismus westlicher Provenienz, der bis heute über Jahrzehnte hinweg die interkulturelle «Szene» dominiert hat, herauszukommen, bedarf es des interkulturellen Miteinanders aller, die an entsprechenden Kompetenzentwicklungsprozessen beteiligt sind. Es gilt auch hier, Vielfalt zu wahren und dennoch gemeinsam etwas Neues, von allen Akzeptiertes zu schaffen. Dass die Wendung «etwas gemeinschaftlich machen» die offizielle deutsche Übersetzung des lateinischen *communicare* ist, sei nur am Rand vermerkt.

Also: Let's collaborate – Diversität wahren und die damit verbundene Vielfalt vermehrt vernetzen. Hierzu möchte der Band anregen. Er möchte aber auch ein Nachdenken über Begriffe anregen, die unter dem Etikett «interkulturelle Führung» heute oft allzu unbedarft und manchmal auch vorschnell verwendet werden.

Einleitung

Connie Voigt

Connie Voigt

ist Wirtschaftsjournalistin, Kommunikationsexpertin und Coach für Führungskräfte. Sie hält Vorträge zu ihrem Spezialgebiet «Interkulturelle Führung», führt Workshops durch, ist Dozentin für Kommunikation und Human Resource Management und Leiterin des Beratungsunternehmens und Thinktanks www.interculturalcenter.com Ltd. Sie lebt in Zürich, Frankfurt und London.

Interkulturelle Leadership ist ein Führungsstil, der an die neuen Bedürfnisse unserer globalisierten Unternehmenswelt angepasst ist. Er zeichnet sich vor allem durch überdurchschnittlich hohe Toleranz und weniger Hierarchiegefüge aus. Er ist zudem eine Notwendigkeit, um die mit dem Internet aufgewachsene Generation Y nach ihren Bedürfnissen so zu führen, dass sie nicht nur ihre wertvollen Inputs gibt, sondern den Unternehmen auch erhalten bleibt. Es genügt nicht mehr, sich mit Diversity-Programmen in Geschäftsberichten als international ausgerichtet zu präsentieren. Es geht vielmehr um eine nächste Stufe – um eine Art Diversity 2.0: die positive Ausschöpfung der Diversity, das heißt die Ausschöpfung der Vielfalt aufgrund unterschiedlicher Generationen oder verschiedener Herkunft. Und der tatsächlichen Wertschöpfung von Diversität obliegen Offenheit und Respekt für Andersartigkeit, die sich im interkulturellen Führungsstil manifestieren.

Menschen haben unterschiedliche Bedürfnisse und Erwartungen, die sie auch in ihr Berufsleben tragen. Wer wie heutige Teenager mit dem Laptop schlafen geht, um nachts noch schnell Informationen zu ersurfen, erwartet von seiner Führungsperson einen naturgegebenen transparenten Umgang mit Informationen. Das Internet hat die Kommunikationsformen unserer Gesellschaft komplett durchdemokratisiert: Menschen haben jederzeit freien Zugang zu x-beliebigen Informationen aus jedem Winkel der Welt und unzensiert. Die neue Generation erwartet folglich, vollkommen durch ihr Unterbewusstsein gesteuert, den gleichen freien Zugang im Berufsleben. Nur wenige Wirtschaftskapitäne im reifen Alter sind sich dieser wandelnden Erwartungshaltung bewusst.

Wie Jack Welch, der vormals langjährige CEO von General Electric, während eines Interviews in Zürich im Frühjahr 2008 so treffend sagte: «Ich kenne sehr viele reifere CEO in den USA, die mir von ihren Erfahrungen mit ihrer jüngsten Generation im Unternehmen erzählen. Sie fühlen sich teilweise überfordert von all den bohrenden Fragen, die ihnen gestellt werden, und das ohne Vorankündigung, im Flur, bei der Kaffeemaschine. Oder dann kommen die Jungen einfach ins Büro und hinterfragen alle möglichen Unternehmensentscheide. Zudem erwarten sie eine sofortige allumfassende Antwort. Die meisten Führungspersonen der Generation 50 plus sind überfordert, diese Transparenz in diesem zusätzlich ungeheuren Tempo zu liefern.»

Die eine große Herausforderung: Im Zuge der demografischen Veränderungen ist jedes Unternehmen auf das Verständnis für die Bedürfnisse seines Nachwuchses mehr denn je angewiesen. Praktiziertes Hochschulmarketing zur Akquise der besten Hochschulabgänger ist nur dann wirklich Erfolg versprechend, wenn die Bedürfnisse der Zielgruppe klar sind und das Verständnis dafür nicht nur gezeigt, sondern auch gelebt wird.

Die zweite große Herausforderung: Da die sogenannte Generation Y den Personalbedarf am Arbeitsmarkt nicht decken wird, sind europäische Unternehmen gezwungen, Personal aus bevölkerungsstarken Ländern wie Indien zu rekrutieren. Und es geht nicht nur um die dringende Suche nach Fachkräften. Es werden sich auch im Leadership-Bereich in den meisten europäischen Chefetagen bald Engpässe abzeichnen. Das bedeutet, dass etablierte europäische und amerikanische Unternehmen auf Führungspersonen aus anderen Regionen verstärkt angewiesen sein werden, die zudem ihre Wachstumsmärkte besser kennen.

Bei manchen europäischen und amerikanischen Konzernen zeichnet sich dieser Trend bereits ab. So holte sich der finnische Mobilhersteller Nokia 2008 Lalita Gupte in den Vorstand. Gupte ist ein indischer Banker. Der Chefposten von Unilever Russland war bis Sommer 2008 jahrelang von einer indischen Führungsperson besetzt. Indra Nooyi, die Pepsi-Chefin in den USA, ist ebenfalls Inderin. Umgekehrt ist der Chefstratege der Tata Group, Alan Rosling, ein Brite, der sich im *Economist* (20.9.2008) folgendermaßen über seine indischen Managementkollegen äußerte: «Ein wichtiger Grund für das weitere weltweite Wachstum des Konzerns ist die Tatsache, dass Tata ein indisches Unternehmen ist. Inder haben eine sehr viel ausgeprägtere Sensibilisierung für kulturelle Unterschiede, die vielen ihrer westlichen Kollegen in den seit längerer Zeit entwickelten Ländern noch fehlt.» Bei diesem Statement drängt sich aus westlicher Sicht die Frage auf, ob indische Manager eine ähnliche Meinung über europäische oder amerikanische Kollegen haben.

Es ist absurd zu glauben, dass man das Denken und Handeln anderer Menschen ganz verstehen könnte. Umso wichtiger ist es, dies wenigstens von einem neutralen Standpunkt aus zu versuchen. Eine Kernfähigkeit ist dabei die Kommunikation, die im Betrieb durch die Führungspersonen maßgeblich geprägt wird. Für einen interkulturell – also zwischen den Kulturen oder Generationen – agierenden CEO bedeutet interkulturelle Leadership aufmerksames Zuhören und den Einbezug andersartiger Ansichten. Letztlich erfordert wahre Empathie im gegenwärtigen, und noch mehr im zukünftigen Wirtschaftsumfeld ein interkulturelles Bewusstsein. Heutzutage ist zudem fast jede Geschäftskommunikation interkulturell geprägt, denn kaum eine modern aufgestellte Unternehmung ist homogen strukturiert, ebenso wenig wie ihre Kundschaft. Allein das Verständnis für die großen aufkommenden indischen, chinesischen, russischen oder brasilianischen Märkte (auch BRIC-Staaten genannt) ist für alle Industrienationen von höchstem kommerziellem Interesse. Paradigmenwechsel, sei es für eine Auseinandersetzung mit dem chinesischen Handelspartner oder dem russischen Kollegen, sind überlegenswert. Dafür dienen zur Vereinfachung häufig politische Ereignisse, wie beispielsweise der Georgienkonflikt. Hand aufs amerikanische Herz: Die Reaktion der USA würde in einer vergleichbaren Situation vor der eigenen Haustür nicht sehr von der russischen Reaktion abweichen. Das heißt: Paradigmenwechsel helfen auf unkomplizierte und schnelle Weise festzustellen, dass der anscheinend so andersartige Kunde oder Kollege aus «diesem anderen Kulturkreis» einem gar nicht so unähnlich ist. Es geht «nur» darum, sich die Zeit zum Reflektieren zu nehmen und diesen Paradigmenwechsel regelmäßig selbst zu praktizieren.

In jedem Kommunikationsaustausch zwischen Vertretern verschiedener Kulturen zählt auch der Kontext, in dem das Gespräch stattfindet. So finden Handlungen selten in interessen- und machtfreien Räumen statt, sondern stehen innerhalb eines Kontexts, der eine Vorgeschichte hat. Das ist deshalb so bedeutend, weil Interkulturalität besonders dann offensichtlich wird, wenn es Interessen- und Meinungsverschiedenheiten gibt oder einen zusätzlichen Kosten- und Zeitdruck. Um die Komplexität interkultureller Verhaltensweisen mit einem authentischen Beispiel zu demonstrieren, sei hier folgende Geschichte aus einem Londoner Büro angefügt: Ein libanesischer Mitarbeiter sagt zu seiner hierarchisch gleich gestellten europäischen Kollegin nach längerer Konversation auf dem Flur: «Sie sind ja ganz intelligent, dafür dass Sie eine Frau sind.» Die Europäerin weiß nicht recht, wie sie diese Aussage deuten soll: Entweder der Kollege meint es als echtes Kompliment, oder er will sie ärgern, oder/und er hat keine Ahnung, was diese Aussage in Europa auslösen kann. Am folgenden Tag geht die Mitarbeiterin zu vier anderen mehr oder weniger gleichaltrigen libanesischen Mitarbeitenden im gleichen Haus. Sie alle kennen den Verursacher ihrer Verwirrung. Sie möchte deren Interpretation hören. Alle vier geben komplett unterschiedliche Tipps ab. Der eine glaubt die Geschichte gar nicht erst. Ein anderer zweifelt an der Anpassungsfähigkeit des Kollegen in London. Die dritte Person, eine libanesische Frau, ist entsetzt, und der Vierte meint, dass der Kollege es nur gut meinte.

Die ernüchternde Moral dieser Geschichte ist: Menschen gleicher kultureller Herkunft gleicher Generationen scheinen Aussagen und Verhaltensweisen, die auf kulturellen Unterschieden basieren, unterschiedlich interpretieren zu können. «Falsche» Stereotype über allenfalls aus westlicher Sichtweise angeblich «rückständige Libanesen» liefern also, wie in diesem Fall, keinen Anhaltspunkt.

Westliche und auch einige fernöstliche Stereotype über gute Führung hingegen beinhalten oftmals, dass eine Führungsperson als schwach stigmatisiert wird, wenn sie nicht stets ad hoc die eigene Meinung über bestimmte Dinge äußert und sich somit zumindest nach außen hin nicht mit einer eigenen Wertung zurückhält. Die traditionelle Erwartungshaltung der westlichen oder auch russischen Gesellschaft, dass ein Chef «immer alles wissen muss» und stets seine Meinung deklarieren muss, sollte im heutigen multikulturellen Zeitalter überlebt sein. Gute interkulturelle Leadership bedeutet nämlich, sich intensiver der wachsenden Meinungsvielfalt zu widmen, gemeinsam im interkulturellen Team zu analysieren, um erst dann Entscheidungen zu fällen oder Meinungen offiziell zu vertreten.

Unsere sich weiter globalisierende Welt wächst an Diversität. Allein in den alten Bundesländern in Deutschland haben 30 Prozent der Bevölkerung einen Migrationshintergrund. In den USA wird nach Schätzungen im Jahre 2050 die Mehrheit der Bewohner nicht amerikanischer Herkunft sein, sondern aus Lateinamerika und aus asiatischen Kulturkreisen stammen. Je nachdem, wie sich Immigranten assimilieren (wollen), sorgen sie für zunehmende Vielfalt, die folglich ein höheres Maß an Individualität bedeutet. Vereinfacht könnte der interkulturelle Führungsstil auch als individueller Führungsstil bezeichnet werden. Diese Vereinfachung bringt aber nichts, denn es geht in der Essenz um viel mehr als um die Erkenntnis von individuellen Ansichten oder von einem anderen Kulturverständnis: Es geht um das ständige Hinterfragen von möglichen (Fehl-)Interpretationen in Konversationen. Zur Illustration folgende prägnante Aussage von Nancy Adler, Professorin für Organisationsentwicklung und internationales Management an der McGill University Montreal: «Both American and Chinese leaders agree, but for very different reasons, that democratic organizations can perform efficiently and productively: that is, that global competitiveness without dehumanization is possible» (Nancy Adler/Allison Gundersen 2008).

Primäres Ziel und roter Faden dieses Buches ist es, eine Vielfalt von Wegen aufzuzeigen, die Führungspersonen zu bewusstem transkulturellem Verhalten verleiten, einem Verhalten, das es ermöglicht, sich zwischen den Kulturen zu bewegen, das wiederum interkulturelles Denken voraussetzt. Es geht in der Essenz also darum, Unfassbares zu managen.

21 Autorinnen und Autoren aus den unterschiedlichsten Kulturen und Berufen haben mit ihren jeweiligen Ansätzen diverse Verhaltens- und Denkweisen beleuchtet. Allein durch diese Vielfalt ergeben sich Kapitel mit überraschenden Sichtweisen, die beim ersten Gedanken an interkulturelle Führung nicht unbedingt präsent sind. Und genau diese offene Methode bringt die Vielfalt der Ansätze auf der Metaebene vorwärts.

Es geht nicht um einen Anspruch auf Vollständigkeit bei der Berücksichtigung einzelner Kulturen. Die Auswahl erfolgte nach gegenwärtiger ökonomischer Relevanz. Auch halten sich die meisten Autorinnen und Autoren ganz bewusst fern von erneuten Interpretationen der Theorien und Kategorisierungen von Geert Hofstede und Fons Trompenaars, den einschlägigen Experten im Bereich des interkulturellen Managements. Im Gegenteil: In jedem der Beiträge wird die Sensibilisierung im Umgang mit wachsendem Individualismus betont, der unter anderem auf prozentual steigender Multikulturalität weltweit beruht. Kategorisierungen haben bei diesem offenen Ansatz keinen Platz. Der Begriff der «Andersartigkeit» wird hier besetzt im Sinne von «anders als der Einzelne selber».

Zur Struktur des Buches

Teil 1 widmet sich den Voraussetzungen für interkulturelles Agieren, wobei zuerst die bisher anerkannten Dimensionen der interkulturellen Kompetenz erläutert werden. Danach geht es um die Notwendigkeit, alte Muster aufzubrechen, Paradigmenwechsel vorzunehmen, die Komplexität der multikulturellen Identität, also der Identität, die sich aus mehrfacher Herkunft zusammensetzt, zu realisieren, und es wird der Frage nachgegangen, inwiefern Lehren aus der interkulturellen Konfliktvermittlung auf die Führung internationaler Teams übertragbar sind.

Der zweite Teil setzt sich aus sieben Interviews zu vollkommen unterschiedlichen Fragestellungen zusammen. Führungspersönlichkeiten aus Südafrika, England/Norwegen, China, Russland, Deutschland und der Schweiz/Italien teilen ihre ganz persönliche Erfahrung aus ihrer Praxis mit. Dabei liegt der Fokus einmal auf der Notwendigkeit des Vertrauenkönnens, dann auf der Krisenkommunikation zwischen polnischen und marokkanischen Zirkushandwerkern und Monteuren. In einem anderen Interview geht es um den «Unsinn» des autokratischen russischen Führungsstils aus der Sicht einer russischen Managerin, dann um die Perspektive eines chinesischen CEO über die Erwartungen westlicher Unternehmensführung. Schließlich wird die Unmöglichkeit diskutiert, ein globales Wertesystem für Unternehmen zu schaffen.

Auch Teil 3 beleuchtet unterschiedliche Kulturen von jeweiligen lokal ansässigen Autorinnen und Autoren. Diese acht Kapitel widmen sich wiederum anderen Facetten: der Schaffung einer Intrakultur innerhalb von Unternehmen, den Bedürfnissen der Millennium-Generation in Bezug auf Führung, der globalen Leadership bei Fusionen, den zukünftigen Herausforderungen der weißen Führungselite in den USA, der Kulturabhängigkeit der japanischen und deutschen Medien, der strikten Führungsetappen nach Lebensphasen in Indien, indischen Interpretationen westlicher Führung und der Nichtrelevanz der Diskussionen über das Tragen von Kopftüchern türkischer Frauen im Topmanagement.

Im vierten und letzten Teil fokussieren fünf Autorinnen und ein Autor, die in der praktischen Umsetzung tätig sind, auf ihre jeweiligen, sehr vielfältigen Ansätze zur interkulturellen Führung: Awareness Coaching, transkulturelle Teamentwicklung, virtuelle Führung. Zudem geht es um den Irrglauben in der Gleichstellung von internationalem Arbeiten und interkulturellem Agieren, um emotionale Blockaden des Unbewussten beim Change sowie um abschließende Gedanken zum Versuch der möglichst wertefreien Wahrnehmung.

Literatur

Alan Rosling, «Special Report on Globalisation», in: *Economist*, 20. September 2008, S. 8.

Nancy Adler, Allison Gundersen, *International Dimensions of Organizational Behavior*, 5. Aufl., Thomson Southwestern: Mason 2008.

Teil 1 Grundlagen

Kulturdimensionen: das Unbewusste fassbar machen

Einführung in die Grundlagen interkultureller Kommunikation

Christa Uehlinger

Christa Uehlinger

ist promovierte Juristin und Spezialistin für interkulturelle Kommunikation und Gründerin von www.linkingpeople.ch. Sie verfügt über langjährige internationale Erfahrung als Managerin, Consultant sowie als ausgebildeter Coach und arbeitete in global tätigen Unternehmen. Sie ist zudem Dozentin für interkulturelles Management an verschiedenen schweizerischen Fachhochschulen.

Kultur ist wie ein Eisberg: Nur der kleinste Teil, die sogenannte objektive Kultur, ist sichtbar. Dazu zählen unter anderem offensichtliche Verhaltensweisen und Angewohnheiten, auf die in Trainings oft als «Dos» und «Don'ts» oberflächlich verwiesen wird. Diese Aspekte interessieren hier nicht. Vielmehr werden die kulturellen Dimensionen der Modelle von namhaften Anthropologen und Sozialwissenschaftlern unter die Lupe genommen, welche die Basis für die Lehre der interkulturellen Kommunikation geschaffen haben. Aber auch diese können letztlich nur eingeschränkt als Orientierungshilfen dienen, da sie lediglich Tendenzen aufzeigen und Generalisierungen sind.

Ein Schweizer Manager wird von einem international tätigen Unternehmen als Projektleiter nach Südafrika gesandt. Sein Auftrag ist, in der lokalen Tochtergesellschaft innerhalb von fünf Wochen mit einem Team, bestehend aus fünf Leuten aus vier verschiedenen Nationen, ein IT-Projekt zu planen und erste Maßnahmen einzuleiten. Die Teammitglieder kennen sich nicht und treffen sich zum ersten Mal in Südafrika. Nach seiner Rückkehr sagt er: «Wir haben kein einziges Ziel erreicht. Wir waren zu verschieden.» Ein deutscher Professor wird an eine Schweizer Universität berufen. Teil seiner Aufgabe ist, ein Forschungsteam zu leiten, das hauptsächlich aus Schweizern besteht. Nach nur kurzer Zeit kommt es aufgrund seines Führungsstils zu Unstimmigkeiten. Das Team ist demotiviert. Der Professor sagt: «Ich meinte immer, Deutsche und Schweizer seien sich sehr ähnlich, schließlich sprechen wir die gleiche Sprache. Tatsächlich sind wir ziemlich unterschiedlich.» Ein japanisches Unternehmen vertreibt sehr erfolgreich einen Joghurtdrink im Heimmarkt und trifft die Entscheidung, nach Europa zu expandieren. Der Markteintritt erfolgt auf der Basis der in Japan gewinnbringenden Marketingstrategie. Das Produkt bleibt in Europa in den Regalen liegen. Das Unternehmen macht Verluste.

Allen drei Beispielen ist eines gemeinsam: Kulturelle Unterschiede wurden nicht oder kaum beachtet. Jedoch tauchen diese heutzutage überall auf. Nicht nur führt die zunehmende Internationalisierung und Globalisierung zu einer verstärkten Verflechtung der Wirtschaft, sondern auch Menschen mit unterschiedlicher kultureller Prägung treffen häufiger aufeinander. Dafür muss man nicht mehr erst ins Ausland gehen. Globalisierung findet mehr und mehr bereits am eigenen Arbeitsplatz statt. Führungskräfte und Unternehmen befinden sich tagtäglich in kulturellen Dilemmas. Kultur ist nicht ein zusätzlicher Faktor, den es zu berücksichtigen gilt. Kultur ist der Kontext, in dem sich jede Geschäftstransaktion abspielt; sie ist der dominante Faktor oder wie Geert Hofstede sagt: «The Business of International Business is Culture.»

Das Nichtbeachten von kulturellen Unterschieden hat Konsequenzen. So werden beispielsweise die Kulturdifferenzen beziehungsweise deren Integration in internationalen M&As als ein zentraler Erfolgsfaktor, wenn nicht gar als Hauptgrund für das Scheitern angesehen (Cartwright & Cooper). Eine Untersuchung eines europäischen Beratungsunternehmens bestätigt das und zeigt, dass kulturelle Unterschiede die größte Herausforderung bei der Integration von europäischen Akquisitionen darstellen. In einer anderen Untersuchung benennen 35 Prozent der befragten Führungskräfte kulturelle Unterschiede als Problem Nummer eins bei internationalen Akquisitionen (Schneider/Barsoux, S.9). Kosten, die durch kulturelle Missverständnisse oder Konflikte entstehen, sind eher verborgene Kosten. Sie sind meist verbunden mit Produktivitätsverlusten. Kurz: Kultur ist eine starke Kraft; sie kann den Geschäftserfolg entweder unterwandern oder steigern.

Kulturbegriff

Das Verhalten des Menschen wird grundsätzlich von drei unterschiedlichen Elementen beeinflusst: der universellen menschlichen Natur, der Kultur und der Persönlichkeitsstruktur. Im Folgenden liegt der Fokus auf der Kultur, trotz Bewusstsein, dass in allen interkulturellen Begegnungen auch die anderen zwei Elemente eine Rolle spielen.

Für den Begriff Kultur existieren unzählige Definitionen. So haben Kluckholm und Kroeber bereits Anfang der 1950er-Jahre über 150 Definitionen gezählt und miteinander verglichen. Kurz gesagt und ohne wissenschaftlichen Anspruch bedeutet Kultur die gelernten und geteilten Werte und Glaubenssätze einer Gruppe von Menschen, die sich in einer charakteristischen Verhaltensweise äußern. Kultur ist somit ein Orientierungssystem, das für eine Organisation, eine Nation, eine Gruppe oder eine Gesellschaft typisch ist und Sinn stiftet. Hofstede spricht in diesem Zusammenhang von einer «kollektiven, mentalen Programmierung», der «software of the mind» (Hofstede, S.2ff.). Kultur ist gelernt und wird in der jeweiligen Gesellschaft, Organisation oder Gruppe an die nachfolgende Generation weitergegeben. Sie ist nichts Statisches, sondern wandelt sich aufgrund innerer und äußerer Einflüsse. Kultur beeinflusst das Wahrnehmen, Denken, Werten und Handeln aller Mitglieder der jeweiligen Gesellschaft und definiert deren Zugehörigkeit. Kultur als Orientierungssystem strukturiert ein für die der Gesellschaft zugehörigen Individuen spezifisches Handlungsfeld und schafft damit Voraussetzungen zur Entwicklung eigenständiger Formen der Umweltbewältigung (Thomas, S.22). Was für Menschen aus einer Kultur als wichtig erachtet wird, beispielsweise Karriere machen, kann für Menschen aus einer anderen Kultur absolut unbedeutend sein. Kurz: Kultur vermittelt Bedeutung und beeinflusst die Handlungen. Kulturelle Orientierungen sind daher weder richtig noch falsch, sondern lediglich verschieden.

Kultur ist wie ein Eisberg. Nur der kleinste Teil, die sogenannte objektive Kultur, ist sichtbar. Die objektive Kultur umfasst die unmittelbar wahrnehmbare Realität des Verhaltens. Das beinhaltet alles, was sichtbar, hörbar und spürbar ist (z.B. Musik oder Mode), aber auch der sichtbare Umgang der Menschen miteinander (z.B. die Art der Begrüßung oder das Auftreten). Missgeschicke in der objektiven Kultur führen selten zum Abbruch von Verhandlungen oder Geschäftstransaktionen. Diese Verhaltensweisen kann man lernen oder auch nachahmen. «Dos» und «Don'ts» alleine reichen jedoch nicht aus. So genügt es nicht, zu wissen, dass man in China die Visitenkarte mit beiden Händen übergibt. Das kann im ersten Moment helfen, ist aber langfristig unzureichend. Auch das Erlernen der Sprache kann helfen, reicht aber nicht aus. Wer im interkulturellen Umfeld erfolgreich sein will, muss sich mit der subjektiven Kultur auseinandersetzen – der eigenen und der fremden. Dieser größere Teil der Kultur, nämlich die Werte, Einstellungen und Glaubenssätze, die Teil der Identität sind, liegt unter der Oberfläche und ist unsichtbar, das heißt in interkulturellen Interaktionen nicht unmittelbar erkennbar. Werte liegen im Unterbewussten. Darauf basierende Vorstellungen, wie man sich zu verhalten hat, sind mit der Zeit verinnerlicht. Man reagiert unbewusst und instinktiv. Nicht länger überlegt man, was in einer bestimmten Situation zu sagen oder zu tun ist – man weiß es. In diesem unbewussten Handeln liegt die Herausforderung. Dieses Unbewusste macht sich faktisch nur schleichend bemerkbar. Trifft jemand aus einer Kultur auf jemanden aus einer anderen Kultur, so kommt es zu einer kritischen Begegnung (Critical Incident), das heißt zu typischen, wiederholt vorkommenden Missverständnissen. Erfahrungsgemäß tendieren beide dazu, davon auszugehen, dass der andere sich so verhält, wie sie selbst. Das ist unzutreffend. Bei solchen Interaktionen stoßen meist beide Partner auf ein unerwartetes Verhalten und unbekannte Reaktionen, deren Bedeutung und Sinn sie nicht verstehen. Das heißt, das eigene kulturelle Orientierungssystem versagt seinen Dienst (Thomas, S.24).

Kulturdimensionen – das Unfassbare fassbar machen

Jede Gruppe von Menschen hat Probleme zu lösen. Wie sie das macht, ist kulturell bedingt. Dahinter steckt ein kulturelles Verhaltensmuster. Weltweit führen Führungskräfte Unternehmen; wie sie das machen, ist von Kultur zu Kultur unterschiedlich. Wenn man diese zentralen Wertemuster bezüglich gewisser Grundproblemstellungen versteht, verfügt man über ein Instrument, das hilft, kulturelle Unterschiede zu verstehen und die Komplexität kultureller Fragestellungen im internationalen Wirtschaftsleben zu reduzieren und besser lösen zu können. Von Kulturdimensionen wird in der interkulturellen Forschung gesprochen, wenn die Frage gestellt wird, ob bestimmte Kulturstandards auf bestimmte Grunddimensionen menschlichen Verhaltens zurückgeführt und dort lokalisiert werden können (Layes, S. 60 f.). Dies wird in der Forschung überwiegend bejaht. Kulturstandards oder Wertemuster charakterisieren eine Kultur allgemein und abstrahiert. Sie beziehen sich auf Gemeinsamkeiten einer Nation. Ein Kulturstandard ist somit nicht bei jedem Individuum einer Kultur gleich ausgeprägt, sondern zeigt einen Durchschnitt auf.

Die zwei Kulturanthropologen Florence Kluckholm und Fred Strodtbeck untersuchten in ihrer Forschung 1961 fünf grundlegende menschliche Orientierungen, nämlich die menschliche Natur generell; die Beziehung des Menschen zur Natur; die Beziehung zur Zeit; die Art und Weise menschlicher Handlungen sowie die Beziehung der Menschen untereinander. Sie kamen zum Schluss, dass innerhalb dieser Orientierungen die Einstellungen dazu je nach Kultur anders sind, beziehungsweise dazu verschiedenste Werte und Glaubenssätze existieren. Diese Arbeit legte die Basis für weitere.

Edward T. Hall: Raum, Zeit und Kommunikation

Edward T. Hall (geb. 1914), ein amerikanischer Anthropologe, verfolgte bei seinen Forschungen einen kulturvergleichend-ethnologischen Ansatz. Er identifizierte in seiner Arbeit grundlegende Dimensionen menschlichen Zusammenlebens, mit denen sich seiner Meinung nach Menschen aller Kulturen auseinandersetzen, nämlich Raum, Zeit und Kommunikation.

In Bezug auf den *Raum* wurde Hall mit seiner These «Proxemics» bekannt. Hall versteht darunter die systematische Erforschung der menschlichen Wahrnehmung und des menschlichen Gebrauchs von Raum. Je nach Kultur sind unterschiedliche Grade räumlicher Nähe feststellbar. Am besten lassen sich diese Unterschiede mit folgender Anekdote illustrieren: Was ist der Unterschied zwischen zehn Deutschen in einem Spätzug mit zehn Wagen und zehn Italienern in der gleichen Situation? Die zehn Italiener sitzen alle zusammen in einem Abteil mit sechs Sitzen, während sich jeder Deutsche allein in einen Wagen setzt.

Bei der Dimension *Zeit* unterscheidet Hall zwischen sogenannten monochronen und polychronen Kulturen. In monochron orientierten Kulturen wie beispielsweise in nord- und westeuropäischen Ländern, Nordamerika oder Kanada liegt die Aufmerksamkeit jeweils auf einer Sache. Es wird eine Aufgabe nach der anderen erledigt. Diesem Verhalten unterliegt ein lineares Zeitverständnis. Der Zeitablauf ist rigide in Segmente eingeteilt, vergleichbar mit einer linearen Achse, auf der beabsichtigte Handlungen untergebracht werden. Dabei wird Pünktlichkeit erwartet und Fristen sind einzuhalten. Planung ist prioritär und steht über allem. Zuverlässigkeit ist wichtig. Demgegenüber werden in polychron orientierten Kulturen wie beispielsweise in den südamerikanischen, südeuropäischen und arabischen Ländern mehrere Dinge gleichzeitig erledigt. Sie kennzeichnen sich durch ein relatives Zeitverständnis und eine flexible Zeitplanung. Pünktlichkeit und das Einhalten von Fristen sind von untergeordneter Bedeutung. Entsprechenden Störungen wird mit Toleranz begegnet. So trifft sich zum Beispiel ein Schweizer Projektleiter mit seinem arabischen Geschäftspartner zu einer Sitzung in dessen Büro. Während der gesamten Sitzungsdauer betreten immer wieder Mitarbeiter des Arabers das Büro, und wenn das Telefon klingelt, hebt er den Hörer ab. Der Schweizer ärgert sich je länger je mehr darüber, dass diese Sitzung in seinen Augen ineffizient durchgeführt wird. Er fühlt sich wahrscheinlich auch nicht ernst genommen. Für den Araber kann dies ein absolut normaler Sitzungsverlauf sein. Er erledigt Aufgaben parallel. Untersuchungen zum interkulturellen Management haben gezeigt, dass interkulturelle Spannungen häufig auf der unterschiedlichen zeitlichen Organisation von Arbeitsvorgängen beruhen (Lüsebrink, S. 26).

Bei der *Kommunikation* unterscheidet Hall zwischen «High-Kontext» und «Low-Kontext»; das heißt wie stark der Kontext im Kommunikationsverlauf miteinbezogen wird. In Low-Kontext-Kulturen wie zum Beispiel der Schweiz, Deutschland, den skandinavischen Ländern oder Nordamerika wird der relevante Kommunikationsinhalt vorwiegend über das Wort und möglichst explizit vermittelt. Man verlässt sich darauf: «Ein Wort ist ein Wort.» Für den Empfänger besteht wenig Raum für eigene Interpretationen. Demgegenüber stützt man sich in High-Kontext-Kommunikationskulturen wie beispielsweise im asiatischen Raum hauptsächlich auf den Kontext der jeweiligen Situation oder der Person ab. Ohne diesen ist der Kommunikationsinhalt praktisch unverständlich. Die Botschaft ist nach Hall im betreffenden Umfeld oder in der betreffenden Person bereits internalisiert. Worte werden nicht viele gebraucht. Die Kommunikation ist stark implizit. Die Körpersprache, die Atmosphäre der Gesprächssituation usw. sind wesentlicher Bestandteil des Gesprächsverlaufes. Was mit Worten ausgedrückt wird, ist vieldeutig, oft bildhaft und lässt Interpretationsraum offen. So kann zum Beispiel ein Ja zu einem Vorschlag je nach Kontext von «Ich bin einverstanden» über «Ich höre zu» bis hin zu «Ich lehne den Vorschlag ab» heißen. In einer Low-Kontext-Kultur würde ein Ja klar ein Einverständnis zum Vorschlag bedeuten.

Geert Hofstede: umfassende empirische Studie in über 50 Ländern

Der niederländische Sozialwissenschaftler und Ingenieur Geert Hofstede (geb. 1928) beobachtete während seiner Tätigkeit bei IBM, dass Mitarbeitende das gleiche Problem je nach Land verschieden lösten. Seine Hypothese war, dass die verschiedenen Problemlösungsstrategien auf kulturelle Unterschiede zurückzuführen seien. Im Zeitraum von 1967 bis 1973 führte er die bis anhin umfassendste empirische Studie durch. Er befragte über 11600 IBM-Mitarbeitende in mehr als 50 Ländern. Mittels einer statistischen Auswertung entwickelte er vier kulturelle Dimensionen und kategorisierte damit erstmals Wertesysteme, die in der Arbeitswelt Bedeutung haben, nämlich Machtdistanz, Individualismus/Kollektivismus, Maskulinität/Feminität und Unsicherheitsvermeidung (Hofstede, S. 22ff.). In den späteren 1980er-Jahren fügte er eine fünfte hinzu: Lang-/Kurzfrist-Orientierung. Damit wollte er auch zentrale Werte ostasiatischer Kulturen erfassen, die bis anhin zu wenig berücksichtigt waren (Hofstede, S. 29f.).

Die Dimension *Machtdistanz* behandelt das Abhängigkeitsverhältnis zwischen Mitarbeitenden und ihren Vorgesetzten, das heißt inwieweit ungleiche Machtverhältnisse erwartet und akzeptiert werden. Wie die Macht in einer Organisation verteilt ist, zeigt sich vorwiegend am Verhalten der Führungskräfte. In Kulturen mit hoher Machtdistanz wie beispielsweise in den meisten asiatischen und arabischen Ländern, Osteuropa oder Südamerika werden Ungleichheiten erwartet und sind erwünscht. Damit gehen Privilegien und Statussymbole einher. Weniger machtvolle Leute sind von den Machtvolleren abhängig. Autoritäten werden akzeptiert. Mitarbeitende erwarten Anweisungen. Führungskräfte verlassen sich auf ihre Vorgesetzten und auf formale Vorschriften. Die hohe Machtdistanz zeigt sich auch in vielschichtigen und undurchlässigen Hierarchiesystemen. In Kulturen mit niedriger Machtdistanz wie zum Beispiel in den skandinavischen Ländern, der Deutschschweiz, den Niederlanden, Nordamerika und Australien werden große Machtgefälle als problematisch erlebt. Autoritäten werden hinterfragt. Es besteht eine Interdependenz zwischen Vorgesetzten und Mitarbeitenden. Solche Kulturen zeichnen sich durch flache, durchlässige Hierarchien aus. Mitarbeitende wollen in Entscheidungen miteinbezogen werden. Führungskräfte verlassen sich auf ihre Erfahrungen und die Mitarbeitenden.

Gegenstand von *Individualismus/Kollektivismus* ist, inwieweit sich ein Mitglied einer Kultur als Teil eines sozialen Gefüges sieht und sich diesem gegenüber verantwortlich fühlt. Die Mitglieder einer kollektivistischen Kultur nehmen sich primär als Mitglieder einer Gruppe von sozialen Bezugspersonen wahr (Wir). Persönliche Ziele werden im Einklang mit der Gruppe definiert und erreicht. Beziehung genießt gegenüber der Aufgabe Priorität; gemeinsame Interessen haben Vorrang. Aufgaben werden in Gruppen gelöst und verantwortet. Ein koreanisches Sprichwort, das oft in Unternehmen benutzt wird, drückt dies wie folgt aus: «Wenn man zusammenhält, lebt man; sondert man sich ab, stirbt man.» Die überwiegende Anzahl der Kulturen weltweit sind kollektivistisch orientiert. Dazu zählen grob zum Beispiel die südamerikanischen, süd- und osteuropäischen, afrikanischen und asiatischen Länder. Demgegenüber nehmen sich Mitglieder von individualistischen Kulturen primär als autonomes Individuum wahr (Ich). Persönliche Freiheit, Selbstständigkeit und Eigenverantwortung sind bedeutsam. Persönliche Ziele werden unabhängig von sozialen Bezugsgruppen verfolgt. Die Aufgabe hat gegenüber der Beziehung Vorrang und wird vom Einzelnen erledigt. Entscheidungen werden alleine gefällt. Zu den individualistischen Kulturen gehören alle westlichen Industrieländer. Führt man in kollektivistischen Kulturen, so führt man Gruppen und nicht Einzelpersonen. Das hat Auswirkungen auf Anreizsysteme und Motivation. So versprach beispielsweise ein schwedischer Manager, der in Tansania eine Niederlassung eines international tätigen Unternehmens leitete, seinen Mitarbeitenden eine Gehaltserhöhung, falls sie eine nächste Lieferung termingerecht auslieferten. Nichts änderte sich. Als er ihnen jedoch ein Fest mit allen Familienmitgliedern ankündigte, erreichte die Produktlieferung zeitgerecht den Kunden.

Maskulinität/Feminität bezieht sich darauf, wie in einer Kultur die Geschlechterrollen voneinander abgegrenzt sind. In maskulinen Kulturen wie beispielsweise der Slowakei, Japan, Österreich und der Deutschschweiz sind die sozialen Rollen von Mann und Frau klar abgegrenzt. Männer sollen durchsetzungsfähig und hart sein. Karriere und materieller Erfolg sind wichtig. Man lebt, um zu arbeiten. Frauen sollen bescheidener sein, sensibel und sich auf die Lebensqualität fokussieren. In femininen Kulturen wie den skandinavischen Ländern, den Niederlanden oder Chile sind die Geschlechterrollen flexibel und überschneiden sich. Sowohl Männer als auch Frauen sollen bescheiden und sensibel sein sowie sich um Lebensqualität bemühen. Hilfsbereitschaft ist wichtiger als Erfolg. Qualität am Arbeitsplatz steht im Vordergrund. In der Geschäftswelt erschaffen maskuline und feminine Kulturen unterschiedliche Führungsstile: Aggressivität und Einzelentscheidungen auf der einen Seite, Konsensorientierung auf der anderen.

Die Dimension *Unsicherheitsvermeidung* befasst sich mit der Frage, in welchem Ausmaß unsichere und mehrdeutige Situationen in einer Kultur Verunsicherung hervorrufen. In Kulturen mit hoher Unsicherheitsvermeidung wie in lateinamerikanischen Ländern, Griechenland oder Portugal wird Unsicherheit als ständige Bedrohung gesehen: Was anders ist, ist gefährlich. Dem wird mit Regeln im öffentlichen und privaten Leben begegnet, die eine hohe Verbindlichkeit haben. Solche Kulturen haben nach Hofstede eine Neigung zu Vorurteilen, Angst, Rigidität und Intoleranz. Folge davon ist ein höherer Stresslevel. Demgegenüber ist Unsicherheit in Kulturen mit schwacher Unsicherheitsvermeidung wie in den skandinavischen Ländern, Singapur oder Jamaika eine normale Erscheinung des Lebens. Mit unbekannten Situationen und Gefahren wird relativ locker umgegangen. Das impliziert nur so viele Regeln wie notwendig und ist zum Beispiel geprägt durch Eigeninitiative, Toleranz gegenüber Chaos, Offenheit für innovative Ideen und Risikobereitschaft.

Die Frage, wie stark in einer Kultur langfristiges Denken und Handeln wertgeschätzt wird, ist Gegenstand der Dimension *Lang-/Kurzfrist-Orientierung*. In Kulturen mit Langfrist-Orientierung wie in den ostasiatischen Ländern oder Brasilien haben Handlungen von heute für die Zukunft eine hohe Verbindlichkeit. Sie sind langfristig ausgerichtet. Traditionen wirken in die Gegenwart hinein und werden an die Moderne angepasst. Ergebnisse erreicht man langsam mit Ausdauer und nicht nachlassenden Anstrengungen. Damit gehen Sparsamkeit und ein vorsichtiger Umgang mit Ressourcen einher. Demgegenüber werden in Kulturen mit Kurzfrist-Orientierung wie Nordamerika, Kanada, Australien und Neuseeland Traditionen wohl respektiert, wichtiger ist aber, Resultate schnell zu erzielen. Was heute geschieht, kann morgen schon wieder anders sein.

Fons Trompenaars: Verhältnis der Menschen untereinander, Verhältnis zu Zeit und Umwelt

Die Arbeit des Niederländers Fons Trompenaars (geb. 1952), international tätiger Managementberater, basiert auf den beschriebenen Modellen und einer eigenen empirischen Untersuchung, die er zusammen mit Charles Hampden-Turner in den 1980er- und 1990er-Jahren bei Managern in verschiedenen Unternehmen und Kulturen durchführte. Er definierte sieben kulturelle Dimensionen, die er in drei Kategorien (Verhältnis der Menschen untereinander, Verhältnis zurzeit und Verhältnis zur Umwelt) aufteilte. Eine davon benennt er wie Hofstede als Individualismus/Kollektivismus und erklärt sie nahezu gleich. Deshalb wird im Folgenden auf die sechs anderen Kulturdimensionen eingegangen, zunächst auf diejenigen, die sich mit der Beziehung der Menschen untereinander befassen.

Universalismus/Partikularismus bezieht sich auf den Umgang der Menschen mit Regeln und wie diese das Zusammenleben bestimmen. In universalistischen Kulturen wie der Schweiz, Nordamerika oder Deutschland gibt es Normen, die für alle Menschen gleichermaßen gelten. Die Regel steht im Vordergrund, und die Sache ist wichtig. Das äußert sich in klaren Abläufen und Planung. Demgegenüber basiert das zwischenmenschliche Zusammenleben in partikularistischen Kulturen primär auf Beziehungen. Beispiele dafür sind Venezuela, Nepal, Russland oder China. Regeln sind wohl vorhanden, doch gibt es aufgrund spezifischer Umstände Ausnahmen davon. In solchen Fällen wird das strikte Befolgen derselben abgelehnt. Dies impliziert keine rigiden Abläufe; die Stimmung ist wichtig. In universalistischen Kulturen ist es beispielsweise üblich, Verträge abzuschließen. Diese dienen dazu, die Geschäftsbeziehung zu regeln. Sie dokumentieren, dass die Geschäftspartner mit der Abmachung einverstanden sind und Abweichungen davon Konsequenzen haben. In partikularistischen Kulturen basieren solche Abmachungen und die Einhaltung derselben auf der Beziehung. Ein detaillierter Vertrag kann in solchen Kulturen unter Umständen zum Abbruch der Geschäftsbeziehung führen, weil dieser aus partikularistischer Sicht verletzend wirken kann und keine vertrauenswürdige Geschäftsbeziehung zulässt. Inwieweit Menschen Gefühle in öffentlichen Situationen ausdrücken und dies akzeptiert wird, ist Thema der Dimension *gefühlsneutral/gefühlsbetont*. In gefühlsneutralen Kulturen wie in asiatischen Ländern oder Indien ist man bemüht, Gefühle öffentlich unter Kontrolle zu halten. Was man denkt oder fühlt, wird nicht gezeigt. Damit geht das Konzept des Gesichtsverlustes einher, das heißt, man ist darauf bedacht, dass der andere durch Äußerungen oder Verhaltensweisen das Gesicht nicht verliert. In Verhandlungen werden vorwiegend Sachargumente eingebracht und monoton ausgedrückt. Demgegenüber hilft das Zeigen von Emotionen in gefühlsbetonten Kulturen wie Spanien oder lateinamerikanischen Ländern, Vertrauen und Beziehung aufzubauen. Körperkontakt, Gesten und Gesichtsausdruck sind wichtig. In Verhandlungen ist es üblich, dass menschliche Reaktionen wie «laut werden» oder «auf den Tisch schlagen» gezeigt werden.

Auf der Dimension *spezifisch/diffus* wird abgebildet, wie sich Menschen in einer Kultur auf andere einlassen und wie der Zugang zur eigenen Person gewährt wird. In spezifischen Kulturen wie Nordamerika, Australien oder der Schweiz begegnen sich Menschen nur und ausschließlich in bestimmten Lebensbereichen wie zum Beispiel am Arbeitsplatz oder auf dem Golfplatz. Zwischen Beruf und Privatleben wird klar getrennt. Dies ist verbunden mit einem geringen persönlichen Engagement, jedoch leichter Kontaktaufnahme. So können diese Begegnungen herzlich ausfallen, man möchte aber mit der betreffenden Person nicht auch in anderen Lebensbereichen verkehren. In diffusen Kulturen wie Japan, Indien, Korea oder Frankreich gewährt man Menschen nach einer Weile der Bekanntschaft einen ganzheitlichen, umfassenden Zugang zu allen Lebensbereichen. Man involviert sich persönlich stark. Person und Sache wird vergleichsweise schnell vermischt. So wird bespielsweise der Geschäftspartner auch gerne außerhalb des beruflichen Umfelds kennengelernt. Unter Umständen ist dieses gesamtheitliche Kennenlernen Voraussetzung für eine Geschäftsbeziehung. Die berufliche Stellung spielt auch im privaten Rahmen eine Rolle.

Wann einer Person in einer Kultur ein gesellschaftlicher Status zukommt, ist Thema der Dimension *Status selbst erarbeitet/Status zugeschrieben*. Ein selbst erarbeiteter Status beruht auf der eigenen Leistung, am besten dargelegt durch das klassische Bild «vom Tellerwäscher zum Millionär». Man kann alles erreichen, wenn man nur will und hart arbeitet. Titel zählen nur bezüglich Fachkompetenz. Soziale Herkunft ist von untergeordneter Bedeutung. Zu diesen leistungsorientierten Kulturen gehören beispielsweise Nordamerika, die skandinavischen Länder, Kanada und Irland. Ein zugeschriebener Status leitet sich von der Herkunft oder der gesellschaftlichen

Zugehörigkeit ab, beispielsweise von Familie, Alter, Klasse oder Geschlecht. Titel sind wichtig. Zu diesen herkunftsorientierten Kulturen sind Österreich, Russland, China oder Saudi-Arabien zu zählen. Im Unternehmensumfeld werden zum Beispiel Vorgesetzte in Kulturen mit selbst erarbeitetem Status aufgrund ihrer Leistung und ihres Wissens respektiert, in Kulturen mit zugeschriebenem Status basierend auf ihrer Beziehung zum Unternehmen.

Bei der *Einstellung zur Zeit* unterscheidet Trompenaars einerseits zwischen sequentieller/synchroner Zeit, was Halls kultureller Dimension monochron/polychron weitgehend entspricht. Andererseits unterteilt er bei der Zeitorientierung die Kulturen in vergangenheits-, gegenwarts- und zukunftsorientiert. Er setzt beide Aspekte in Relation zueinander. In vergangenheitsorientierten Kulturen wie Russland, Japan oder China wird alles im Kontext der Tradition und Geschichte gesehen und langfristig geplant. Vorfahren, ältere Menschen und Vorgänger im Arbeitsumfeld werden respektiert. So legten beispielsweise Japaner, als sie eine amerikanische Organisation übernehmen wollten, einen 250-Jahres-Businessplan vor. Gegenwartsorientierte Völker sind im Hier und Jetzt. Sie leben den gegenwärtigen Moment aus. Zeit hat eine untergeordnete Bedeutung, und die Zukunft wird ignoriert. Zukunftsorientierte Kulturen wie Nordamerika haben eine wünschenswerte Zukunft vor Augen und sind an künftigen Potenzialen interessiert. Wenn die definierten Ziele erreicht und damit die Zukunft realisiert wurde, werden immer wieder neue Ziele gesteckt. Strategien zu erarbeiten und umzusetzen, ist daher wichtig. Trompenaars kommt zum Schluss, dass in sequentiell orientierten Kulturen Vergangenheit, Gegenwart und Zukunft linear aufeinanderfolgen. In synchron orientierten Kulturen können zwischen Vergangenheit, Gegenwart und Zukunft zeitliche Überschneidungen bestehen. Solche Kulturen können als mehr vergangenheitsbezogen bezeichnet werden.

Unter *Einstellung zur Natur* geht Trompenaars der Frage nach, wie sich das Verhältnis des Menschen zur Natur im weiteren Sinne gestaltet, insbesondere ob die Natur kontrolliert wird oder ihren Lauf nehmen sollte. Er nennt die Dimension *von innen bestimmt/von außen bestimmt*. In von innen bestimmten Kulturen wie beispielsweise Norwegen, Nordamerika oder Neuseeland hat jeder sein Schicksal in der Hand und bestimmt selbst. Der Fokus ist auf einen selbst gerichtet, auf die eigene Gruppe oder auf die eigene Organisation. Konflikte und Widerstände zeugen von eigener Stärke. Änderungen von außen erzeugen Unbehagen, da es einem Kontrollverlust gleichkommt. Demgegenüber ist man in von außen bestimmten Kulturen wie China, Singapur, Russland oder Venezuela der Überzeugung, dass alles vorbestimmt ist und man keinen Einfluss auf sein Leben hat: Es kommt, wie es kommen muss. Der Fokus liegt beim anderen, zum Beispiel beim Kunden oder Arbeitskollegen. Harmonie und Empfindlichkeit gegenüber dem anderen sind wichtig. Mit Änderungen von außen wird gelassen umgegangen.

Kulturelle Dimensionen: der Weisheit letzter Schluss?

Edward T. Hall, Geert Hofstede, Fons Trompenaars, Charles Hamden-Turner und weitere haben das Unterbewusste und damit Unfassbare der Kultur und die darauf basierenden Verhaltensweisen mit ihren Modellen fassbar gemacht. Damit haben sie Grundlagen geschaffen, die es im interkulturellen Management erlauben, mit komplexen, kulturellen Situationen vereinfacht umzugehen. Ihre Resultate stoßen aber auch auf Kritik. So wird unter anderem argumentiert, dass die Untersuchungen zu fest auf nationale Kulturen ausgerichtet seien, dass sie die komplexe Wirklichkeit zu stark reduzierten, dass sie nur ausschnitthafte Beobachtungen seien oder dass die Validität fraglich sei (Lüsebrink, S. 25; Layes, S. 62). Zu beachten ist ferner, dass alle diese Dimensionen aus westlicher Sicht entwickelt wurden. Jede Beschreibung anderer Kulturen geschieht aufgrund der eigenen Perspektive und diese wiederum basiert auf der eigenen Kultur (Layes, S. 71f.).

Kulturelle Dimensionen sind Orientierungshilfen, um die Komplexität kultureller Unterschiede und ihrer Auswirkungen auf das Unternehmensumfeld besser zu verstehen. Sie spielen immer zusammen und zeigen kulturelle Tendenzen auf. Mittels der kulturellen Dimensionen können Analysen erstellt werden, die Hinweise für das betreffende wirtschaftliche Umfeld, das Verhalten von Teams oder Einzelpersonen geben können. Die Gefahr der kulturellen Dimensionen liegt jedoch darin, Verhaltensweisen zu schubladisieren und in Stereotype zu verfallen. Wer also meint, er wisse nun, dass sein chinesischer Geschäftspartner neutral sei, nur weil er an einer Sitzung wenig sagt und nickt, wer also glaubt, er kenne nun aufgrund der kulturellen Dimensionen die Kulturen und Verhaltensweisen, der liegt falsch. Solche Rückschlüsse sind gefährlich. Es kann nämlich gut sein, dass man im interkulturellen Umfeld auch auf Situationen stößt, die anders sind, als in den entsprechenden Dimensionen erläutert. So kann beispielsweise auch ein chinesischer Geschäftspartner gesprächig sein.

Bei den kulturellen Dimensionen geht es nicht darum, Nationalitäten zu kategorisieren, sondern kulturelle Unterschiede besser zu verstehen und sich damit auseinanderzusetzen. Voraussetzung dafür ist zunächst einmal, sich der verschiedenen Werteorientierungen bewusst zu werden, und dazu gehören auch die eigenen. Nur dann können die Unterschiede erkannt werden. Danach gilt es, Verhaltensweisen wertneutral zu beobachten und schließlich die Verschiedenheiten, aber auch Gemeinsamkeiten, für eine bessere Zusammenarbeit und neue Lösungen zu integrieren.

Führen im interkulturellen Umfeld hat mit Menschen in all ihren Facetten und ihren Werten zu tun. Jeder Businessplan oder jede Strategie wird von Menschen entwickelt, und diese tragen ihre Werte in sich. Menschen aber kann man kaum kategorisieren. Es gibt keinen Menschen, der sich genau nach dem Kulturstandard seiner Kultur verhält. Immer auch spielen zusätzliche Faktoren wie die Persönlichkeit, die betreffende Situation und das Umfeld mit. Man interagiert also nicht mit der Schweizerin, dem Russen oder der Australierin, sondern mit einem wirklichen, ganzheitlichen Menschen aus der Schweiz, aus Russland oder aus Australien.

Der Umgang mit den kulturellen Dimensionen erfordert Achtsamkeit, Kultursensibilität, Offenheit und Flexibilität. Dann können sie einen ersten Schritt zum besseren Verständnis der kulturellen Unterschiede und Gleichheiten sein; dann bleibt auch die Offenheit für die Feinheiten der unterschiedlichen Kulturen erhalten. Andernfalls können sich diese hilfreichen Instrumente kontraproduktiv auswirken. Denn wie heißt es in der interkulturellen Arbeit doch so schön? «You might be right, but probably you're wrong.»

Literatur

Nancy J. Adler, *International Dimensions of Organizational Behavior*, 5th edition, Thomson Southwestern: Mason 2008.

Susan Cartwright, C. L. Cooper, «The role of culture compatibility in successful organizational marriage», in: *Academy of Management Executive*, 2, S. 57–70.

Geert Hofstede, Gert Jan Hofstede, *Cultures and Organizations, Software of the Mind*, 2nd edition, McGraw Hill: New York 2005.

Florence Kluckholm, Fred L. Strodtbeck, *Variations in Value Orientations*, Row, Peterson: Evanston 1961.

Gabriel Layes, «Kulturstandards», in: *Handbuch Interkulturelle Kommunikation und Kooperation*, Bd.1: Grundlagen und Praxisfelder, Vandenhoeck & Ruprecht: Göttingen 2003.

Hans-Jürgen Lüsebrink, *Interkulturelle Kommunikation*, J. B. Metzlersche Verlagsbuchhandlung: Stuttgart, 2005.

Susan C. Schneider, Jean-Louis Barsoux, *Managing across Cultures*, 2nd edition, Pearson Education Limited: Essex 2003.

Alexander Thomas, «Kultur und Kulturstandards», in: *Handbuch Interkulturelle Kommunikation und Kooperation*, Bd.1: Grundlagen und Praxisfelder, Vandenhoeck & Ruprecht: Göttingen 2003.

Stella Ting-Toomey, Leeva C. Chung, *Understanding Intercultural Communication*, Roxbury Publishing Company: Los Angeles 2005.

Fons Trompenaars, Charles Hampden-Turner, *Riding the waves of culture, Understanding cultural diversity in Business*, 2nd edition, Nicholas Brealey Publishing: London 1997.

Paradigmenwechsel in der interkulturellen Kommunikation

Julia Hintermann

Julia Hintermann

ist Fachhochschuldozentin und Trainerin für Führungs- und Marketingkommunikation. Zudem ist sie Autorin der Bücher: *Lust auf Kommunikation* und *Information und Kommunikation* in der Reihe *Leadership und Management*.

Um den Umgang mit kultureller Verschiedenheit effizient und konstruktiv gestalten zu können, sind kommunikative Kompetenzen gefragt. Die Auseinandersetzung mit dem eigenen Kommunikationsverhalten für eine Verbesserung der interkulturellen Zusammenarbeit kann einen großen Beitrag leisten, um den firmeninternen Austausch sowie den Informationsaustausch mit Kunden oder zukünftigen Geschäftspartnern zu beschleunigen, ohne dabei an wichtigen Details einbüßen zu müssen. Ein regelmäßig praktizierter Paradigmenwechsel mit dem Gegenüber verändert in Sekundenschnelle die eigene Sichtweise und vereinfacht das Verständnis für vielseitigere (notwendige) Interpretationen.

In der Wissenschaft ist man sich noch nicht einig, was genau unter dem Begriff interkulturelle Kompetenz verstanden werden soll (Rathje 2006). Streitpunkte sind die Bestimmung der einzelnen Fähigkeiten, die diese Kompetenz konstituieren, und in welchem Ausmaß sie sich beispielsweise von der ebenfalls nicht so eindeutigen Sozialkompetenz unterscheiden. Genauso problematisch ist eine Abgrenzung, was als eigenständige Kultur zu betrachten sei. Eine Gleichsetzung des Begriffs interkulturell mit international ist zwar bequem, doch der Realität nicht entsprechend. Selbst in einem kleinräumigen, von außen überschaubar wirkenden Land wie der Schweiz werden die Kulturen der einzelnen Sprachregionen durchaus als differierend wahrgenommen. Zudem erlaubt die Nationalität in Zeiten weltweiter Migration keine eindeutigen Rückschlüsse mehr, ob die betreffende Person in diesem Land auch aufgewachsen ist beziehungsweise die Landessprache beherrscht. Ein weiterer Diskussionspunkt ist der Zweck dieser Kompetenz: Geht es primär um eine effiziente Zusammenarbeit unterschiedlicher Kulturmitglieder oder steht die persönliche Weiterentwicklung im Zentrum? Für die Praxis sind die unterschiedlichen Begrifflichkeiten durchaus bedeutungsvoll, da Begriffe handlungsleitend sind. Wer den Nutzen interkultureller Kompetenz für die Zusammenarbeit vor Augen hat, wird diesbezügliche Trainings seiner Mitarbeitenden unterstützen (und finanzieren). Wer hingegen diese Kompetenz als interessantes Persönlichkeitsmerkmal betrachtet, überlässt den Mitarbeitenden ihre private Weiterentwicklung.

Kultur lässt sich als ein System von Denk- und Verhaltensweisen (Standards) beschreiben, das deren Mitglieder in ihrer Sozialisationsphase erlernt haben und an dem sie sich immer wieder orientieren. Die Kulturstandards werden von der Mehrzahl der Mitglieder «für sich persönlich und andere als normal, selbstverständlich, typisch und verbindlich angesehen» (Thomas 1996, S. 112). Dieser Kulturbegriff betont das Verbindende. Er lässt sich nicht nur auf «Nationen», sondern auf jede Art von Gruppe (Kollektiv) anwenden, seien es Unternehmen, Vereine, Teams oder sogar eine (Zweier-)Partnerschaft, in denen sich gewisse Umgangsformen miteinander etabliert haben, die gegenüber der Umwelt different sind. Wird der Begriff interkulturell dergestalt auf die Mikroebene heruntergebrochen, besteht die Gefahr, dass praktisch jede Begegnung als interkulturell bezeichnet werden könnte. Ein pragmatischer Ansatz legt die Beurteilung in die Hände der Beteiligten: Wenn sie Eigenschaften des Kommunikationsprozesses einschließlich eventuell auftretender Probleme und Konflikte auf kulturelle Differenzen zurückführen, dann ist das Wort interkulturell auch zutreffend (Rathje 2006, S. 9). Diese pragmatische Begriffsverwendung erlaubt es auch, Spannungen zwischen unterschiedlichen Firmenkulturen (bei Unternehmenszusammenschlüssen) oder zwischen den Subkulturen einzelner Abteilungen innerhalb von Unternehmen als interkulturell anzusehen und mit den Methoden zur interkulturellen Verständigung anzugehen.

Im dargestellten Sinn hat Kultur viel mit einer das Leben vereinfachenden Routine, selbstverständlichen Abläufen und dem Gefühl der Normalität zu tun. Vereinfacht ausgedrückt: Kultur wird gelebt und muss nicht ständig neu ausgehandelt und hinterfragt werden. Die einzelnen Verhaltensweisen im Umgang miteinander, Denkgewohnheiten und bestimmte Werte sind so «normal» und natürlich, dass andere Formen zunächst gar nicht am Horizont erscheinen. Die vielleicht naheliegende Schlussfolgerung, dass sie auch die einzig richtigen seien, ist gerade im interkulturellen Kontakt äußerst problematisch und führt zu einer subtilen Form der Kolonialisierung. Trotzdem gehört es auch zur Normalität, dass sich Kulturmitglieder in einzelnen Bereichen bewusst gegenüber der herrschenden Kultur abgrenzen und eine eigene Form der Lebensgestaltung bevorzugen. Eine gelebte Kultur ist also durch das Einigende und Trennende gekennzeichnet, wobei das, was Usus ist, das Referenzsystem darstellt.

Es gibt inzwischen eine reichhaltige Literatur darüber, wie die Wertorientierungen, Konzepte, Einstellungen und Überzeugungen einzelner Kulturen beschaffen sind. Wenn die Beschreibungen eher vergangenheitsorientiert sind und in vereinfachte Pauschalurteile (Stereotype) münden, üben sie eine eher kulturkonservierende Wirkung aus.[1] Kulturen verändern sich jedoch laufend – schneller oder langsamer – allein schon durch neue Umweltbedingungen, für die neue Handlungsweisen erforderlich sind. Nützlich sind Stereotype für die erste Orientierung, weil sie für die Fülle neuer Eindrücke und für vielleicht unerklärbare Vorgänge ein Ordnungssystem anbieten. Außerdem machen sie bewusst, dass es auch andere Möglichkeiten des Handelns gibt und relativieren damit den eigenen Standpunkt. In der individuellen Begegnung sind Stereotype (in der Bewertung von Aussagen und Handlungen, den eigenen Äußerungen sowie in der Einstellung gegenüber kulturfremden Menschen) problematisch. Sie verstellen den Blick auf die Persönlichkeit und können die Verständigung blockieren. «Die Folge ist, dass wir uns mehr Zeit für die Bestätigung unserer Stereotype nehmen als für das wirkliche Verstehen des Kommunikationspartners, was zu verdrehender und abwehrender Handlung führen kann und die Stereotype und Vorurteile verstärkt, sodass ein Teufelskreis der negativen Kommunikation entstehen könnte» (Yu 2006, S. 121).

Besonderheiten der Kommunikation

Selbst im eigenen kulturellen Kontext vollzieht sich die zwischenmenschliche Kommunikation nicht immer komplikationslos. Im Kontakt mit einer anderen Sprache und einer anderen Kultur wächst der Schwierigkeitsgrad der Verständigung. Einfach ausgedrückt stellen sich folgende Herausforderungen:

- Das, was man sagen möchte, sollte in eine Form gebracht werden, die der Zuhörende aufnehmen kann und will. Die eigene innere Welt ist geprägt von Erlebnissen, Bildern, Vorstellungen, Gefühlen, Angedachtem, Wünschen usw., die in grammatisch korrekte Sätze übersetzt werden müssen (Codierung).
- Das, was gesagt wird, sollte für den Zuhörenden nachvollziehbar, möglichst angenehm und anregend sein. Nur wenn sein Interesse geweckt wird, ist er bereit, die Botschaften aufzunehmen. Verständigung hat also viel mit Spaß und Lust zu tun, auch wenn dies in kaum einer Gesellschaft bewusst reflektiert wird.
- Das zu erkennen, was wirklich beim Gesprächspartner angekommen ist. Diesbezüglich gibt man sich oft ganz unberechtigten Hoffnungen hin, denn der Zuhörende hat den umgekehrten Vorgang des Decodierens zu leisten. Er versucht, das Wahrgenommene (Perceptas) mit den Erfahrungen und Vorstellungen der eigenen Welt (Conceptas) in Beziehung zu setzen und daraus einen Sinn zu konstruieren (Bolten 2007, S. 111–121). Je näher sich die Welten der beiden Gesprächspartner sind, umso einfacher ist die Verständigung (z. B. wenn beide von gemeinsamen Erlebnissen sprechen). Was aber nicht heißt, dass sie den gleichen Blickwinkel haben und die Ereignisse identisch interpretieren.

Eine Verständigung wird ermöglicht, wenn dem Sprechenden zugehört wird und der Zuhörende in seiner Rede auf das Gesagte Bezug nimmt. Ansonsten handelt es sich um zwei Monologe. Dialoge unterscheiden sich hinsichtlich der Qualität dieses Bezugnehmens. Inwieweit lassen sich die Gesprächspartner aufeinander ein, nehmen die Informationen nicht nur zur Kenntnis, sondern lassen sich von ihnen bewegen und zu neuen Erkenntnissen führen? Ist diese Bereitschaft und Fähigkeit vorhanden, dann kann zwischen den Gesprächspartnern eine neue Wirklichkeit gebildet werden, welche die Kommunizierenden auch in ihrem Selbstverständnis und sozialen Handeln verändert (Dathe 2007, S. 590). Arbeiten Mitglieder unterschiedlicher Kulturen längere Zeit zusammen, können in einem echten Dialog Formen des Umgangs ausgehandelt werden, die für alle Beteiligten stimmen und wahrscheinlich weder der einen noch der anderen Kultur vollumfänglich zuzurechnen sind. Es handelt sich um einen kreativen Prozess, in dem eine neue Ordnung und Gemeinsamkeit geschaffen werden (Rathje 2006, S. 15). Genauso gut könnte man auch sagen, dass ein Dialog zwei Zuhörende braucht. Für Carlos Ghosn[2] sollte ein Global Leader 80 Prozent zuhören und nur 20 Prozent selber reden (Fournier/Evans 2007, S. 18). Dieser Aspekt soll bei der Betrachtung der interkulturellen Kommunikation im Vordergrund stehen (vgl. das Interview mit Peter Robinson in diesem Band).

Was passiert während des Zuhörens?

Zuhören kann nicht nur inhaltlich spannend sein, sondern bietet auch dem Auge ein abwechslungsreiches Schauspiel. Woran lässt sich erkennen, ob eine Aussage ernst oder humorvoll gemeint ist? Wie drückt der Sprechende seine Beziehung zum Zuhörenden aus? Welche Zeichen übermitteln seine aktuelle Befindlichkeit? Wie zeigt er an, dass er mit seiner Rede abgeschlossen hat und nun die Reaktion des Zuhörenden erwartet? Jede Sprache hat ihre eigene Tonalität (Melodie, Betonung, Sprechtempo, Pausen usw.), die von einer spezifischen Körpersprache (insbesondere Mimik und Gestik, Nähe – Distanz, Haltung oder Berührungen) unterstützt, das heißt verdeutlicht wird. Zu jeder Aussage wird also eine Vielzahl von Deutungshinweisen mitgeliefert. Wer eine Fremdsprache erlernt, weiß, dass die dazugehörenden nonverbalen Signale nicht so einfach zu entschlüsseln beziehungsweise nicht bis zur Natürlichkeit eines «native speaker» zu imitieren sind. Nonverbale Signale wiederum sind ohne das gesprochene Wort missverständlich, wie beispielsweise das Kopfnicken, das in anderen Kulturen nicht zwingend Zustimmung bedeutet. Im eigenen Sprachkreis ist dieses Zusammenspiel von verbaler und nonverbaler Kommunikation meist verständlich und so natürlich, dass es nicht bewusst registriert wird, das heißt erinnerbar ist. Die Sinneseindrücke finden aber trotzdem statt und lösen beim Zuhörenden – kombiniert mit den Informationen – innere Reaktionen aus.

Was sich im Inneren des Zuhörenden abspielt, steht den äußerlichen Sinneseindrücken an Spannungsreichtum nicht nach. Das sind einerseits gedankliche und gefühlsmäßige Reaktionen auf das Gehörte, andererseits werden die eigenen Intentionen für eine Antwort präsent gehalten. Beim Zuhören wird also gleichzeitig die Innenwahrnehmung aktiviert. Wer wirklich hören möchte, was ihm der Gesprächspartner zu sagen hat, muss seine eigene Gesprächsplanung zurückstellen und die Innenwahrnehmung ruhen lassen. Je weniger die eigenen Reaktionen reflektiert werden, desto ungeteilter ist die Aufmerksamkeit für den anderen Menschen. Wer sich von den Eindrücken der einen oder anderen Perspektive überwältigen lässt, verliert den roten Faden.

Gleichzeitig mit der Außen- und Innenwahrnehmung sendet der Zuhörende dem Redenden Signale, dass er zuhöre und wie das Gehörte auf ihn wirke. Oft ist dies nur ein Kopfnicken, ein kurzer Blick, ein Lächeln, ein Brummen oder im Deutschen so etwas wie «hmm», «ja», sogenannte Rückmeldesignale («backchannel cues») oder Telefonlaute, wie sie am Telefon absolut notwendig sind. Ansonsten kommt unweigerlich die Frage, ob die Verbindung noch intakt sei. Diese Signale braucht der Redende, um sicher zu sein, dass er die Aufnahmebereitschaft des Zuhörenden besitzt. Es macht keinen Spaß, gegen eine Wand zu reden oder auf einen Anrufbeantworter zu sprechen. Zum Glück werden die Signale meist spontan gegeben und müssen nicht geplant werden (Argyle 2005, S.159). Sonst wirken sie auch unnatürlich. Im Gespräch mit anderen Kulturmitgliedern ist es insbesondere wichtig, die Zeichen zu erkennen, die das Ende einer Rede anzeigen und den Wechsel freigeben (im Deutschen zum Beispiel Senken der Stimme, Pause und auffordernder Blickkontakt). Ein zu frühes «turn taking» verletzt die Regeln der Höflichkeit. Es gibt aber auch Sprachregionen (wie etwa in Spanien, Frankreich und den arabischen Ländern), in denen gleichzeitiges Sprechen als Zeichen von Interesse und Solidarität gilt (Erll/Gymnich 2007, S.125).

Im Gegensatz zu den Aufmerksamkeitssignalen ist die Kontrolle des Verständnisses ein bewusster Entscheid. Werden in der Muttersprache unterschiedliche Auffassungen eines Wortes oder Sachverhalts im Gespräch gerne übersehen (und bieten so ein breites Feld für Missverständnisse), ist es bei einer Fremdsprache legitim und akzeptiert, etwas nicht zu verstehen. Einfache Mittel, um sich Klarheit zu verschaffen, sind Rückmeldung des Verstandenen und Fragen. Fragen beweisen lediglich das Eingeständnis, nicht alle Wörter und Verhaltensweisen zu kennen. Fragen und Zusammenfassen des Gehörten vermindern auch in der Muttersprache Fehlinterpretationen. Das Nachfassen hat außerdem den Vorteil, dass den Gesprächspartnern noch einmal bewusst (und damit besser erinnerbar) wird, was gerade gesagt wurde. Das führt – in seiner konsequenten Anwendung – zur Verbindlichkeit von Aussagen und leistet damit einen wesentlichen Beitrag zur Effizienzsteigerung unternehmensinterner und -externer Kommunikation.

Ein weiterer Schritt, um die individuelle Welt des Gesprächspartners zu erfassen, ist das Erkennen und Mitempfinden seiner Gefühle. Das ist nicht nur im deutschsprachigen Raum ein heikles Kapitel. Eine vorsichtige

Annäherung daran ist das Aussprechen einer «Gefühlsvermutung», die den Gesprächspartner veranlasst, zu seinen Gefühlen Stellung zu nehmen und sie je nachdem zu präzisieren. Nach Schulz von Thun ist dies die dritte und letzte Stufe des aktiven Zuhörens (Schulz von Thun 2005, S. 70–76). Sie kennzeichnet bereits eine vertrauensvolle Beziehung. Vom Zuhörenden verlangt sie Selbstbeherrschung, denn er muss sich mit seiner Meinung zurückhalten und die «Lösungslosigkeit» aushalten können. Die Pausen zwischen den Redeteilen können lang werden, wenn der Sender nach der richtigen Ausdrucksweise sucht. Wer zu viel nachfragt, übernimmt die Führung und beeinflusst damit den Gesprächsverlauf. Wenn die Wahrnehmung für die fremde Persönlichkeit geöffnet wird, muss damit gerechnet werden, dass sie in vielleicht ungeahnter Fülle und Emotionalität in Erscheinung tritt. Auch das muss man ertragen können und nicht innerlich wegrennen. Das Aussprechen einer Gefühlsvermutung ist dann angebracht, wenn Kompliziertes oder schwer Nachvollziehbares thematisiert werden soll, wie zum Beispiel in einer Konfliktsituation. Kulturen unterscheiden sich jedoch markant in der Art und Weise, wie mit Konflikten umgegangen wird. Ob es üblich ist, den Konflikt auszudiskutieren, ihn geflissentlich zu übersehen, um ihn zum geeigneten Zeitpunkt anzusprechen oder ihn durch verändertes Verhalten überflüssig zu machen, kann oft nicht aus der reinen Beobachtung erschlossen werden. Hier kann ein «native interpreter» Hilfestellung leisten.

Der Gesprächsverlauf ergibt sich aus dem Spiel von Aktion und Reaktion, Wahrnehmen und Senden inhaltlicher und körpersprachlicher Botschaften, die in blitzschnellem Wechsel ausgetauscht werden (Forgas 1999, S. 107). Wer erkennen möchte, warum ein Gespräch einen unerwarteten Verlauf genommen, warum die «Chemie» gestimmt oder nicht gestimmt hat, muss bereit und fähig sein, mehrere Perspektiven einnehmen zu können: die eigene Sichtweise, die Sichtweise des Gesprächspartners und einen Standpunkt außerhalb des Geschehens, von dem aus der Gesprächsverlauf sachlich-emotionslos betrachtet werden kann. Die Außenperspektive ist notwendig, um über die Art und Weise, wie sich ein Dialog entwickelt hat, Klarheit zu erhalten (Metakommunikation) und eine Lösung für einen verbesserten Umgang miteinander auszuarbeiten. Metakommunikation geht jedoch nur in einem kulturellen Kontext, der Offenheit und Direktheit zulässt.

Perspektivenwechsel

Entscheidungsträger der größten international tätigen Unternehmen in Deutschland nannten in einer Befragung die Fähigkeit zum Perspektivenwechsel – neben angemessenem Alter, Integrationsfähigkeit, Lernbereitschaft, Fähigkeit zum Aufbau von Netzwerken, strategischem Denken und Kritikfähigkeit – als (zu den vorgegebenen Items) zusätzliche, besonders wichtige Eigenschaft für international tätige Manager (Bergemann/Bergemann 2005, S. 151). Bekannt ist der Perspektivenwechsel aus dem Marketing: Produkte und Dienstleistungen können nur dann auf Kundenbedürfnisse angepasst werden, wenn die Sichtweisen aktueller und potenzieller Kunden erfasst und umgesetzt werden (Denken vom Markt her). Die aus der Managementpraxis gewonnenen Erkenntnisse zeigen, dass die geistige Beweglichkeit, sich in die Welt anderer Menschen hineinzudenken und ihrer inneren Logik zu folgen, als eine grundlegende Voraussetzung für die interkulturelle Zusammenarbeit angesehen wird.

«Fremdsprachliche und interkulturelle Lernprozesse [...] beziehen ihre Berechtigung und ihre Dynamik gerade daraus, dass das Fremde Angebot und Aufforderung sein kann, hinzuzulernen, sich über eigene Standpunkte und Begrenzungen klar zu werden und den eigenen Horizont und vertraute Vorstellungen zu überdenken. Verstehen heißt also nicht nur eine Sprache haben, in der man sich verständigen kann, sondern heißt auch, sich um eine andere Sichtweise bemühen» (Kallenbach 1997, S. 3).

Verstehen wollen, wie die Lebenswelt anderer Menschen beschaffen ist, bedeutet aber nicht, dass man so weit in die fremde Welt eintauchen muss, bis die eigene Kultur vergessen geht, verdrängt oder negativ bewertet wird (Überanpassung). Wer sich wirklich auf eine fremde Sichtweise einlässt, kann auch die Gefühle des anderen nachempfinden (Empathie). In der Psychologie spricht man dann von Perspektivenübernahme. Ein weiterer Schritt weg von den Begrenzungen des eigenen Selbst ist die Außenperspektive, mit der uns andere Menschen sehen. Sie liefert – so unbequem das manchmal sein mag – wertvolle Hinweise über das eigene Sozialverhalten und ermöglicht Korrekturen. Die Umkehr der Blickrichtung (von außen zurück auf einen selbst) verändert auch das Bewusstsein der eigenen Person.

Der Perspektivenwechsel mit seinen Varianten beschreibt sowohl die Vorgänge, die während des Kommunikationsprozesses ablaufen können, als auch die Chancen für die persönliche Weiterentwicklung. Gleichzeitig bildet er die Erwartungen an kultursouveräne Kosmopoliten ab und erhält somit einen normativen Charakter. Die Realität am Arbeitsplatz sieht jedoch etwas anders aus. Wer den Perspektivenwechsel im Berufsalltag einsetzen und die gewonnenen Eindrücke im Nachhinein ordnen will, braucht Zeit, die nicht immer im erforderlichen Maß zur Verfügung steht. Mehr der Wirklichkeit entsprechend ist die Annahme, dass einem dies einmal besser und einmal schlechter gelingt, das heißt Handlungen und Einstellungen oszillieren zwischen dem erfolgreichen und dem erfolglosen Pol. Die graduell unterschiedlichen Handlungsoptionen (insgesamt sieben Qualitätsstufen) veranschaulicht folgendes Modell (Moosmüller 2007, S. 485):

Erfolgreich (effizient und angemessen) handeln	**Stufe +3:** mit kultureller Verschiedenheit produktiv umgehen
	Stufe +2: kulturelle Verschiedenheit verstehen
	Stufe +1: kulturelle Verschiedenheit respektieren
Stufe 0: kulturelle Verschiedenheit ignorieren	
Erfolglos (ineffizient und unangemessen) handeln	**Stufe −1:** kulturelle Verschiedenheit nicht respektieren
	Stufe −2: kulturelle Verschiedenheit negativ bewerten
	Stufe −3: mit kultureller Verschiedenheit kontraproduktiv umgehen

Stufe 0 – die arithmetische Mitte – ist die am häufigsten anzutreffende Handlungsweise. Dieses ernüchternde Ergebnis resultiert aus einer bekannten Studie von Moosmüller bei Expatriates in Japan. Es könnte sein, dass sich die Optionen in der Zwischenzeit in Richtung der positiven Stufen verschoben haben. Die Stufe 0 ist charakterisiert durch «Ignoranz von kultureller Verschiedenheit», der allerdings keine «Unkenntnis kultureller Verschiedenheit zugrunde liegt, sondern ein bewusstes ‹Nicht-zur-Kenntnis-nehmen-Wollen›, da eine Kenntnisnahme nur das Tagesgeschäft stören würde». Der Grundtenor der Expatriates war: «Am besten ist es, einfach seine Arbeit zu tun und sich nicht weiter um kulturelle Unterschiede zu kümmern.» Ihren Arbeitsalltag erlebten sie als belastend. Offensichtlich war für sie auch eine «freundlich-neutrale Haltung» am Arbeitsplatz anstrengend, sodass sie insgesamt eine sehr negative Einstellung zur japanischen Kultur entwickelten (Moosmüller 2007, S. 485).

Stolpersteine der interkulturellen Verständigung

Viele Stolpersteine befinden sich im Bereich ritualisierter Höflichkeitsformen, sei es bei der Begrüßung, der Anrede, der gegenseitigen Vorstellung, der Gesprächsorganisation («turn taking», gleichzeitiges Sprechen, Themenwahl usw.), der Wortwahl oder der Formulierung von Bitten und Aufforderungen. Besonders heikel sind geschäftliche Einladungen und Besuche, da hier nicht nur in einzelne Fettnäpfchen getreten werden kann, sondern der gesamte Ablauf einem festgelegten Script folgt (Erll/Gymnich 2007, S. 140). Was bedeutet beispielsweise das zweite Angebot eines Kaffees nach dem Abendessen bei Geschäftsfreunden zu Hause? Ist es ein Zeichen, dass die Gastgeber den Abend beenden wollen, oder wird damit ausgedrückt, dass es jetzt erst richtig gemütlich wird? Die Interpretation der einzelnen Handlungen kann in der Regel nicht aus den Gewohnheiten der eigenen Kultur erschlossen werden. Diesbezüglich ist es unverzichtbar, sich vorgängig über die geltenden Spielregeln zu informieren.

Im geschäftlichen Kontakt sind Kenntnis und Anwendung der jeweils geltenden Höflichkeitsregeln erfolgsentscheidend. Problematisch ist oft das Einflechten vertraulicher Mitteilungen (z. B. aus dem Privatleben) in den geschäftlichen Austausch, besonders dann, wenn er sich in schriftlicher Form vollzieht und Korrekturen durch die beobachteten Reaktionen des Partners wie in der Face-to-Face-Kommunikation nicht möglich sind. Die akzeptierbare Art der Information und der jeweils passende Zeitpunkt im Beziehungsverlauf können je nach Kultur stark variieren. Entsprechend schwierig gestaltet sich die Interpretation, wenn der Deutungshintergrund fehlt (vgl. Rez et al. 2006, S. 46). Rein theoretisch könnten die Beteiligten ihren kulturellen Kontext für das Verständnis mitliefern, also quasi erklärende Fußnoten im schriftlichen Verkehr anfügen. Es ist offensichtlich, dass diese Art der Selbsterklärung im Berufsalltag nicht durchführbar ist. Man stelle sich nur eine derartige Korrespondenz vor! Welche Alternativen dazu gibt es?

1. Vor einer Reaktion sich selbst befragen, ob die gewohnte Handlungsoption in einen anderen kulturellen Hintergrund passen könnte. Das führt zu vorsichtigeren Formulierungen.
2. Für zuverlässigere Interpretationen nach Möglichkeit «native interpreters» befragen. Man muss jedoch damit rechnen, dass auch sie sich bei der Deutung eines Verhaltens nicht einig sind.
3. Offenlegen der eigenen Verwirrung verbunden mit der Bitte, das richtige Vorgehen erklärt zu erhalten.

Interkulturelle Zusammenarbeit

Noch komplizierter als Höflichkeitsregeln sind die unterschiedlichen Vorstellungen von effizienter Zusammenarbeit. Dies betrifft unter anderem die Erwartungen an Termineinhaltung, Verbindlichkeit von Zusagen, Planungsgenauigkeit, Konsensfindung und die Art der persönlichen Meinungsäußerung. Diese inneren Scripts können nur nach und nach über gegenseitiges Beobachten und Nachfragen erschlossen werden. Für eine konstruktive Zusammenarbeit ist dies auch notwendig, denn hier geht es um den effizienten Einsatz von Ressourcen und eine gemeinsame Zielerreichung.

Besonders trickreich sind international bekannte Wörter wie Team, Information oder Meeting. Sie wirken vertraut, können aber sehr unterschiedlich interpretiert werden. Was beispielsweise unter einem Meeting zu verstehen ist, zu welchem Zweck es einberufen wird und was als dessen Ergebnis zu betrachten ist, variiert von Kultur zu Kultur und ist selbst innerhalb eines Kulturkreises nicht immer allen klar. Im deutschsprachigen Raum bietet eine reichhaltige Ratgeberliteratur Methoden und Techniken an, wie Meetings strukturiert, zeitsparend und lösungsorientiert durchführbar sind. Die Frage, wie die dort getroffenen Entscheidungen vom Rest der Belegschaft verstanden und umgesetzt werden können, ist damit aber noch nicht geklärt. Diese Fragestellung steht beispielsweise in japanischen Unternehmen weit mehr im Vordergrund. Konsensbildung als Prozess mit vielen Beteiligten braucht wiederholte Zusammenkünfte, bis der Boden für eine Neuerung bereit ist. Dann steht einer raschen Implementierung nichts mehr im Weg. Beide Vorgehensweisen haben ihre eindeutigen Stärken in je einem bestimmten Bereich (schnelle Entscheidung versus schnelle Implementierung). In ihrer unreflektierten Ausprägung sind sie für Mitarbeitende der jeweils anderen Kultur irritierend und verleiten gerne zu Abwertungen (Dominanz versus Unklarheit). Die Lösung für die Zusammenarbeit liegt – im Sinne des Wertequadrats (Schulz von Thun 2006/2, S. 38–52) – in der Anerkennung der jeweiligen Stärken und der Anwendung derjenigen Vorgehensweise, die sich für einen bestimmten Bereich am besten eignet.

Bevor es zu einer wirklichen Zusammenarbeit kommen kann, ist häufig erst einmal Toleranz gefragt. Die Außenperspektive erleichtert das «Erdulden» kultureller Verschiedenheiten. Die Distanzierung von den eigenen Emotionen gibt den Blick frei für die einzelnen Handlungsstränge und ihr Zusammenspiel. Die Ferne zu sich selbst lässt einen die Selbstbefindlichkeit nicht allzu wichtig nehmen und das eigene Verhalten etwas humorvoller betrachten. Humor hilft also auch hier, Brücken zu schlagen und schwierige Situationen heiter aufzulösen. Natürlich kann das Befremdliche einer anderen Kultur auch Heiterkeit auslösen, doch ist mit Humor nicht gemeint, andere lächerlich zu machen. Hier geht es um die innere Haltung, die kulturelle Missverständnisse erträglicher macht. Die eher passive Toleranz kann mit einer nahezu wissenschaftlichen Einstellung gegenüber einer anderen Kultur überwunden werden: Man möchte ihre Funktionsweise verstehen, wissen, warum diese oder jene Handlung in einer bestimmten Situation angebracht ist oder wie sich bestimmte Werte im Laufe ihrer Geschichte herausgebildet haben. Diese Aktivität führt zum Verständnis fremdkulturellen Verhaltens aus dessen Perspektive und entspricht der Stufe +2 des Moosmüller-Modells.

Wer in einem fremden Land arbeitet, wird anerkennen, dass die dort praktizierten Verhaltensweisen zielführender und insofern effizienter sind, weil sie von den Einheimischen akzeptiert werden. Stufe +3 dieses Modells – der produktive Umgang mit kultureller Verschiedenheit – wird aber nicht durch Anpassung erreicht, sondern erst dann, wenn auch das eigene Potenzial eingebracht wird. Der einzigartige Erfolg der Kooperation von Nissan und Renault beruhte auf der Kombination von erstklassiger japanischer

Produktqualität und hoher Produktivität mit dem frechen Design und weitsichtigen Marketing der Franzosen. «Um den Kulturkonflikt für das Unternehmen fruchtbar zu machen, bedarf es Leute an der Spitze, die es verstehen, die jeweils fremde Kultur zu absorbieren. Nur sie können die nötigen Brücken bauen» (Blume 2001). So formulierte CEO Carlos Ghosn seinen Managementauftrag. Die Ausgangslage war herausfordernd:

«Es gibt kaum Gemeinsamkeiten zwischen den beiden Kulturen, darum muss man sich entsprechend anpassen. Die Japaner sind sehr diskret, sprechen weniger und halten sich zurück. Bevor sie etwas sagen, überlegen sie genau. Ihre Beiträge sind eher eine Konklusion als eine Diskussion. Die Franzosen tendieren dazu, viel zu sprechen, zu debattieren und viel Zeit für Brainstorming aufzuwenden. Ich habe nicht die Absicht, die beiden Unternehmen ähnlich zu machen oder sie zu mischen. Wir müssen die unterschiedlichen Kulturen akzeptieren – dann läuft es gut. Die Allianz Renault-Nissan existiert seit neun Jahren. Sie ist einzigartig und funktioniert, weil es keinen grandiosen Plan gab, ein einziges Unternehmen daraus zu formen» (Hug 2008).

Für die gemeinsame Entscheidungsfindung erweiterte er den in Japan üblichen «passiven Konsens» (es wird keine Entscheidung getroffen, wenn einer in der Gruppe dagegen ist) zum «aktiven Konsens» (wenn einer in der Gruppe nicht einverstanden ist, müssen entweder die anderen ihn überzeugen oder er sie) (Hobbs 2007).

Das eigene Potenzial kann im Spiegel der fremden Kultur bewusst und damit auch erklärbar gemacht werden. Wer die eigenen kulturellen Selbstverständlichkeiten anderen verständlich darlegen kann, handelt als Botschafter seiner Kultur und schafft damit ein Klima des gegenseitigen Lernens. Die Chance kultureller Diversität liegt in den Interaktionen und Aushandlungsprozessen zwischen Mitgliedern unterschiedlicher Kulturen (Bolten 2007, S. 163), die zu einer neuen Form der Normalität führen. Dies befruchtet nicht nur die Zusammenarbeit, sondern bereichert auch jeden Einzelnen. Mit dieser offenen und aktiven Haltung kann als weiterer Vorteil auch die Kommunikation innerhalb der eigenen Kultur verbessert werden.

Anmerkungen

1 Im Beitrag von Krause-Ono/Wächter wird gezeigt, dass auch aktuelle Zeitschriften unkritisch auf die bekannten Wertesysteme ihres jeweiligen Kulturhintergrundes Bezug nehmen.

2 Carlos Ghosn – CEO von Renault und Nissan – ist aufgrund seiner Herkunft ein interkulturell erfahrener Manager. Er ist libanesisch-brasilianischer Staatsbürger, stammt aus einer maronitisch-christlichen Familie, wuchs in Brasilien und im Libanon auf, wo er eine französische Jesuitenschule besuchte. In Frankreich absolvierte er zwei Eliteschulen. Seine Multikulti-Herkunft verwehrte ihm zunächst einen Aufstieg in französischen Konzernen, doch er boxte sich dank seinen Fähigkeiten und seinen beeindruckenden Sprachkenntnissen durch. Ghosn spricht Portugiesisch, Französisch, Arabisch, Englisch, Spanisch, Italienisch und Japanisch (Lamparter 2006).

Literatur

Michael Argyle, *Körpersprache & Kommunikation*, Paderborn 2005.

Britta Bergemann, Niels Bergemann, *Interkulturelle Managementkompetenz. Anforderungen und Ausbildung*, Heidelberg 2005.

Georg Blume, «Japanischer Held aus Paris. Wie der Renault-Manager Carlos Ghosn den maroden Autohersteller Nissan sanierte», in: *zeit online* 38/2001.

Jürgen Bolten, *Einführung in die interkulturelle Wirtschaftskommunikation*, Göttingen 2007.

Simon Hobbs, «Carlos Ghosn. Simon Hobbs talks to the CEO of Renault and Nissan», in: *CNBC European Business*, November 2007.

Marion Dathe, «Wirtschaftskommunikation», in: Jürgen Straub, Arne Weidemann, Doris Weidemann, (Hrsg.), *Handbuch interkulturelle Kommunikation und Kompetenz*, Stuttgart, Weimar 2007, S. 586–595.

Astrid Erll, Marion Gymnich, *Interkulturelle Kompetenzen. Erfolgreich kommunizieren zwischen den Kulturen*, Stuttgart 2007.

Joseph Forgas, *Soziale Interaktion und Kommunikation*, Weinheim: Basel 1999.

Gay Fournier, David Evans, Carlos Ghosn, *A Study of Diversity Management in the Framework of Strategic Alliance*, Reims Management School, 2007, Reference no 307-234-1.

Daniel Hug, «Wir setzen auf Autos mit null Emission.» Interview mit Carlos Ghosn, in: *NZZ am Sonntag. NZZ online*, 3. Februar 2008.

Christiane Kallenbach, «Fremdverstehen – aber wie? Ein Verfahren zur Anbahnung von Fremdverstehen», in: *Zeitschrift für interkulturellen Fremdsprachenunterricht* (online), 1:3, 1996.

Dagmar Kumbier, Friedemann Schulz von Thun (Hrsg.), *Interkulturelle Kommunikation: Methoden, Modelle, Beispiele*, Reinbek 2006.

Dietmar H. Lamparter, «Le Cost-Killer», in: *zeit online* 42/2006.

Alois Moosmüller, «Lebenswelten von ‹Expatriates›», in: Jürgen Straub, Arne Weidemann, Doris Weidemann (Hrsg.), *Handbuch interkulturelle Kommunikation und Kompetenz.* Stuttgart, Weimar 2007, S. 480–488.

Stefanie Rathje, «Interkulturelle Kompetenz – Zustand und Zukunft eines umstrittenen Konzepts», in: *Zeitschrift für interkulturellen Fremdsprachenunterricht* (online) 11:3, 2006.

Helmut Rez, Monika Kraemer, Reiko Kobayashi-Weinsziehr, «Warum Karl und Keizo sich nerven. Eine Reise zum systematischen Verständnis interkultureller Missverständnisse», in: Dagmar Kumbier, Friedemann Schulz von Thun (Hrsg.), *Interkulturelle Kommunikation: Methoden, Modelle, Beispiele,* Reinbek 2006, S. 28–72.

Friedemann Schulz von Thun, *Miteinander reden*. 3 Bände, Reinbek 2006.

Friedemann Schulz von Thun, Johannes Ruppel, Roswitha Stratmann, *Miteinander reden: Kommunikationspsychologie für Führungskräfte,* Reinbek 2005.

Alexander Thomas, «Analyse der Handlungswirksamkeit von Kulturstandards», in: Alexander Thomas (Hrsg.), *Psychologie interkulturellen Handelns,* Göttingen 1996.

Jingtao Yu, «Stereotypisierung im interkulturellen Kontext», in: *Interculture Journal*, Bd. 2, 2006, S. 113–124.

Die Komplexität des Führungsanspruchs: Pluspunkt multikulturelle Identitäten

Daniela Palumbo

Daniela Palumbo

war langjährige Redakteurin bei namhaften Schweizer Wochenmagazinen und schrieb hauptsächlich zum Thema Migration. Sie publiziert heute regelmäßig zu Gesellschaftsthemen und ist Journalismus-Coach. Sie wuchs als Italienerin in der Schweiz auf und hat einen Master der Universität Zürich in Geschichte, Religionswissenschaften und Psychologie.

In Zeiten der Globalisierung sind es nicht Angehörige einer oder mehrerer Kulturen, sondern Individuen mit eigenen Identitäten, die geführt werden müssen. Ein türkisch-deutsches Forschungsprojekt kam zum Schluss, dass die gebildeten Kinder von Migrantinnen und Migranten neben der Mehrsprachigkeit und den Kenntnissen von zwei oder mehreren Ländern, Lebensweisen und Kulturen auch über Qualifikationen verfügen, die im Leadership-Bereich wichtig sind: Empathie und die Fähigkeit, flexibel einzelne Elemente miteinander zu verknüpfen und verschiedene Perspektiven einzunehmen.

Barack Obama ist nicht nur gebürtiger US-Amerikaner. Der Mann mit dem charismatischen dunkelhäutigen Gesicht ist gleichzeitig auch Deutscher, Brite und Afrikaner. Obamas Ahne Christian Gutknecht, sein Urururururgroßvater mütterlicherseits, wanderte 1749 aus Bischweiler (heute Bischwiller im Elsass) nach Amerika aus. Er ließ sich in Pennsylvania als Bauer nieder und nannte sich Christian Goodknight, später wurde daraus Goodnight. Obama soll mit 4,6875 Prozent von Deutschen abstammen, mit 37,3 Prozent von Engländern und mit 50 Prozent von den kenyanischen Luo.[1]

Obama ist der Prototyp des postnationalen Menschen. Ein Produkt unterschiedlicher Herkunft. Schon vor einigen Jahren bildete eine renommierte italienische Zeitschrift ein dunkelhäutiges Baby auf dem Cover ab und titelte: «Der Italiener von morgen.» Auch in den anderen Staaten Europas ist der Trend klar: «Die Menschen handeln international, arbeiten international, heiraten international, die Kinder werden international...»[2] Wir entwickeln uns zu einer globalisierten Gesellschaft von innen heraus. Diese Entwicklung lässt sich in Zahlen fassen. Von jedem zweiten Kind, das heute in der Schweiz auf die Welt kommt, sind der Vater oder die Mutter oder beide Elternteile ausländischer Herkunft.[3]

Welche Rolle spielen die unterschiedlichen kulturellen Wurzeln dieser heranwachsenden Generation bei der Ausbildung der eigenen Identität, und was bedeutet das für die interkulturelle Leadership?

Der schwedische Kulturanthropologe Thomas Hylland Eriksen[4] beschreibt drei Möglichkeiten, wie jugendliche Secondos darauf reagieren, dass sie in vielfältigen, kulturellen Welten aufwachsen und dass sie, ob sie wollen oder nicht, auch von den Einheimischen mit der Frage ihrer nationalen Zugehörigkeit konfrontiert werden:

- *Die reine Identität*
  Puritaner oder Traditionalisten wählen diese Identität, die ihnen konservative Religionsführer oder Identitätspolitiker anbieten. Diese Identität basiert auf der Annahme eines ursprünglichen und unbedingten Kontrasts. Die anderen werden als Feindbild wahrgenommen. Dadurch erscheint der Puritaner als eine authentische Person mit einer sicheren

Identität und als unbestrittenes Mitglied einer Gruppe. Diese Wahl schafft Ordnung, Berechenbarkeit und zieht Grenzen. Eine reine Identität neutralisiert das Chaos der Umgebung und befreit das Individuum von Ambivalenz oder unlösbaren Dilemmas. Sie definiert Benimmregeln und verbietet Verhandlungen über Werte und Moral. Einige Mitglieder von Minoritäten in Westeuropa seien von der reinen Identität verführt worden, schreibt Eriksen. Sie biete die Möglichkeit, in einer Situation der systematischen Diskriminierung ein positives Selbstbild zu erreichen. Der Preis dafür sei die Entfremdung von der Gastgesellschaft und große persönliche Frustration, weil sich reine Identitäten ständig gegen ein kulturell vermischtes Umfeld verteidigen müssten, in dem unendliche Wahlfreiheit herrsche. Reine Identitäten seien durch Fundamentalismus und Stagnation gefährdet.

- *Die Bindestrich-Identität*
  Viele Mitglieder von Minoritäten beschreiben sich als Bindestrich-Identitäten. Der Italienisch-Schweizer, Türkisch-Deutsche, Griechisch-Brite versucht eine Brücke zu schlagen zwischen zwei eigenständigen, begrenzten Kategorien. Diese Secondos haben vielleicht eine andere Muttersprache, unterschiedliche Bräuche und Riten, aber sie haben sich an das Land angepasst, in dem sie leben. Sie können zum Beispiel zu Hause und innerhalb ihrer ethnischen Gemeinschaft «italienisch» leben und in der Öffentlichkeit als Schweizer wie alle anderen auch. Die Bindestrich-Identität setzt voraus, dass es klare Grenzen zwischen den zwei Gruppen gibt, und deshalb bewusstes oder unbewusstes Code Switching erforderlich ist.

- *Die kreolische Identität*
  Diese unterscheidet sich von den anderen, weil sie die Existenz von reinen, getrennten Kulturen nicht anerkennt. Während reine Identitäten Grenzen um eine Kultur und Bindestrich-Identitäten Grenzen um zwei Kulturen ziehen, hat die kreolische Identität einen Grad der Vermischung erreicht, die Trennstriche und Grenzen auflöst. Eine solche Person kann zum Beispiel Muslim sein, aber trotzdem Schweinefleisch essen und Bier trinken, Sex vor der Ehe haben und trotzdem eine Ehefrau heiraten, die den Wünschen der Eltern entspricht, *Hürriyet* und NZZ lesen, an einem Tag in die Moschee, am anderen Tag in die Disko gehen.

«Während die reine Identität versucht, die Kreolisierung fernzuhalten, und die Bindestrich-Identität zwei alte Landkarten braucht, um einem neuen Gebiet Sinn zu geben, hat die kreolische Identität die alten Landkarten weggeworfen, und ist dabei, eine neue zu zeichnen», schreibt Thomas Hylland Eriksen in seinem Essay.

Kreolisierung, Transkulturalität und Hybridität

Dieser kreolische Persönlichkeitstyp scheint der innovativste zu sein und in die Zukunft zu weisen. In der Kulturforschung läuft dieses Phänomen der Vermischung unter verschiedenen Namen wie Kreolisierung, Transkulturalität und Hybridität. Als Schlüsselbegriff des 21. Jahrhunderts feiert insbesondere Hybridität nicht nur in der Wissenschaft einen Siegeszug, sondern avancierte auch in der Alltagssprache zum Modewort für Innovation. Auf den Markt kommen Fahrzeuge mit Hybridantrieb, die Computerindustrie entwickelt Hybridfestplatten, in den Biotech-Labors versuchen Forscher hybride Kreaturen aus dem Erbgut unterschiedlicher Lebewesen zu züchten, während Soziologen bereits den hybriden Konsumenten und Politologen den hybriden Wähler erschaffen haben.

Auch in den Sozial- und Geisteswissenschaften hat das Wort Hybridität seinen Platz gefunden. Es wird oft als Modell «kultureller Vermischung» vorgestellt und als eine neue Gesellschaftsform zelebriert.[5] Im Zeitalter der Globalisierung – gekennzeichnet durch ausgeprägte Kommunikation und Mobilität – bildet sich eine neue, grenzenlose, pluralistische Weltkultur heraus.[6]

In einem in der NZZ erschienenen Artikel[7] über die Schüler eines Nobelinternats in den Schweizer Alpen werden die Akteure dieser neuen «Weltkultur» lokalisiert und individualisiert: «Die künftigen Leader der globalisierten Welt haben gelernt, ihre Herkunftskultur in eine gemeinsame, internationalisierte Kultur einfließen zu lassen. Eine Kultur, die ohne geografische Einschränkung überall dort existiert, wo sich die globalen Nomaden einfinden.»

Doch wer sind die Schüler im Aiglon College? Im Jahr 2008 besuchten 350 zwischen 7 und 18 Jahre alte Schülerinnen und Schüler aus 55 Ländern das College. Manche von ihnen haben bis zu drei verschiedene Pässe, viele haben bereits in mehreren Ländern gelebt. Doch sie haben alle sozial ähnliche Hintergründe. Ihre Eltern – Großindustrielle, Investmentbanker oder Besitzer von Dienstleistungsunternehmen – können es sich leisten, jedes Jahr 70 000 Franken für die Ausbildung aufzuwenden. Auf fünf Schüler kommt ein Lehrer. Die Unterrichtssprache ist Englisch.

Die «Kinder der Weltelite» sollen im schweizerischen Aiglon mit Disziplin, Drill und Demut zur «Weltelite von morgen» geformt werden. Das College wird die Jugendlichen auf das globale Geschäftsleben vorbereiten. Folgerichtiger nächster Schritt ist die Aufnahme in eine Spitzenuniversität in England oder den USA, wo sie wieder auf ihresgleichen stoßen werden. «Wir lernen überall zu leben. Wir lernen mit verschiedensten Menschen zu kommunizieren», sagt Reza Kashanipour, Sohn eines iranischen Industriellen. «Eigentlich sind wir ein kleines Abbild der Welt», sagt Siham Albinali, die aus einer saudi-arabischen Geschäftsfamilie stammt. Und Gabija Mitchell, Tochter eines ehemaligen Premierministers des karibischen Inselstaats St. Vincent and the Grenadines: «Das Speziellste an Aiglon ist, dass du Leute aus allen Ecken der Welt, ihre Religion und ihre Kultur kennenlernst.»

Ein Kritiker des Hybriditätsmodells, der amerikanische Kulturanthropologe Jonathan Friedman,[8] sagt, es sei ein Modell, mit dem sich die Kosmopoliten, die einen Teil der kulturellen Elite ausmache, gut identifizieren können. Für diese Gruppe seien die Metapher des globalen Dorfes und die Hybridität die korrekte Lösung. Seit den 1970er-Jahren sei in den ethnisch gemischten Gettos der Großstädte hingegen eine wachsende Ethnifizierung feststellbar. Dort gäbe es keinen Platz für hybride Identifikation. Die soziale Position bestimme die Form der Identifizierung.

In ihrer Hybriditätseuphorie vergessen die Feuilletonisten und Forscher oftmals eines: Was für die einen ein lustgewinnendes Experiment ist, ist für die anderen ambivalenter und riskanter.

Trotzdem entspricht der Hybridisierungsprozess den Realitäten der postnationalen Gesellschaft. Denn die Identifikation mit einer Nation ist ein Mythos, der mit dem Aufkommen der Nationalstaaten vor 200 Jahren aufkam. Erst damals wurde eine nationale Identität konstruiert und die Vorstellung generiert, dass Kulturen homogene und voneinander unabhängige Einheiten seien. Prominenter Vertreter dieses statischen Kulturbegriffs ist heute Samuel Huntington mit seinem Buch *Kampf der Kulturen*.[9]

Damals wie heute wurde die Tatsache ignoriert, dass in den meisten heute existierenden Nationalstaaten ethnisch und kulturell heterogene Bevölkerungen leben.[10] «Dass Kulturen ständig in Bewegung sind, sich durch Begegnung und Austausch vermischen und verändern, ineinanderfließen und Neues erschaffen, ist kein Phänomen erst der jüngsten Zeit […]. Neu allerdings sind im angebrochenen Zeitalter der Globalisierung Ausmaß und Geschwindigkeit, in der sich kultureller Wandel und interkulturelle Zirkulation weltweit vollziehen.»[11]

Trotz Kontroversen sind sich die Kulturforscher so weit einig, dass Identität im Zeitalter der Globalisierung immer wieder neu definiert wird und Patchwork-Charakter hat.[12]

«Was mich zu dem macht, der ich bin, liegt darin begründet, dass ich mich in zwei Ländern und mehreren kulturellen Traditionen bewege. Nicht halb Deutscher und halb Türke. Identität lässt sich nicht aufteilen, halbieren, dritteln oder in Abschnitte zerteilen. Ich besitze nicht mehrere Identitäten, ich besitze nur eine einzige, bestehend aus den Elementen, die sie geformt haben in einer Mischung, die von Mensch zu Mensch unterschiedlich ist», sagte ein Student, der über Identitätsbildungsprozesse befragt wurde.[13] Die Befragung fand im Rahmen eines türkisch-deutschen Forschungsprojekts zum Thema «Sozio-kulturelle Kompetenzen von Studierenden mit Migrationshintergrund Türkei» statt. Mit dem binationalen Projekt beschritten die Universität Hannover und die türkische Universität Bolu Neuland. Sie richteten den Forschungsblick von der vorherrschenden Konflikt- und Defizitsicht von Migrantenkindern weg und befassten sich erstmals mit den sozio-kulturellen Kompetenzen bildungserfolgreicher Secondos.

Ein prominenter Intellektueller wie Amartya Sen[14] argumentiert in seinem Buch *Die Identitätsfalle* inhaltlich in die gleiche Richtung wie der anonyme Student. Langsam setzt sich in der Kulturdebatte die Erkenntnis durch, dass auch andere Unterschiede wie Klasse, Geschlecht und Alter eine wichtige Rolle in allen Lebensläufen ethnischer Gruppen spielen, wie der Kulturanthropologe Friedmann bereits vor über zehn Jahren moniert hatte.[15]

Amartya Sen, der indische Nobelpreisträger für Ökonomie und Professor in Harvard, beschreibt anschaulich, was dies bedeutet. Die Identität sei nicht eindimensional, lasse sich nicht auf die Herkunft beschränken. Jeder Mensch gehöre verschiedenen Gruppen an, die ihm verschiedene Identitäten vermittelten. «Eine Person kann gänzlich widerspruchsfrei amerikanische Bürgerin, von karibischer Herkunft mit afrikanischen Vorfahren, Christin, Liberale, Frau, Vegetarierin, Langstreckenläuferin, Heterosexuelle, Tennisfan usw. sein.» Die Herkunft eines Menschen sei nicht der einzige Aspekt, die seine Identität ausmache. Es gebe auch andere Zuordnungen wie zum Beispiel das Geschlecht, die Klasse, der Beruf, die Sprache, die Wissenschaft, die Moral, die Politik.

Wer den Menschen auf seine Herkunft reduziere, verkürze sein Menschsein, so Amartya Sen weiter. Es sei eine gefährliche Entwicklung, anzunehmen, dass nur eine Klassifikation – nämlich die Kultur und Religion – zähle. Viele ethnische Konflikte, die ihren Ursprung in der wirtschaftlichen und politischen Ungleichheit zwischen den Bevölkerungsgruppen hätten, und nicht in kulturellen Differenzen, beruhten auf einer – zu politischen Zwecken geschürten – «Begriffsverwirrung» bezüglich der Identitäten der Menschen. Diese mache aus mehrdimensionalen Menschen eindimensionale Kreaturen.

Die Wahl, welches Gewicht der Einzelne seinen verschiedenen Identitäten beimesse, unterliege zwar gewissen Zwängen von außen – Sen vergleicht diese mit dem «Budgetzwang» in der Ökonomie. Aber innerhalb dieses Rahmens könne jeder wählen, wie viel Gewicht er den jeweiligen verschiedenen Identitäten verleihe. Dabei hänge die Bedeutung einer bestimmten Identität vom Kontext ab. Bei einem Professor, der zum Essen eingeladen wird, nimmt beispielsweise die Tatsache, dass er Vegetarier ist, plötzlich eine dominierende Bedeutung an.

In Zeiten der Globalisierung sind es also nicht Angehörige einer oder mehrerer Kulturen, sondern Individuen mit eigenen Identitäten, die geführt werden müssen. Das oben erwähnte türkisch-deutsche Forschungsprojekt der Universitäten Hannover und Bolu zum Beispiel kam zum Schluss, dass die gebildeten Kinder von Migrantinnen und Migranten, neben der Mehrsprachigkeit und den Kenntnissen von zwei oder mehreren Ländern, Lebensweisen und Kulturen auch über Qualifikationen verfügten wie Empathie und die Fähigkeit, flexibel einzelne Elemente miteinander zu verknüpfen und verschiedene Perspektiven einzunehmen.[16]

Im Zusammenhang mit Leadership ist daher nicht so sehr die Identitätsfrage zentral, sondern eher die Frage, wie die Ressourcen von Persönlichkeiten mit vielfältigen, kulturellen Wurzeln genutzt werden können – Ressourcen, die einen sogar ermächtigen, eine Präsidentschaftskandidatur zu bewältigen und unsere Gesellschaft mitzugestalten, so wie Barack Obama.

Anmerkungen

1 *Die Zeit*, Nr. 31, 2008.

2 Ulrich Beck, «Die Warum-nicht-Gesellschaft», in: *Die Zeit*, Nr. 48, 1999.

3 Bundesamt für Statistik, *Ausländerinnen und Ausländer in der Schweiz*, Bericht 2006.

4 Thomas Hylland Eriksen, «Creolization and Creativity», in: *Global Networks 3*, 3 (2003), S. 223–237.

5 Kien Nghi Ha, *Hype um Hybridität. Kultureller Differenzkonsum und postmoderne Verwertungstechniken im Spätkapitalismus*, Cultural Studies 11. transcript Verlag: Bielefeld 2005.

6 Klaus Seitz, «Verhängnisvolle Mythen. Nationale Identität und kulturelle Vielfalt», in: Datta Asit (Hrsg.), *Transkulturalität und Identität. Bildungsprozesse zwischen Exklusion und Inklusion*, IKO – Verlag für Interkulturelle Kommunikation: Frankfurt a. M./London 2005. S. 51–68.

7 *NZZ*, Nr. 149, 2008.

8 Jonathan Friedman, «Global Crises, the Struggle for Cultural Identity and Intellectual Porkbarrelling: Cosmopolitans versus Locals, Ethnics and Nationals in an Era of De-Hegemonisation», in: Pnina Werbner, Tariq Modood (Hrsg.), *Debating Cultural Hybridity*, London/New Jersey 1997, S. 70–89.

9 Samuel P. Huntington, *Kampf der Kulturen. Die Neugestaltung der Weltpolitik im 21. Jahrhundert*, Europa-Verlag: München/Wien 1996.

10 UNDP. Entwicklungsprogramm der Vereinten Nationen. Bericht über die menschliche Entwicklung 2004.

11 Klaus Seitz, *Verhängnisvolle Mythen*, S. 59.

12 Hartmut M. Griese, «Was kommt nach der Interkulturellen Pädagogik», in: Datta Asit (Hrsg.), *Transkulturalität und Identität. Bildungsprozesse zwischen Exklusion und Inklusion*, IKO – Verlag für Interkulturelle Kommunikation: Frankfurt a. M./London 2005, S. 19.

13 Isabel Marie Sievers, «Eine transkulturelle Perspektive in der Migrationsforschung – Soziokulturelle Kompetenzen», in: Datta (Hrsg.), S. 177.

14 Amartya Sen, *Die Identitätsfalle. Warum es keinen Krieg der Kulturen gibt*, C. H. Beck: München 2007.

15 Jonathan Friedman, *Global Crises, the Struggle for Cultural Identity and Intellectual Porkbarrelling*, 1997.

16 Isabel Marie Sievers, «Eine transkulturelle Perspektive in der Migrationsforschung – Soziokulturelle Kompetenzen», in: Datta (Hrsg.), S. 165–181.

Die Latte-Macchiato-Falle: Vielfalt als Standard statt standardisierter Vielfalt

Stefan Kaduk, Dirk Osmetz und Nils Förster

Stefan Kaduk

promovierter Diplom-Kaufmann, seit 1996 Unternehmensberater, Lehr- und Forschungstätigkeit am Institut für Personal- und Organisationsforschung und am Institut für Internationales Management, Universität der Bundeswehr München, Erfahrungsschwerpunkte auf den Gebieten Personal- und Change Management, Partner der Musterbrecher® Managementberater Osmetz+Kaduk Partnerschaft, Mitautor des Buches *Musterbrecher – Führung neu leben*.

Dirk Osmetz

Ingenieur, Wirtschaftsingenieur und promovierter Wirtschaftswissenschaftler, Lehr- und Forschungstätigkeit am Institut für Internationales Management der Universität der Bundeswehr München, Lehrbeauftragter an diversen Fachhochschulen und Universitäten, Erfahrungsschwerpunkte in den Gebieten Führung und Veränderungsmanagement, mehrjährige Führungs- und Beratungserfahrung, Partner der Musterbrecher® Managementberater Osmetz+Kaduk Partnerschaft, Mitautor des Buches *Musterbrecher – Führung neu leben*.

Nils Förster

Diplom-Kaufmann, seit 2008 Wissenschaftlicher Mitarbeiter am Institut für Internationales Management an der Universität der Bundeswehr München, Offizier der Luftwaffe, Erfahrungsschwerpunkte in den Gebieten Internationales Management sowie Arbeits- und Organisationspsychologie. Mitarbeiter der Musterbrecher® Managementberater Osmetz+Kaduk Partnerschaft.

Wenn interkulturelles Management sich als das Aufeinandertreffen von Menschen aus unterschiedlichen kulturellen Hintergründen definiert, dann stellt sich folgende Frage: Warum setzen wir Interkulturalität in der Praxis so häufig mit nationalstaatlichen, geografisch-regionalen Kategorien gleich? Wir erleben Kulturen auf gänzlich neuen und anderen Ebenen. Die Prägung durch Sozialmilieu, Ausbildung und Beruf ist dominanter als die geografische Grenzziehung. Die Kultur der Allianz Deutschland könnte der Kultur ihrer Auslandsniederlassung in Singapur durchaus ähnlicher sein als diejenige zweier OBI-Baumärkte in Schwerin und Rosenheim. Es geht vielmehr um die vielschichtigen Ebenen von Individuen und um den alltäglichen Umgang miteinander.

«Nur Vielfalt kann Vielfalt absorbieren.»
William Ross Ashby

Was geschieht, wenn man im Beisein italophiler Bekannter nach dem Abendessen eine Latte Macchiato bestellt? Nur selten entgeht man in dieser Situation dem besserwisserischen Hinweis, dass man in Italien diesen beliebten Milchschaum-Cocktail allenfalls zum Frühstück, niemals jedoch nach dem Essen genieße. Ähnlich dürfte es einem Touristen in München ergehen, der nach der magischen Zwölf-Uhr-Grenze bayerische Weißwürste bestellt, oder einem Wien-Besucher, der einen Milchkaffee anstelle einer Melange verlangt…

Solange man in solch harmlosen Situationen lediglich die zur Schau gestellte kulturelle Kompetenz pseudo-kosmopolitischer Zeitgenossen zu ertragen hat, ist es nicht weiter schlimm. Mehr Auswirkungen hat es, wenn Mitarbeitende in international agierenden Konzernen in kulturelle Fettnäpfchen treten. In der Tat können Vertragsabschlüsse wegen mangelnder kultureller Sensibilität und fehlender Rücksicht auf regionale Gepflogenheiten scheitern. Demzufolge ist es berechtigt, dass wir heute so viel über interkulturelle Kompetenzen sprechen und einen Boom an Knigge-Trainings für Manager erleben, die auf internationalem Parkett Entscheidungen zu treffen haben.

In diesem Beitrag geht es nicht um weitere Rezepte für den sicheren Umgang mit anderen Kulturen. Vielmehr erscheint ein Blick aus einer individuelleren Perspektive sinnvoll, da Interkulturalität nicht erst bei der Unterscheidung von Staaten, Regionen oder sozialen Gruppen beginnt, sondern bereits bei der Interaktion von Individuen ansetzt. Daraus lassen sich einige aus unserer Sicht hilfreiche Impulse für die Frage nach der «richtigen» Führung im interkulturellen Kontext gewinnen. Zunächst aber wenden wir uns der Verbreitung des Themas in einer globalisierten Welt zu:

Das Phänomen internationaler und multikultureller Geschäftsbeziehungen stellt keine gänzlich neue Erscheinung dar, welche die heutigen Management- und Führungsetagen überrascht. Bereits vor etwa 4500 Jahren, zu Zeiten des Pyramidenbaus in Ägypten, wurde um Arbeiter aus Zentralafrika geworben. Im 13. Jahrhundert reiste der Venezianer Marco Polo auf dem Landweg vom heutigen Palästina bis nach Peking, um Handels- und Reiserouten zu erschließen, und in den darauffolgenden vier Jahrhunderten entstanden zahlreiche international agierende Handelshäuser über das ganze heutige Europa verteilt. Man denke in diesem Zusammenhang nur an die British East India Company, die im 17. Jahrhundert vom englischen Königshaus die Rechte für sämtlichen Handel zwischen dem Kap der guten Hoffnung und der Magellanstraße erhielt.[1] Es wurde also schon lange vor dem Hintergrund kultureller Vielfalt gemanagt und geführt.

«In allen Lebens- und Seinsbereichen sind Erosions- und Auflösungserscheinungen und auch Deregulierungsinitiativen zu beobachten: räumlich, zeitlich, innen, außen. Schlagbäume an den Landesgrenzen bleiben in der Höhe, die festen Zeitdiktate werden aufgeweicht, die Nacht ist an immer mehr Orten hell wie der Tag, immer mehr Betriebe laufen rund-um-die-Uhr, [...] Die Beziehung Mensch-Welt ist unilateral geworden; ungleichzeitig gleichzeitig, wie die Zeiten der Weltuhr am Handgelenk; abwesend anwesend, wie die aller Weltkulturen und Weltreligionen; unerreichbar erreichbar wie jeder räumliche Punkt auf der Erde innerhalb eines Tages erreichbar ist.»[2]

Im Zeitalter der Multioptionalität, wie es der Schweizer Soziologe Peter Gross bereits 1994 charakterisiert hat, gekennzeichnet von modernen Informations- und Kommunikationsmöglichkeiten und supranationalen Beziehungsgeflechten, steht das Management insbesondere vor der Herausforderung zunehmender kultureller Varianzen und Diskontinuitäten. Die Relevanz des Themas «interkulturelles Management» wird an Indikatoren wie steigender Anteil des Umsatzes im Ausland, zunehmende Anzahl internationaler Mitarbeitender im Unternehmen, Artenvielfalt von Tochtergesellschaften oder auch wachsende Direktinvestitionen und Exportvolumina gemessen.[3]

Es wird mithilfe unterschiedlicher Konzepte versucht, der Vielschichtigkeit des Kulturbegriffs selbst Rechnung zu tragen. Im Vordergrund der meisten Perspektiven steht dabei eine unterschiedliche mentale Programmierung von Menschen, das heißt, es werden in erster Linie die Determinanten kultureller Orientierungssysteme festgelegt, definiert, erfasst und bewertet.[4] So bezeichnet der wohl bekannteste Wissenschaftler auf dem Gebiet der Kulturwissenschaften, Geert Hofstede, Kultur als «mentale Programmierung» oder «mentale Software» von Menschen in ihrem jeweiligen gesellschaftlichen Umfeld.[5] Trotz vieler Annäherungs- und Beschreibungsversuche – Kroeber und Kluckhohn haben zu Beginn der 1950er-Jahre allein 154 inhaltlich verschiedene Auslegungen des Kulturbegriffs zusammengetragen[6] –

bleibt Kultur ein abstrakter Begriff und lässt sich häufig nur durch Verhaltensweisen und/oder Äußerungen einzelner Individuen, Gruppen oder ganzer Gesellschaften erfassen.[7] Äußerlich wahrnehmbare, kulturell-divergierende Erscheinungsformen sind unter anderem Regeln, Sprache, Rituale oder Symbole.

Die Welt in Schwarz-Weiß – eine fahrlässige Vereinfachung

Wie bei so vielen Trends begann die Auseinandersetzung mit Diversity vor gut 20 Jahren damit, dass schon lange vorhandene Probleme nun endlich offen thematisiert wurden. Einerseits erkannte man die lähmende Wirkung von Monokulturen, insbesondere in großen Konzernen, die zu einer innovationsfeindlichen Erstarrung und zur Reproduktion der immer gleichen Muster neigen. Andererseits verstärkte sich nur allzu berechtigt der gesellschaftliche Druck hinsichtlich Fairness und Gleichberechtigung. Beide Entwicklungen führten zur Etablierung des sogenannten Diversity Managements, mit dessen Hilfe eine bewusst erzeugte Vielfalt gemanagt werden soll; mit dem klaren Ziel, sich im globalen Markt mit größerer Flexibilität Wettbewerbsvorteile zu verschaffen. Wenn wir unseren Blick auf die Unternehmen richten, stellen wir fest, dass man das Thema offenkundig ernst nimmt. Gemischte Altersstrukturen, eine – wenn auch nur langsam – steigende Zahl von Frauen in Führungspositionen und eine entsprechende Ausrichtung der Rekrutierungspolitik mögen Belege für diese Entwicklung sein. Allerdings beschränkt man sich im Wesentlichen auf eine Quotenlogik und versteht Diversity oft lediglich als sozio-demografische Vielfalt. Häufig blickt man dabei auf die Außenwirkung, da man sich als modernes, offenes, multikulturelles Unternehmen präsentieren möchte. Im Zentrum stehen Oberflächenphänomene, die doch starke Zweifel daran aufkommen lassen, ob aus den Monokulturen nun wirklich bunte Belegschaften im Sinne einer mentalen Vielfalt werden. Es hat den Anschein, dass man wieder einmal der Versuchung erliegt, schwer zu fassende Phänomene technokratisch in den Griff bekommen zu wollen.

Reflektieren wir die interkulturelle Realität, so stellen wir eine ausgesprochen paradoxe Situation fest: Einerseits glauben Organisationen, sich in den vielfältigsten globalen Märkten bewegen zu müssen, sollen Manager unterschiedlichster Nationalitäten in Projektteams vereint werden, schmücken sich die Marketingabteilungen mit der Heterogenität der Mitarbeitenden – und dennoch wird alles in standardisierte Rahmen «gepresst». Anders ausgedrückt: Vielfalt wird mit erschreckender Einfältigkeit behandelt, obwohl man seit 1956 das Gesetz der erforderlichen Varietät von William Ross

Ashby kennt: «Nur Vielfalt kann Vielfalt absorbieren.»[8] Diesem Gesetz folgend muss das Verhaltensrepertoire einer effektiven Lenkungseinheit der Komplexität der jeweiligen Situation angepasst sein. Dies bedeutet, dass zur Bewältigung der gestiegenen Unternehmenskomplexität nicht weniger, sondern mehr Varietät erforderlich ist!

So sinnvoll all diese Vorbereitungen sein mögen und eine erste Annäherung an eine fremde Kultur ermöglichen, so gefährlich sind sie; denn sie spiegeln oftmals ein stereotypes Bild wider, das zu fahrlässiger Sicherheit im Umgang mit der anderen Seite führen kann, sofern die Beteiligten nicht in der Lage sind, diesen zu reflektieren (vgl. Christa Uehlinger, S. 37 in diesem Band). Folglich darf es uns nicht überraschen, dass die Klischeefallen durch den Mechanismus der sich selbst erfüllenden Prophezeiungen zur Realität werden.

Das Verständnis für fremde Kulturen wird dadurch erschwert, dass unterschiedliche Situationen von unterschiedlichen Kulturkreisen unterschiedlich komplex beurteilt werden. Dietrich Dörner, emeritierter Psychologieprofessor und Autor des Weltbestsellers *Die Logik des Misslingens*[9] sagte uns dazu in einem persönlichen Gespräch:

«Komplexität ist zunächst einmal kein objektiver Begriff, sondern rein subjektiv. Also eine Situation, die für Person A sehr komplex ist, stellt sich für Person B so überhaupt nicht dar. Für einen Bewohner Neuguineas wäre der Stachus in München eine absolut komplexe und verwirrende Angelegenheit. Er würde vermutlich fast wahnsinnig werden aufgrund der vielen Reize. Würde nicht verstehen, warum da manchmal Lichter rot sind und bald darauf wieder grün und dann Autos fahren und Fußgänger stehen bleiben. Für uns wäre der Urwald Neuguineas nicht weniger komplex, müssten wir dort überleben.»[10]

Was also tun in einer Welt, die immer komplexer wird, in der Geld, Waren und Personen rast- und ruhelos um die Welt jagen und sich kulturelle Zuordnungen in gleichem Tempo neu ordnen, um sich im nächsten Moment schon wieder aufzulösen?

Interkulturalität neu gedacht – Andersartigkeit beginnt viel früher

«Liebgewordene Modellvorstellungen verlieren ihren beispielgebenden Charakter; das Universum ist kein Uhrwerk, der Mensch keine Maschine, und das soziale Zusammenleben fügt sich keinem Plan.»[11]

Wenn interkulturelles Management sich als das Aufeinandertreffen von Menschen aus unterschiedlichen kulturellen Hintergründen definiert, dann stellt sich folgende Frage: Warum setzen wir Interkulturalität in der

Praxis so häufig mit nationalstaatlichen, geografisch-regionalen Kategorien gleich? Wir erleben Kulturen auf gänzlich neuen und anderen Ebenen. Die Prägung durch Sozialmilieu, Ausbildung und Beruf kann dominanter sein als die geografische Grenzziehung. Die Kultur der Allianz Deutschland könnte der Kultur ihrer Auslandsniederlassung in Singapur durchaus ähnlicher sein als diejenige zweier OBI-Baumärkte in Schwerin und Rosenheim.

Wir müssen den Blick deutlich weg von der Makroebene und hin zur Ebene der Individuen und ihres Umgangs miteinander wenden. Der Gehirnforscher Gerhard Roth, Direktor am Institut für Hirnforschung an der Universität Bremen und bis Ende August 2008 Rektor des Hanse-Wissenschaftskollegs in Delmenhorst, erklärte uns, dass die emotionale Konditionierung eines Menschen bereits im pränatalen Stadium beginne und dann hauptsächlich in den ersten Lebensjahren stattfinde, teilweise noch vor der Ausbildung unseres erinnerungsfähigen Gedächtnisses. Charakter und Persönlichkeit würden sich mit Beginn der Schulzeit stabilisieren und dann in der Pubertät nochmals eine Phase der Veränderung durchlaufen. Danach seien Erwachsene in ihrer Persönlichkeit gefestigt. Diese emotionale Prägung sei, so Roth, entscheidend dafür, ob die Ratio eines Individuums einer Sache überhaupt zustimmen könne oder nicht.[12] Reine Rationalität sei folglich pure Illusion.

Lassen Sie uns akzeptieren, dass Erwachsene ein Spektrum möglicher Verhaltensweisen haben und sich nur innerhalb dieses Spektrums bewegen können. Wünsche nach Veränderung, die von außen kommen, können immer nur an dem ansetzen, was bereits im Innern der Persönlichkeit vorhanden ist. Auch die regionale Prägung mag einen Einfluss haben; Menschen nach Kategorien zu clustern, würde aber zu kurz greifen. Die Vielfalt der Bandbreiten ist so zahlreich wie die Menschen, die sie verkörpern.

Aus dieser Einsicht ist für das Thema der interkulturellen Führung viel zu lernen. Denn stets treffen im Unternehmensalltag verschiedene, mehr oder weniger kompatible Sichtweisen, Wahrheitsansprüche und Deutungen aufeinander. Eine nach Quoten und messbaren Standards erzeugte Vielfalt kann vor diesem Hintergrund nicht funktionieren. Interkulturelles Management muss darum zwangsläufig das eigene Selbstverständnis fundamental ändern. Nicht das Managen, also Normieren, Steuern, Regeln und Kontrollieren von Kulturen muss im Vordergrund stehen, sondern die Arbeit an den Rahmenbedingungen, in denen jeder mit den eigenen Bandbreiten seiner Kultur etwas zum Gelingen des Unternehmens beitragen kann. Um es deutlich zu machen: Es geht hier nicht um eine sozialromantische Verklärung der Organisation, in der jeder tun und lassen kann, was er will. Im Gegenteil: Eine Führung ist immer auch dazu aufgefordert, sich von Menschen zu trennen, deren Bandbreiten das Gesamtsystem gefährden. Vor diesem Hintergrund erfährt Führung einen neuen Schwerpunkt. Nicht die noch bessere

Ausdifferenzierung der Assessment-Verfahren, nicht die Erfüllung der Quotenregelung, nicht der Versuch, den Katalog der Kulturstereotype noch weiter zu präzisieren, sondern das Sicheinlassen auf die Andersartigkeit eines jeden Mitarbeitenden ist der zukünftige Schwerpunkt im interkulturellen Management.

Johann Tikart, ehemaliger Geschäftsführer des Waagenherstellers Mettler-Toledo in Albstadt, bringt die dazu notwendige Haltung auf den Punkt. Bekannt als strenger Analytiker, fand er in seinem Unternehmen eine ganze Reihe von Abläufen vor, die er nach seiner Rationalität neu ordnete. Solange er die Menschen zu deren Tun anleitete, funktionierte alles auch genau so, wie es seiner Rationalität entsprach. Doch sobald er seine Aufmerksamkeit abwandte, wurden die Dinge anders gemacht, als er sie sich nach seiner logisch-rationalen Vorstellung ausgedacht hatte. Der erste Reflex, mit mehr Druck die Menschen zu verändern, blieb erfolglos. Deshalb gestaltete er die Organisation so, dass seine Mitarbeitenden die Aufgaben in der Art und Weise erledigen konnten, wie sie es für richtig erachteten. Er betrachtete Unternehmen als natürliche Systeme, die nicht mit der Regelmäßigkeit einer Maschine funktionierten und setzte fortan seine Energie nicht zur Änderung der Mitarbeitenden ein, sondern zur Schaffung von Rahmenbedingungen.[13]

Johann Tikart bemühte sich also um eine Kulturarbeit, die nicht auf technokratische Komplexitätsreduktion setzt. Dies gilt auch für W. L. Gore & Associates, ein Unternehmen, in dem man Diversity nicht zu managen versucht, sondern die individuelle Vielfalt zum Standard der organisationalen Exzellenz erhebt. So konnte das Unternehmen, das sich hauptsächlich im Sektor der Sport- und Fitnessbekleidung mit Goretex® und Windstopper® einen Namen gemacht hat, in den letzten drei Jahren einen Anstieg der Beschäftigtenzahlen von 7000 auf fast 9000 und ein Umsatzwachstum um mehr als 20 Prozent auf mittlerweile 2,1 Milliarden US-Dollar verzeichnen. Alle Produkte in den Sparten Elektronik, Medizin, Kabelbau, Filtration und Funktionstextilien basieren dabei auf nur einem Ausgangsstoff: PTFE (Polytetrafluorethylen). Um mit nur einem Ausgangsstoff zum Technologieführer in den unterschiedlichsten Branchen zu werden, braucht man etwas ganz Entscheidendes: Vielfalt an Ideen, Perspektiven, Ansätzen und Zugängen. Gore nutzt diese Vielfalt, indem kompromisslos auf die individuellen Stärken der Mitarbeitenden gesetzt wird. Man betreibt kein Diversity Management nach Quotenlogik, sondern folgt einem Managementverständnis, das der grundsätzlich vorhandenen Vielfalt von Menschen Raum gibt. Beim Eintritt in das Unternehmen kommt diese individuelle Vielfalt erstmals zum Tragen. Bei Gore kennt man keine standardisierten Assessment-Verfahren, und die Personalabteilung unterstützt hauptsächlich bei administrativen Fragen. Die eigentliche Personalauswahl findet durch die verantwortlichen Mitarbeitenden statt, die später auch mit den Kandidaten zusammenarbeiten werden. So kann es durchaus vorkommen, dass jemand mehrere Gespräche führt, bis das Team sich entscheidet. Im Kern geht es darum, dass der Mensch ins Team passen muss. Und wenn man sich für eine Person entscheidet, werden die Rahmenbedingungen neu gebaut. Dass es auch keine normierten Karrierepfade geben kann, ist fast schon folgerichtig, überrascht aber dennoch. Man vertritt die Philosophie, dass es auf die Persönlichkeit ankomme, ob jemand in eine Führungsrolle passe. Bei Gore geht man davon aus, dass nur dann jemand eine Führungskraft sein kann, wenn Menschen ihr folgen und vertrauen. Die Vielfalt des Individuums wird konsequent ins Zentrum gestellt. So hat jeder Mitarbeitende neben dem Fachvorgesetzten eine zweite, von ihm selbst gewählte Führungskraft, deren zentrale Aufgabe es ist, die individuelle Entwicklung seines Mitarbeitenden zu fördern und zu unterstützen. Bei all diesen Maßnahmen wundert es kaum mehr, wenn man auf die Frage nach dem Organigramm das Bild einer Amöbe erhält, weil das Unternehmen sich jeden Tag neu entwickelt. Bei Gore hat man erkannt, dass der Traum von Mitarbeitenden nach Maß zu nichts anderem führt als zu Mittelmaß.[14]

Wie viel kulturelle Vielfalt wird üblicherweise mit Normierung «glattgebügelt» und «zurechtgestutzt»? Wie viel Diversität und Eigeninitiative werden unterdrückt, indem immer wieder die Vorschrift, die Stellenbeschreibung oder die Anweisung zur Quotenvielfalt hervorgeholt werden und man belehrend darauf hinweist, dass dieses oder jenes exotische Profil noch zwingend in das Unternehmen gehöre?

Die Arbeit an einer interkulturellen Haltung

Die erfolgreiche Führung im interkulturellen Kontext kann nicht schablonenhaft erlernt werden, indem man vermittelt bekommt, was man konkret zu tun und zu lassen hat. Vielmehr kommt es auf eine Haltung an, die mit drei wechselseitig verbundenen Prinzipien beschrieben werden kann. Zum einen steht das Bemühen um *Reflexion* im Vordergrund. Wir müssen erkennen, dass jede Interaktion mit Menschen von einer «kulturellen Vorbelastung» geprägt ist, auch im Kleinen, und dass wir uns deshalb die Mühe machen müssen, vorurteilsfrei, mit einer gewissen Neutralität und empathisch zu Werke zu gehen. Reflexion beginnt damit, sich dem Verfangensein in den eigenen kulturellen Mustern bewusst zu werden. Die selbstverständliche Normalität des einen kann der erschreckende Ausnahmefall des anderen sein. Diese Reflexion schließt allerdings keine Selbstverleugnung ein und hat auch keine opportunistische Anpassung zur Folge. Denn nicht zuletzt aufgrund der fehlenden Elastizität emotionaler Bandbreiten erweist sich das Bemühen um vollkommene Neutralität als Illusion. Folglich müssen wir uns unserer eigenen Begrenztheit, andere Kulturen lückenlos verstehen zu können, bewusst sein – und somit eine Souveränität an den Tag legen, indem wir diese Begrenztheit reflektieren und offen zum Thema machen. Souveränität zeigt sich auch in dem *Mut*, authentisch zu bleiben und die eigene Identität durchzuhalten. Es wäre eine subtile Form der Entmündigung des anderen, die eigenen kulturellen Prägungen gänzlich zu verstecken. Schließlich müssen wir auch den Interaktionspartnern das Reflexionsvermögen und die Empathie zugestehen, unsere Begrenztheiten zu erkennen. Genau an diesem Punkt zeigt sich, dass man mit einer imperialen Haltung nicht weiterkommt. Denn natürlich sollten wir einem asiatischen Geschäftspartner ebenso die interkulturelle Kompetenz und die Feinfühligkeit zugestehen, die wir selbst in Anspruch nehmen und deshalb keine Scheu haben, die Barrieren offen anzusprechen, die oftmals mit bestimmten Praktiken einhergehen (nicht nur bezüglich sehr ungewohnter Speisen und Getränke). Entscheidend ist also, dass man sich auch bei der Gestaltung interkultureller Kontexte von der Idee leiten lässt, dass die beste Lösung nur gemeinsam auf der Grundlage echter *Beziehungen* zustande kommen kann. Es geht nicht darum, Vielfalt zu bewältigen, sondern zur eigenen und fremden Kultur in Beziehung zu setzen und die somit entstehende Vielfalt zu nutzen. Die bloße Existenz von Unterschiedlichkeit bringt noch nichts. Belegschaften können noch so heterogen sein – wenn nicht reflektiert und mutig an den Beziehungen und an einer Kultur des Diskurses gearbeitet wird, wird das Potenzial kultureller Vielfalt verschenkt. Durch den Aufbau tragfähiger und offener Beziehungen wird ein Festhalten an tradierten Kulturklischees ebenso vermieden wie ein folkloristischer Blick auf das Fremde. Beziehungen sorgen für ein sicheres Navigieren im Minenfeld der Stereotype.

Diese drei – nur auf den ersten Blick abstrakten – Haltungsprinzipien richten den Blick darauf, dass interkulturelle Führung nicht Vielfalt zu standardisieren versucht, sondern vielmehr Vielfalt in ihrer Vielfältigkeit zum wirklichen Standard macht.

Welche Möglichkeiten gibt es, diese neue Art des interkulturellen Managements zu leben, die in angelsächsischen Gesellschaften bereits verbreiteter ist als etwa im deutschsprachigen Europa?

Wir sind der Überzeugung, dass nachhaltige Lösungen für komplexe Probleme durch Wissens-, Erfahrungs- und Interessenvielfalt – durch wirkliche interkulturelle Pluralität – im echten Dialog zu einer höheren Qualität von Lösungen führen.

Die multiplikative Verknüpfung zeigt, dass Vielfalt ohne Dialog beziehungsweise Dialog ohne Vielfalt kein Ergebnis bringen. Heute verfügen wir über ein breites wissenschaftliches Disziplinenwissen, über akkumulierte Erfahrungen und die ausgeklügeltsten Tools und Methoden zur Unterstützung von Führungskräften in internationalen Kontexten – der fehlende Dialog ist somit der Engpass.

Ausgebildet in der zweiwertigen aristotelischen Logik, die uns lehrt, dass im Falle zweier, einander widersprechender Aussagen mindestens eine falsch sein muss, und sozialisiert in einer kompetitiven, eher abgrenzenden und wenig integrativen Haltung, fällt es uns verständlicherweise schwer, echte Dialoge zu führen. Erschwerend kommt hinzu, dass wir im Alltag kaum Beispiele für gelingende Dialoge erleben. In Sitzungen, in Gesprächen und nicht zuletzt in den Massenmedien erleben wir täglich eine Form der Kommunikation, die aus der Aneinanderreihung von Monologen besteht. Selbsternannte Experten, die von ihrer eigenen Omnikompetenz überzeugt sind, verkünden missionarisch ihre Wahrheiten. Was wir erleben, ist nicht zufällig, sondern gehorcht einer seltsamen «Systemlogik». Denn in Gesellschaft und Wirtschaft sind pointierte, digitale Statements karrierefördernd, weil sie zur offenbar verlangten einseitigen Profilbildung führen.

Der Dialog, so wie ihn unter anderem der Quantenphysiker David Bohm konturiert hat,[15] basiert auf einer fundamental anderen Haltung. Aus dem Bewusstsein, dass wir die Architekten unserer eigenen subjektiven Wahrheiten sind, resultiert eine plurale Grundhaltung. Diese erlaubt zuzuhören, anderen Meinungen mit Wertschätzung zu begegnen und in der Unterschiedlichkeit eine Chance für neue Lösungen zu sehen.

Vielfalt muss einen Raum erhalten, in dem sie nicht ständig bewertet, abgewertet oder vorverurteilt wird.

Adieu Kausalität!

Anmerkungen

1 Vgl. H. Blom, H. Meier, «Interkulturelles Management. Interkulturelle Kommunikation, Internationales Personalmanagement, Diversity-Ansätze im Unternehmen», in: H. Meier (Hrsg.), *Internationales Management*, Herne: Berlin 2002, S. 1 f.

2 P. Gross, *Die Multioptionsgesellschaft*, Frankfurt a. M. 1994, S. 75.

3 Vgl. U. Krystek, E. Zur, «Unternehmenskultur, Strategie und Akquisition», in: U. Krystek, E. Zur, *Internationalisierung. Eine Herausforderung für die Unternehmung*, Heidelberg 1997, S. 5.

4 Vgl. F. Kluckhohn, F. Strodtbeck, *Variations in Value Orientations*, Evanston 1961.

5 Vgl. G. Hofstede, *Lokales Denken – globales Handeln. Kulturen, Zusammenarbeit und Management*, München 1997, S. 4.

6 Vgl. A. Kroeber, L. Kluckhohn, *Culture. A Critical Review of Concepts and Definitions*, Cambridge 1952, S. 43 ff.

7 Vgl. H. Blom, H. Meier, «Interkulturelles Management. Interkulturelle Kommunikation, Internationales Personalmanagement, Diversity-Ansätze im Unternehmen», in: H. Meier (Hrsg.), *Internationales Management*, Herne: Berlin 2002, S. 38 f.

8 R. Ashby, *Einführung in die Kybernetik*, Frankfurt a. M. 1974, S. 298 ff.

9 D. Dörner, *Die Logik des Misslingens – Strategisches Denken in komplexen Situationen*, Reinbek bei Hamburg 2003, S. 58.

10 D. Dörner, «Wenn die Wirkung die Ursache überholt – von der Logik der Komplexität», in: H. A. Wüthrich, D. Osmetz, S. Kaduk, *Musterbrecher – Führung neu leben*, Wiesbaden 2008, S. 26.

11 G. Küppers, «Wissen und Nicht-Wissen – Für einen neuen Umgang mit Wissenschaft und Technik», in: B. von Mutius, *Die andere Intelligenz – Wie wir morgen denken werden*, Stuttgart 2004, S. 55.

12 Vgl. G. Roth, «Einsicht zwecklos – die Emotion bestimmt», in: H. A. Wüthrich, D. Osmetz, S. Kaduk, *Musterbrecher – Führung neu leben*, Wiesbaden 2008, S. 104 ff.

13 J. Tikart, «Gestrandet an den Grenzen der Rationalität – der ‹irrationale› Analytiker», in: H. A. Wüthrich, D. Osmetz, S. Kaduk, *Musterbrecher – Führung neu leben*, Wiesbaden 2008, S. 101 ff.

14 H. A. Wüthrich, D. Osmetz, S. Kaduk, *Musterbrecher – Führung neu leben*, Wiesbaden 2008, S. 157 ff.

15 Vgl. z. B. D. Bohm, *Der Dialog – Das offene Gespräch am Ende der Diskussion*, Stuttgart 2004.

Wertefreie Führung in der interkulturellen Konfliktvermittlung

Stuart D.G. Robinson

Stuart D. G. Robinson

ist Konfliktspezialist. Er ist spezialisiert auf die Deeskalation von interkulturellen und ethischen Konflikten im geschäftlichen, politischen, aber auch privaten Umfeld.

Im Rahmen von weltumspannenden Verwaltungsrats- und Geschäftsleitungsmandaten hat er sich insbesondere mit der Lösung von komplexen Konflikten innerhalb von multinationalen Unternehmen beschäftigt. Als Pionier im interkulturellen Umfeld hat er 1991 das 5C Centre for Cross-Cultural Conflict Conciliation gegründet, das ermöglicht, bestehende Konflikte in einem ethisch und kulturell neutralen Umfeld anzugehen und Lösungen gemeinsam zu erarbeiten.

Von interkultureller Konfliktvermittlung kann viel auf interkulturelle Führung übertragen werden. Denn es geht um die Fähigkeit, an einem kulturellen Konflikt in einer Weise teilzuhaben, damit die bestehenden Divergenzen an ihren kulturellen Wurzeln aufgelöst werden können. Im Prinzip könnten sich Führungskräfte dieselbe Fähigkeit aneignen. Gleichzeitig muss man erkennen, dass die hiesigen Voraussetzungen für die innerbetriebliche Glaubwürdigkeit einer Führungskraft nur schwer mit kultureller und ethischer Neutralität beziehungsweise mit den Verhaltensmerkmalen eines interkulturellen Vermittlers zu vereinbaren sind. Ein Dilemma?

Für viele universalistisch geprägte Menschen in der westlichen Welt, auch für diejenigen, die immer noch an die etwas ernüchternden Botschaften in Francis Fukuyamas *The End of History*[1] glauben, wird die Welt immer kleiner: zu einem Global Village!

Für andere Menschen, unter anderem diejenigen, welche die gegenwärtigen Entwicklungen in Russland und China als ernstzunehmende Alternative zur demokratischen Version der Markwirtschaft nehmen, wie zum Beispiel Kishore Mahbubani in *The New Asian Hemisphere: the Irresistible Shift of Global Power to the East*[2] oder John Ralston Saul *The Collapse of Globalism and the Reinvention of the World*[3], wird die Welt immer größer und differenzierter.

Unbestritten ist, dass die Wirtschaft mit einer zunehmenden Heterogenität konfrontiert wird, der sie sich stellen und mit der sie sich arrangieren muss. Es entstehen immer wieder neue Berührungspunkte mit anderen Landes- und Unternehmenskulturen sowie mit unterschiedlichen ethischen Haltungen von Stakeholdern. Die Schnittstellen mit anderen Kulturen und Wertesystemen machen sich dadurch stärker bemerkbar und können nicht einfach ignoriert werden.

Ebenfalls ist unbestritten, dass es für die Universalisten, die dazu neigen, immer nach dem eigenen Interaktionsschema und Verhandlungsmodell zu handeln, schwieriger wird, sich nachhaltig mit dieser heterogenen Umwelt zu arrangieren. Russland, China und Myanmar haben uns in letzter Zeit auf der politischen Ebene sehr klar gezeigt, dass gewisse Fundamente der westlichen Denkansätze in der Tat relativiert werden müssen, ob man es wahrhaben will oder nicht.

Zahlreich sind die Probleme, die sich mit grenzüberschreitenden, also interkulturellen Allianzen und Joint Ventures, aber auch im Umgang mit ausländischen Tochtergesellschaften oder Filialen ergeben, in denen verschiedene Kulturen und damit verschiedene Denk- und Handlungsansätze aufeinandertreffen.

Als Conciliator (steht ab jetzt für männliche wie auch weibliche Personen) erlebt man bei Konfliktfällen an solchen Schnittstellen, dass sehr häufig ein fundiertes Bewusstsein dafür fehlt, dass trotz der exzellenten hiesigen Instrumente zur Analyse des «strategic fit» die Zusammenarbeit mit anderen Partnern allein durch die unterschiedlichen Denk- und Handlungsansätze ruiniert werden kann. Es sind noch immer 70 Prozent der interkulturellen Kooperationen (Joint Ventures, strategische Allianzen usw.), die völlig scheitern und abgeschrieben werden müssen.

Entscheidend, zumindest aus der Sicht eines Conciliators, ist es, wie die beteiligten Parteien die meist vorprogrammierten Kooperationsschwierigkeiten und Krisen verhindern und bewältigen können.

Es existiert zum Beispiel ein weitverbreiteter Automatismus, sich zurückzuziehen und den eigenen Standpunkt sowie die eigenen Interessen zu festigen, wenn größere Probleme in der Zusammenarbeit auftreten. Der Ruf nach Anwälten wird laut, um die Situation ohne Eigenverlust zu regeln. Dadurch wird der Fokus automatisch, meist unreflektiert und unbewusst, auf die Autonomie der Parteien gelenkt, anstatt auf die Perspektive der Beziehung, wo die Quelle der Problematik wirklich liegt. Es erfolgt demzufolge ein Rückzug auf altvertrautes Territorium, anstatt das Problem innerhalb der Beziehung mit einer beziehungsgerechten Vorgehensweise zu lösen.

Hier liegt ein zentraler Unterschied und zugleich ein Teil des potenziellen Mehrwerts der Perspektive des Conciliators, der in seiner Unparteilichkeit die Beziehung – und nicht die einzelnen Parteien – als seinen Referenzpunkt nimmt, unter der wichtigen Voraussetzung allerdings, dass die Neutralität des Conciliators nicht lediglich eine europäische, sondern eine wahrhaftig kulturelle und ethische Neutralität beinhaltet.

Im internationalen Umfeld mit und unter Berücksichtigung des selbstreferenziellen Automatismus ist man oft mit der weiteren Tatsache konfrontiert, dass das Justizsystem in anderen Ländern anders aufgebaut ist und die Gewaltentrennung anders gehandhabt wird, als zum Beispiel der westliche Betrachter sich dies vorstellt. Unter solchen Umständen muss man erfahrungsgemäß die Möglichkeit einer schnellen Entscheidung eher ausschließen und sich auf einen mühsamen und kostspieligen Prozess einstellen, wenn der selbstreferenzielle und juristische Weg gewählt wird.

Ein weiterer und nicht zu unterschätzender Nährboden von Konflikten – auch wenn er auf den ersten Blick banal erscheint – entsteht aus der Tatsache, dass in der internationalen Kommunikation verschiedene Sprachen zur Anwendung kommen. Häufig wird in der gemeinsamen Kommunikation eine Sprache benutzt, die für beide Parteien eine Fremdsprache beziehungsweise für die eine Partei eine Fremdsprache, für die andere aber die Muttersprache ist. Selbstverständlich kommen ausgezeichnete Übersetzer zum Einsatz, aber diese übersetzen den Inhalt meist auf eine Art und Weise, dass er umso leichter in die bestehenden kulturellen Denkschemata integriert werden kann. Das heißt, dass die vermeintliche Verständigung, die durch Übersetzungen erreicht werden kann, nicht zwangsläufig zu einer verbesserten Verständigung auf der Ebene der «deep-culture»[4] führt. Nicht selten sogar führen sie zum Gegenteil, wenn man glaubt, die andere Partei und deren echte Motive schließlich verstanden zu haben.

Im Kontext einer interkulturellen Kooperation ist es natürlich nicht einfach für ein Unternehmen beziehungsweise für eine Führungskraft, deren Aufgabe darin besteht, die Interessen des Unternehmens zu vertreten, zwischen dem eher vertrauten, selbstreferenziellen Ansatz und dem Beizug eines interkulturellen Vermittlers zu entscheiden. Beim Letzteren könnten sowohl das Vorgehen wie auch das zu erwartende Ergebnis sehr ungewiss erscheinen, aber dies logischerweise nur dann, wenn man in der Beziehung noch keine neuen, gemeinsam entwickelten Werte, Interaktionsregeln und Problemlösungstraditionen aufgebaut hat. Man kann es mit einer gut funktionierenden privaten Beziehung vergleichen, bei der über die Jahre ein gemeinsamer Weg für den Alltag und vor allem für die Überwindung von schwerwiegenden Problemen geschmiedet worden ist, meistens dank Krisen, in denen die Beziehung sonst auseinandergebrochen wäre. Hier liegt die Aufgabe des interkulturellen Conciliators, nämlich die fehlenden gemeinsamen Problemüberwindungsstrategien zu kompensieren. Der Conciliator muss fähig sein, sich in die jeweiligen Kulturen einzudenken und einzufühlen, um daraus einen beziehungsgerechten Findungsprozess auszulösen – dies auch, wenn die Parteien sich zum Schluss auf eine Auflösung der Kooperation einigen. Um diesen Beitrag zu leisten, braucht der interkulturelle Conciliator die oben erwähnte kulturelle und ethische Neutralität, die sich wie folgt definieren lässt:

> *Die innere kulturelle und ethische Neutralität zeichnet sich aus durch die Fähigkeit, in einer gegebenen Situation kein Bedürfnis zu empfinden, irgendeine Stellungnahme zu entwickeln und abzugeben, in der sich verschiedene Anschauungs- und Wertesysteme manifestieren.*

Da zwischen der ethischen Neutralität und der kulturellen Neutralität an dieser Stelle nicht sinnvoll differenziert werden kann, da es sich in beiden Fällen um Wahrnehmungs- und Wertesysteme handelt (s. Stuart D.G. Robinson, *The Value of Neutrality*[5]), wird im Folgenden nur der Begriff «kulturelle Neutralität» verwendet.

Die interkulturelle Konfliktvermittlung («intercultural conflict conciliation») kann demzufolge folgendermaßen definiert werden:

> *Interkulturelle Konfliktvermittlung ist die Fähigkeit, in einem bestehenden kulturellen Konflikt in einer Weise teilzuhaben, dass die bestehenden Divergenzen an ihren kulturellen Wurzeln aufgelöst werden können.*

Eigentlich könnten sich Führungskräfte dieselbe Fähigkeit aneignen, und einige tun es auch. Gleichzeitig muss man erkennen, dass die hiesigen Voraussetzungen für die innerbetriebliche Glaubwürdigkeit einer Führungskraft, nämlich Verlässlichkeit, Berechenbarkeit, Durchsetzungsvermögen usw. kaum mit kultureller und ethischer Neutralität beziehungsweise mit den Verhaltensmerkmalen eines interkulturellen Vermittlers zu vereinbaren sind. Eine solche innerbetrieblich verankerte Kompetenz hätte sicherlich eine positive konfliktvorbeugende Wirkung auf interkulturelle Kooperationen, solange das Unternehmen bereit ist, diese Kompetenz in ihre strategischen und alltäglichen Vorgehensweisen zu integrieren. Bis dahin bleibt das Outsourcing dieser Fähigkeiten – als Beitrag zum Unternehmenserfolg – voraussichtlich für die meisten Unternehmen die realistischere Option, zumindest für die nähere Zukunft.

Ein weiteres und wesentliches Verhaltensmerkmal eines interkulturellen Conciliators liegt darin, sich so zu verhalten, dass er als neutral wahrgenommen wird: Dies wird letztlich von den beteiligten Parteien bestimmt. Wenn der Conciliator nicht als neutral wahrgenommen wird, dann ist er de facto nicht neutral (s. Stuart D. G. Robinson, *The Value of Neutrality* S. 15 ibid). Folglich ist kulturelle Neutralität eine Wahrnehmung. Da, wie oben erwähnt, die kulturelle Neutralität vom mitteleuropäischen Verständnis der Neutralität unterschieden werden muss, ist es folglich wichtig, dass Konfliktparteien entsprechend sensibilisiert werden, um die kulturelle Neutralität als solche wahrzunehmen. Manchmal müssen alle Parteien zu Beginn eines Konfliktlösungsprozesses mit den Charakteristika der kulturellen Neutralität vertraut gemacht werden.

Die heutige mitteleuropäische Definition des Begriffs «Neutralität», der vom Ende des 14. Jahrhunderts stammt (vgl. Jean Froissart, *Chroniques*, Vol III[6]), geht von der Prämisse der Gleichwertigkeit der Parteien aus, eine Prämisse, die nicht als universell gültig verstanden werden kann, zum Beispiel in vielen asiatischen und afrikanischen Kulturen. Das heißt, dass die kulturelle Neutralität zwingend notwendig ist, wenn beziehungsgerechte Lösungen an Schnittstellen mit solchen nicht westlichen Kulturen gewünscht sind (s. Heiner Bielefeldt, *Philosophie der Menschenrechte*[7]).

Die Erfahrung zeigt, dass, wenn Konfliktparteien einen Conciliator als wirklich neutral wahrnehmen, ihre Angriffe beziehungsweise ihr defensives Verhalten merklich abnehmen. Der Grund ist einfach nachzuvollziehen und entspricht unseren alltäglichen Erfahrungen. Der Mensch verschließt sich, wenn er sich angegriffen, ungerecht behandelt oder nicht verstanden fühlt: In Konfliktsituationen ist dies natürlich meistens der Fall. Das offene Aufeinanderzugehen wird ausgeschaltet, gerade dann, wenn es am wichtigsten wäre, um eine beziehungsgerechte Lösung zu finden. Bei fortschreitender Eskalation geht der gegenseitige Respekt ebenfalls verloren. Wenn aber eine

Konfliktpartei durch die Begegnung mit der Neutralität keinen Widerstand beziehungsweise keine Verurteilung spürt, sich stattdessen in ihrer Eigenart respektiert fühlt, dann fallen die Abwehrmechanismen weg. Ein offener Dialog – zumindest mit dem neutralen Conciliator – wird möglich. Hierin liegt ein weiterer Mehrwert der Perspektive und des Beitrags des Conciliators, vor allem weil diese neutrale, außenstehende Perspektive für die verwickelten Konfliktparteien nicht zugänglich ist. Zu den oben erwähnten Merkmalen des heutigen Managers gehört autonomes Handeln, das heißt Selbstreferenzialität, was per definitionem die Beziehung als Referenzpunkt ausschließt. Bei der selbstreferenziellen Vorgehensweise bewirken die Parteien logischerweise das Gegenteil: Die Fronten verhärten sich, nicht selten mit der Konsequenz, dass wesentliches Sozialkapital und materieller Wert vernichtet werden, währenddessen indirekt Beteiligte gezwungen sind, zuzuschauen, ohne Einfluss nehmen zu können.

Wenn der Conciliator jedoch eine solide Basis des Respekts bildet und die Abwehrmechanismen abgebaut werden, gibt es eine Aufweichung der Fronten und Positionen. Der Weg für einen Dialog wird frei. Zentral dabei ist, dass die Parteien nicht in die alten Verhaltensweisen und Denkschemata zurückfallen. Hier muss der Conciliator auf der Hut sein, um die zugrunde liegenden Prämissen intuitiv zu erkennen und entsprechend eingreifen zu können. Die angemessene Rolle des Conciliators wird sich ab diesem Zeitpunkt bilden und ist ihm im optimalen Fall selbst nicht bewusst. Ein selbstbewusstes Vorgehen vonseiten des Conciliators kann fatale Konsequenzen für den Verlauf des Konfliktlösungsprozesses haben: Erstens, weil die Gefahr besteht, dass der Conciliator über das eigene Verhalten reflektiert und somit sein Fokus vom zentralen Referenzpunkt, das heißt vom Geschehen in der Beziehung, abgelenkt wird; zweitens, weil er zu überlegen beginnt, ob sein Beitrag wohl falsch oder richtig ist, und er folglich die essenzielle Haltung der Neutralität verlässt.

Anmerkungen

1 Francis Fukuyama, *The End of History and the Last Man*, Free Press, 1992.

2 Kishore Mahbubani, *The New Asian Hemisphere: The Irresistible Shift of Global Power to the East*, Public Affairs TM: New York 2008.

3 John Ralston Saul, *The Collapse of Globalism and the Reinvention of the World*, The Overlook Press: Woodstock and New York 2005.

4 Stuart D. G. Robinson, *The Fundamental Question of Intent in Joint Ventures and Acquisitions*, 5C Institute: Zug, 1993.

5 Stuart D. G. Robinson, *The Value of Neutrality*, 5C Centre: Zug 2007.

6 Jean Froissart, *Chroniques, III, Neutralité = état d'une personne qui ne se prononce pour aucun parti*, Ende des 14. Jhdts.

7 Heiner Bielefeldt, *Philosophie der Menschenrechte, Grundlagen eines weltweiten Freiheitsethos*, Primus Verlag: Darmstadt 1998.

Teil 2

Leadership Cases: sieben Interviews

Connie Voigt im Gespräch mit sieben Führungspersönlichkeiten
sehr unterschiedlicher Herkunft

Was interkulturelle Leadership in der Politik bewirkt

Wenn es einen Leader gibt, der weiß, wie eine fundamentale Veränderung im interkulturellen Umfeld eingeleitet wird, dann ist es Frederik W. de Klerk, das ehemalige Staatsoberhaupt des früheren Apartheidregimes Südafrikas. De Klerk reichte Nelson Mandela als erster weißer südafrikanischer Politiker die Hand zum Dialog und ebnete damit den Weg zu einer multikulturell gleichberechtigten Republik. Heute ist er der Gründer und Vorsitzende der Global Leadership Foundation, GLF (www.g-l-f.org).

Herr de Klerk: Wie lautet der vorrangige Auftrag von GLF in Bezug auf den Wandel der politischen Führerschaft?

Die Mission der GLF ist es, führenden Politikern in schwierigen Regierungsangelegenheiten diskrete Unterstützung und Beratung zu bieten. Zu diesem Zweck hat die Organisation ein Gremium aus früheren Präsidenten, Premierministern und anderen Staatsmännern (und Staatsfrauen!) geschaffen, die bereit sind, Hilfestellung zu leisten, wann und wo immer dies erforderlich ist. Die Mitglieder des Gremiums werden gewählt, um Aufgaben in den Bereichen von Ländern zu übernehmen, in denen sie über besondere Kenntnisse verfügen und damit den jeweiligen Staatschefs konkret dienen können.

In ähnlicher Form setzt sich die FW de Klerk Foundation in Südafrika dafür ein, dass der historische politische Übergangsprozess weiterhin in Einklang mit den Vereinbarungen stattfindet, die von den Anführern aller Gemeinschaften zwischen 1990 und 1996 unterzeichnet wurden – und die in unserer gegenwärtigen Verfassung verankert sind.

Was können Unternehmensleiter aus der Mission der GLF für die Change-Programme in ihren Unternehmen lernen?

Das Change Management geht in Ländern wie in Unternehmen im Wesentlichen von einer schonungslosen Selbstbetrachtung aus, bei der eruiert wird, ob die Ziele, Visionen und Strategien weiterhin den sich rasch ändernden Bedingungen entsprechen, gemäß denen wir heute und in den kommenden Jahren operieren müssen.

2008 sagten Sie in einer Rede in Interlaken, dass die Welt mehr interkulturelle Führungspersönlichkeiten benötige. Wie würden Sie eine gute interkulturelle Führungspersönlichkeit definieren?

Die Globalisierung ist die herausragende Realität unserer Zeit. Sie treibt die Verflechtung von Produktion, Distribution und Marketing auf globaler Ebene voran. Dabei kommen unweigerlich Partner aus den unterschiedlichsten Kulturen und Branchen zusammen. Gute interkulturelle Führungskräfte müssen in der Lage sein, diese kulturellen Unterschiede zu überwinden und ihr Unternehmen im Wettbewerb um globale Märkte erfolgreich zu lenken.

Wie kann eine Kultur der Toleranz und der Diversität in einem Unternehmen kultiviert werden?

Jedes globale Unternehmen muss sein eigenes Modell finden, das einerseits auf überzeugenden, einfachen und allgemein akzeptierten Werten und andererseits auf einer möglichst breiten Akzeptanz von und Toleranz für Diversität basiert. Unternehmen, die ihre Diversität zu nutzen wissen, können sich auf den verschiedensten Märkten Wettbewerbsvorteile sichern.

Unternehmen gleichen heute multikommunalen Gesellschaften, da die Jungen stärker zum Individualismus neigen als frühere Generationen. Wie können Unternehmen oder führende Politiker angesichts der wachsenden Diversität in Bezug auf Lebensstile, Meinungen usw. die Einigkeit fördern?

Unternehmen können die Einigkeit fördern, indem sie überzeugende, einfache und allgemein akzeptierte Werte einführen, eine für alle inspirierende Vision verfolgen und klare gemeinsame Ziele setzen. Ein solcher Rahmen bietet genügend Spielraum, damit Personen aus verschiedensten Kulturen arbeiten und sich weiterentwickeln können.

Wie sorgt man in multikulturellen Gesellschaften dafür, dass Minderheiten denselben Respekt genießen wie die Mehrheit? Wie kann man ihnen das Gefühl geben, in den Transformationsprozess eingebunden zu sein?

Behandeln Sie jeden Einzelnen mit aufrichtigem Respekt. Belohnen und befördern Sie Mitarbeitende ungeachtet ihrer Herkunft allein aufgrund ihrer Leistung. Befähigen Sie Menschen aus benachteiligten Gemeinschaften, ohne jene mit privilegierter Herkunft zu bestrafen.

Wie können moderne E-Technologien helfen, eine funktionierende interkulturelle Gesellschaft aufzubauen?

E-Technologien haben die Kommunikation und den Informationszugang revolutioniert. Kommunikation und Informationszugang sind wiederum entscheidende Erfolgsfaktoren für interkulturelle Gesellschaften. Mit ihrer Hilfe kann man einerseits über gemeinsame Ziele und Werte informieren und sich andererseits den Reichtum der Diversität zunutze machen. So sind beispielsweise thailändische Mitarbeitende besser als andere in der Lage, ein Unternehmen über die Besonderheiten und Sensibilitäten des thailändischen Marktes zu informieren.

Vorurteile gegenüber Andersartigkeit sind eine weitverbreitete Gewohnheit. Vorgefasste Meinungen können deshalb zu Intoleranz und sogar zu respektlosem Verhalten zwischen einzelnen Völkern führen. Wie kann die Menschheit den Einfluss von Vorurteilen verringern?

Einer einfachen Regel zufolge sollte man niemals in negative Generalisierungen verfallen. Wenn jemand einen Fehler begeht, ist dieser als individueller Irrtum zu betrachten und nicht als Spiegelbild seiner oder ihrer Gemeinschaft.

Neutralität ist eine Grundbedingung erfolgreicher Vermittlung. Ist die Neutralität auch eine Voraussetzung für interkulturelle Führerschaft? Kann eine Führungspersönlichkeit neutral sein?

Fairness und Unparteilichkeit sind unabdingbare Voraussetzungen für effektive Führungspersönlichkeiten. Das Urteil sollte sich in jedem Fall allein an der Leistung orientieren – und niemals an der Gemeinschaft, welcher die oder der Mitarbeitende angehört.

Ein globales Wertesystem aus Zürich in die Welt

«Es geht nicht nur darum, dass man gemischte Teams akquiriert, es geht vor allem darum, den Nutzen aus dieser Vielfalt zu ziehen. Und das müssen Sie als CEO auch wollen», behauptet Inga Beale, Global Chief Underwriting Officer bei der Zurich Financial Services Group in Zürich. Die Verbreitung interkultureller Werte in einem global agierenden Unternehmen sieht sie als echte Herausforderung, denn multikulturelle Belegschaften erfordern eine individuell angepasste Leadership. Ein ausführliches Interview mit einer weit gereisten Britin.

Frau Beale, manche CEO behaupten von sich, interkulturell zu führen, weil sie weltweit agieren. Was halten Sie von dieser Aussage?

Ich denke, diese Aussage ist falsch. International zu arbeiten, bedeutet nicht per se, eine Sensibilität für interkulturelle Kompetenz zu haben. Ich gebe Ihnen ein Beispiel: Ich war neulich zu einer Podiumsdiskussion in Paris eingeladen, an der auch ein französischer CEO teilnahm, dessen Firma global tätig ist. Nachdem ich ein paar Ausführungen gemacht hatte, sagte er völlig aus dem Zusammenhang gegriffen: Es ist toll, hier oben zu sitzen mit einer Frau in der Runde. Das sagte er im Juni 2008 und nicht vor einem Jahrhundert. Ich frage mich, ob sich dieser Mann bewusst ist, dass diese Bemerkung im interkulturellen Sinn nicht angebracht war. Dann fügte er auch noch stolz hinzu, dass er in seiner Geschäftsleitung eine Frau sitzen habe. Das offizielle Thema dieser Podiumsdiskussion hatte übrigens nichts zu tun mit Diversität oder einem ähnlichen Thema. Dieser CEO hat sicher keine interkulturelle Kompetenz, auch wenn er ein globales Unternehmen führt.

Wie definieren Sie für sich interkulturelle Führung?

Es geht nicht nur darum, dass man gemischte Teams akquiriert, es geht vor allem darum, den Nutzen aus dieser Vielfalt zu ziehen. Und das müssen Sie als CEO auch wollen. Chefs müssen sich diese Absicht immer wieder in ihr Bewusstsein rufen. Manager tendieren unbewusst immer noch dazu, Leute einzustellen, die ihnen charakterlich ähnlich sind. Damit kreieren sie für sich eine komfortable Situation, weil sie ihre Mitarbeitenden leichter zu verstehen glauben und sich selber auch besser verstanden fühlen. Sie machen es sich damit sehr einfach, denn es ist in der Tat eine sehr viel anspruchsvollere Aufgabe, multikulturelle Teams zu führen. Wenn sie weltweit Erfolg haben wollen, sind sie aber auf gemischte Teams angewiesen.

Wieso sind sie auf gemischte Teams angewiesen?

Wer auf multikulturelle Teams verzichtet, weiß nicht, was die Bedürfnisse der Kunden in Ländern außerhalb der Unternehmenszentrale sind. Außerdem wurde in mehreren Studien nachgewiesen, dass multikulturelle Teams innovativer arbeiten als homogene Gruppen. Wer auf multikulturelle Teams verzichtet, kapselt sich also ab.

Was sind die Vorteile für die interne Arbeit im Unternehmen?

Ideen werden schneller umgesetzt. Das gilt insbesondere vonseiten der Mitarbeitenden, die aus den sogenannten «emerging markets» (aufstrebenden Märkten) kommen. Sie verleihen Teams eine Tatkraft, die sich auf das ganze Unternehmen positiv auswirken kann. Westliche Unternehmen tendieren zu eher traditionell geführten Prozessen, da sie sich während einer langen Zeit keinem besonderen Druck ausgesetzt sahen. Ich sehe einen enormen Vorteil in dieser natürlichen Dynamik, ohne welche die Kollegen aus China oder Indien in ihren Ländern nicht erfolgreich sein könnten.

Wie beschreiben Sie Ihren persönlichen Führungsstil?

Ich führe, indem ich mein Team mit einbeziehe, was nicht heißt, dass ich mich vor Entscheidungen drücke, ganz im Gegenteil, ich liebe es, Entscheidungen zu fällen. Aber ich involviere andere Menschen in meinen Entscheidungsprozess. Andere Meinungen einzubeziehen, ist besonders in Change-Prozessen wichtig. Ich habe als Chefin nicht auf alles eine Antwort und würde das auch nie von mir behaupten. Mein Vorgänger beim Rückversicherer Converium hatte einen völlig anderen Führungsstil. Bevor ich dort (vor meiner Zeit bei Zurich) als CEO begann, rapportierten Leute nur an ihn, er entschied allein. Das gibt Mitarbeitenden das Gefühl, dass der Chef alles weiß und wissen muss. Ich kann aber doch als CEO nicht alles wissen, denn dafür habe ich die Experten eingestellt, die mir ihre Einschätzung geben, sodass ich dann mit ihnen gemeinsam zu Entscheidungen komme.

Wie hat die Belegschaft bei Converium auf Ihren für sie neuen Führungsstil reagiert?

Zuerst war es ein Schock für sie, dann kamen sehr schnell Resultate, da die Motivation enorm stieg. Die Tatsache, dass die Mitarbeitenden mehr Verantwortung bekamen, gab dem Unternehmen insgesamt eine frische Dynamik.

Rekrutieren Sie ganz bewusst nach Quoten?

Nein, nicht nach Quoten, aber ich achte auf eine ausgeglichene Verteilung nach Alter, Erfahrung, Nationalität und Geschlecht.

Wie reagieren Sie persönlich spontan in kritischen Situationen, die offenbar interkulturell bedingt sind?

Als ich meine Einstandsrede als CEO bei Converium halten musste, kamen mir Zweifel, ob ich in das richtige Unternehmen einsteige. Der Schweizer Vorsitzende hielt vor mir eine für meine Begriffe sehr formelle Rede, die er Wort für Wort vom Manuskript ablas. In diesem Moment zweifelte ich, ob ich in diese Unternehmenskultur passen würde, die so völlig anders war, als ich es bis dahin gewohnt gewesen war. Ich saß auf der Bühne und fühlte mich in dem Augenblick fehl am Platze. Ich hatte meine Rede in meinem Urlaub in Thailand vorbereitet, und nun saß ich als neue Chefin vor Leuten in der Schweiz. Ich hatte das Gefühl, ich sei auf einem anderen Planeten gelandet.

Wie sind Sie mit dieser anderen Unternehmenskultur in dem Moment umgegangen?

Ich habe mir gesagt: «Bleib authentisch, Inga, es macht keinen Sinn, dich zu verstellen.» Ich hielt meine Rede, wie ich es für richtig erachtete und wie ich es immer tue, obwohl mir bewusst war, dass ich den Mitarbeitenden einen Kulturschock versetzte.

Hatten Sie in der Vergangenheit selber Trainings für interkulturelle Kompetenz?

Ja, und zwar dort, wo ich es am wenigstens für nötig gehalten hätte: in den USA. Als Engländerin ging ich irrtümlicherweise davon aus, dass Briten und Amerikaner sehr ähnlich handeln. Tatsächlich erlebte ich aber gerade in den USA den größten Kulturschock meines Lebens, denn das Wertesystem dieser beiden angelsächsischen Kulturen ist massiv unterschiedlich. Ich war damals für GE Insurance dort. Das Unternehmen bot mir interkulturelles Training an, was ich aber abwies. Ich dachte, ich brauche es nicht, weil wir ja die gleiche Sprache sprechen. Heute bereue ich, dass ich es nicht in Anspruch nahm. Diese Erfahrung, auf die ich nicht vorbereitet war, lehrte mich, bei jedem Wechsel mit GE in ein anderes Land One-to-one-Training zu nehmen. Als ich von Deutschland in die Schweiz zog, bereitete ich mich mit Büchern vor.

Gibt es Situation, in denen Sie eine große Herausforderung sahen, die Sie aber leicht gemeistert haben?

Als ich für GE von Amerika nach Deutschland versetzt wurde, wollte ich nicht gleich zu Beginn dieselben Fehler machen, die ich bei meinem Wechsel in die USA gemacht hatte. Also fragte ich die deutschen Manager vor Ort, welches die «Dos» und «Don'ts» bei GE Deutschland seien. Man sagte mir, ich solle nicht über GE sprechen, weil die Firma gerade erst von GE aufgekauft worden sei und man versuche, die alte, deutsch geprägte Kultur aufrechtzuerhalten. Ich kam also mit einer GE-Sicht in diese Kultur, die sich über 100 Jahre zuvor selbstständig entwickelt hatte. Trotzdem konnte ich schon bald das Vertrauen der Mitarbeitenden gewinnen.

Mit welchen Unterschieden waren Sie in Deutschland im Vergleich zur amerikanischen und britischen Kultur konfrontiert?

In der angelsächsischen Unternehmenskultur steht die Leistung im Vordergrund, die mit ehrlichen und ungeschminkten Assessments gemessen wird. In diesem deutschen Unternehmen fanden zwar auch Assessments statt, nur wurde da jeder mittelmäßig und nach groben Schätzungen eingestuft. Man hätte sich diese Beurteilung, die keine war, ebenso gut sparen können. Das wollte ich ändern, denn es ist letztlich nicht fair, jeden gleich zu bewerten, wenn es auch Mitarbeitende gibt, die überdurchschnittlich gut sind. Diese herausragend effizienten Mitarbeitenden sollten die genuine Anerkennung bekommen, die sie für ihre Arbeit verdienen. Deshalb ging es mir zusätzlich darum, zu messen, mit welchen Methoden die Leute zu ihren Ergebnissen kamen, und nicht nur, dass sie etwas erreichten.

Was passierte dann im Unternehmen?

Zum ersten Mal während ihrer Zeit bei diesem Unternehmen hatten die Mitarbeitenden die Möglichkeit, ihre Methoden gemeinsam zu diskutieren, woran sie dann auch Gefallen fanden.

Es fand insofern ein echter Kulturwechsel statt, als sich mit der Zeit die Haltung änderte: Man tauschte sich nun aus, um Prozesse zu verbessern. Neu war, dass man dies gemeinsam tat. Dieser Wandel vollzog sich innerhalb von 18 Monaten.

Schickten Sie in Ihrer vorherigen Funktion als Head of M&A and Organizational Transformation bei Zurich Financial Services Mitarbeitende zu interkulturellen Trainings?

Es war keine Pflicht, aber wir boten beispielsweise paneuropäische Trainings an. Wir begannen im Rahmen unseres internen globalen Leadership-Forums mit der Sensibilisierung für interkulturelle Aspekte. Dabei setzen sich Führungskräfte aus verschiedenen Bereichen zusammen und diskutieren. In diesem geschützten Rahmen entspannen sich die Leute und thematisieren offen Problembereiche oder solche, die es werden könnten. Wir arbeiten bei diesen Foren mit IMD Lausanne zusammen.

Können Sie Unterschiede im Verhalten der jungen Talente gegenüber deren Vorgesetzten beobachten? Braucht die Millennium-Generation einen anderen Führungsstil?

Ja, tendenziell sind die High Potentials unter den Nachwuchstalenten geneigt, es sehr eilig zu haben. Sie haben sehr hohe Erwartungen an sich selbst. Ich sehe, dass es sehr schwierig sein wird, diese Leute in traditionell funktionierenden Strukturen zu halten, da ihre Definition von Karriere stark von den Vorstellungen meiner oder der noch älteren Generation abweicht. Es geht um die Geschwindigkeit, mit der sie vorankommen wollen. Insofern fordern sie ihre Chefs zu schnelleren Entscheidungen auf. Außerdem erwarten sie eine hohe Transparenz bei den Prozessen und den Entscheidungsfindungen. Das sind traditionell führende Chefs nicht gewohnt. Als in den

1980er-Jahren meine Karriere begann, war ich froh, dass mein Schreibtisch während einiger Jahre irgendwo in der Ecke eines Großraumbüros stand. Heute geht dem Nachwuchs nichts schnell genug. Alle zwei Jahre muss sich bei ihnen etwas tun.

Wie gehen Sie mit diesen veränderten Erwartungen um?

Ich mag die Herausforderung, die sich für mich ergibt. Als ich beispielsweise mein Projekt «The Zurich Way» hier im Hauptsitz vor einigen Nachwuchsleuten aus aller Welt vorstellte, fragten mich einige davon in sehr direkter Weise, weshalb das Projekt nicht in allen Ländern und auf allen Stufen bekannt sei. Weshalb ich es so schlecht kommuniziert hätte? Diese schonungslose Direktheit, mit der Defizite angesprochen werden, kommt nicht bei jedem Vorgesetzten gut an. Die Jungen sind es aber viel mehr gewohnt, andere herauszufordern, sie haben ein abgemildertes Hierarchiebewusstsein, das sich in tabulosen Fragen manifestieren kann. Ich bin sowieso kein Fan von Hierarchien, deshalb begrüße ich diese Offenheit. Ich denke, es ist ein erkennbarer Trend. Ich bin aber auch diversen, sehr hierarchieorientierten jungen Leuten begegnet... generalisieren will ich diese Beobachtung also nicht.

Haben Sie bereits generationenbedingte interkulturelle Herausforderungen im Team lösen müssen?

Ja, ich erinnere mich an einen Tag außerhalb des Unternehmens – ich spreche von Converium –, an dem ich mein Team in zwei Gruppen aufteilte, und zwar nach Generationen. Jede Seite schlüpfte in die Rolle der anderen Seite; die Jungen spielten also die Älteren, beziehungsweise sie spielten sie so, wie sie diese wahrnahmen, und umgekehrt, was zuerst bei keinem der Mitarbeitenden gut ankam. Sie hielten meine Idee wohl für verrückt. Am Ende des Tages waren wir aber als Team zusammengewachsen, weil wir uns mit den jeweiligen Unterschieden direkt konfrontiert und damit intensiv auseinandergesetzt hatten, gemeinsam und ganz offen. Wir haben an diesem Tag endlich begriffen, wie die jeweilige andere Seite tickt und wieso sie in bestimmten Fragen unterschiedlicher Auffassung war. Diese Übung gehört zu einer der nützlichsten, die ich je gemacht habe.

Was ist die Idee hinter «The Zurich Way»?

«The Zurich Way» ist unser Programm zur laufenden Optimierung der operativen Kernprozesse. Dazu gehören versicherungsspezifische Bereiche wie Underwriting und Schadenbearbeitung, aber auch allgemeine wie Vertrieb oder HR. Es geht um die Verbreitung der Werte, für die Zurich Financial Services steht, und darum, für Prozesse sogenannte Best Practices zu erarbeiten und diese gruppenweit einzuführen. In den lokalen Geschäftsbereichen wurde früher manchmal abweichend von den Werten der Zentrale in Zürich entschieden, Prozesse waren nicht immer vereinheitlicht, sodass Zurich bei den Kunden weltweit zum Teil nicht als eine Firma wahrgenommen wurde. Kurz: Die Vorteile eines Konzerns wurden nicht zu 100 Prozent wahrgenommen. Wenn wir «The Zurich Way» neu auf einen Bereich anwenden, beginnt das typischerweise damit, dass unsere Fachleute aus verschiedenen Ländern sich für eine Woche zusammensetzen und sich darauf einigen, wie die einheitlichen Prozesse für ihren Bereich aussehen sollen. Daraus werden die Best Practices abgeleitet, die wir weltweit einführen. Das hilft uns, noch besser für unsere Kunden da zu sein und auch beträchtliche Kostenersparnisse zu realisieren.

Was halten Sie von der Praxis, den lokalen Geschäften mehr individuelle Entscheidungsmacht zu geben?

Im Versicherungsgeschäft ist es durchaus sinnvoll, die HR-, Finanz- und Risikomanagement-Prozesse als Basis aller Geschäfte zu harmonisieren, weil diese immer auf den gleichen Prinzipien basieren. Auf der unternehmerischen Seite hingegen müssen die Filialen selbstständig und lokal angepasst agieren.

Wie begegnen Sie selber Situationen, die Ihre Arbeitsweisen verändern?

Ich erinnere mich an meine Anfangszeit bei GE Insurance in London. Als dort die Prozesse vereinheitlicht wurden, dachte ich zuerst, dass man mir meine Verantwortungsbereiche wegnähme und dadurch mein Job in Gefahr sei. Dem war nicht so. Ich blieb aber eine ganze Weile skeptisch gegenüber diesen Veränderungen.

Welche Verhaltensweisen hatten damals die GE-Kollegen aus den USA, die Sie zur Kooperation überzeugten?

Sie hörten sich meine Bedenken an, obwohl sie Führungskräfte waren. Wir tendieren in den oberen Chefetagen dazu, mehr selber zu reden als zuzuhören, aber diese Kollegen machten eine Ausnahme. Sie haben vielleicht genau das durchgezogen, was sie schon vorher in der Planung hatten, aber sie vermittelten zumindest den Eindruck, dass ich als Mitarbeiterin auch meine Meinung zur Umstrukturierung einbringen konnte.

Haben Sie dieses Prinzip selber angewendet?

Es geht vor allem darum, den ehrlichen, echten Willen zu haben, anderen und vor allem anders Denkenden zuzuhören und auf sie einzugehen. Sehr oft kann eine sehr ruhige, introvertierte Person die tollsten Ideen haben, die er oder sie sich aber nicht traut, laut auszusprechen. Man braucht sehr viel Zeit, Geduld und ein hohes Maß an Toleranz, das Beste aus diesen Leuten herauszuholen. Ich versuche immer wieder ganz bewusst, diese Geduld aufzubringen, obwohl ich eher ein ungeduldiger Mensch bin. Es ist aber äußerst wichtig, diese Toleranz im eigenen Verhalten strikt zu leben.

Wie verhalten Sie sich, wenn Sie sich in Geduld üben?

Ein Beispiel aus meiner Zeit in Paris: Meine Kollegen hielten gerne stundenlange Sitzungen ab, die erst ganz am Ende zu einem Resultat führten. Ich sagte ihnen offen und sachlich, dass ich für solch lange Sitzungen keine Geduld hätte, darum den Raum verlasse und wieder reinkomme, wenn die Gespräche einem Resultat nahe seien. Ich sagte ihnen auch, dass sie sich die Zeit lassen sollten, die sie bräuchten. Mit dieser Offenheit haben Leute normalerweise kein Problem, vorausgesetzt, Sie äußern Ihre eigenen Vorlieben nicht positiv wertend und werten andererseits die Wege, die andere wählen, nicht ab.

Haben Ihnen das die Franzosen übel genommen?

Nein, weil ich offen war. Zudem wäre es für alle schlimmer gewesen, wenn ich in der Sitzung nervös geworden wäre und es die anderen hätte spüren lassen. Im offenen Umgang mit den eigenen Schwächen wie Ungeduld können Sie nichts verlieren. Im Gegenteil, Sie gewinnen sogar noch an Authentizität.

Würden Sie in der gleichen Offenheit auf chinesische Kollegen zugehen?

Im Prinzip wahrscheinlich schon, aber ich müsste mich auf den chinesischen Kulturkreis sehr sorgfältig vorbereiten. Ich lache ganz gerne, es gehört zu meinem Naturell, das Leben mit Humor zu sehen. Ich weiß aber sehr genau, dass Lachen von Japanern im Geschäftsbereich als beleidigend empfunden wird. Deshalb passe ich mein Verhalten ihnen gegenüber entsprechend an.

Inwieweit erwarten Sie von anderen Kulturen, dass sie sich an Ihre Kultur oder an die Kultur der Unternehmenszentrale anpassen?

In Russland beispielsweise steht Zurich als Schweizer Unternehmen für Solidität, Zuverlässigkeit und Vertrauenswürdigkeit. Diese Werte sind ein echtes Asset. Aber die in der Schweiz ansässigen Vertreter müssen umgekehrt genauso die Werte, die in Russland als positiv gelten, wertschätzen. Es geht darum, die Balance zwischen diesen zwei Wertesystemen zu halten und beiden Kulturen gleichermaßen Respekt zu erweisen. Ein Konzern sollte auf keinen Fall einer neu erworbenen Gesellschaft in einem anderen Land seine Unternehmenskultur hemmungslos überstülpen. Der jeweilige Nationalstolz würde damit verletzt werden, was wiederum negative Gefühle gegenüber dem Konzern zur Folge hätte.

Haben Ihre Kolleginnen und Kollegen im Topmanagement dieselbe Sensibilität wie Sie?

Bei einer großen Firma, in der ich früher tätig war, schlug im Verhalten mancher Manager immer wieder eine gewisse Arroganz durch. Die Macht des Konzerns erdrückte denn auch einige Mitarbeitende, weil sie ihre eigene Kultur nicht richtig leben konnten. Das schlug auf die Stimmung.

Indische Gesellschaften haben Eigenarten, die uns fremd erscheinen. Welche Erfahrungswerte haben Sie mit Indern gesammelt?

Ich führte indische Mitarbeitende in London in einen Arbeitsprozess ein und musste verstehen lernen, dass sie nie äußern würden, wenn sie etwas nicht verstehen. Ich musste lernen, dass ich diese mir fremde Verhaltensweise nicht verändern kann und versuchen, mit dieser Andersartigkeit umzugehen. Zugegeben: Ich glaube meinerseits nicht, dass mir jemand mehr Geduld beibringen könnte. Auch wenn wir uns nicht ändern, müssen wir uns trotzdem gegenseitig respektieren.

Wie stehen Sie zu Stereotypisierungen?

Stereotype haben am Anfang einer Begegnung ihre Vorteile, um eine Person schneller zu verstehen und ihr schneller angepasst zu begegnen. Ein Beispiel ist eine deutsche Kollegin, der ich geraten hatte, zu Beginn eines Telefongesprächs nach England erst einmal Small Talk über das Wetter zu halten und nicht gleich mit der Tür ins Haus zu fallen. Die Briten brauchen immer erst ein wenig aufwärmende Konversation, bevor es zur Tagesordnung geht. Das mag ein stereotypes Bild sein, aber es wird gelebt, und wer sich daran hält, agiert kulturell angepasst, flexibel und sorgt damit für eine bessere gegenseitige Verständigung.

Wie realistisch ist ein möglichst neutrales Verhalten bei der Begegnung von Andersartigkeit?

Neutralität ist angebracht, wenn wir auf Situationen oder Fragen reagieren, die uns zunächst fremd vorkommen. Wenn wir das Verhalten von Kindern anschauen, fällt auf, dass Kinder mit großer Leichtigkeit ihr Verhalten an das ihrer jeweiligen Gesprächspartner anpassen. Sie reden mit ihrer Patentante beispielsweise anders als mit ihrer Mutter. Daraus schließe ich, dass es in der menschlichen Natur liegt, uns an Situationen anzupassen. Wir Erwachsenen haben diese Eigenschaft aber etwas verloren.

Dann könnte man behaupten, dass Kinder intelligenter handeln als Erwachsene …

Emotionale Intelligenz ist bei Kindern offenbar ausgeprägter. Wir verlieren diese Emotionale Intelligenz vor lauter rationaler Gedankengänge.

Fühlen Sie sich in der Schweiz assimiliert?

Ich lebe nun seit drei Jahren hier und bezeichne die Schweiz als mein Zuhause. Ich liebe es, hier zu leben. Als assimiliert fühle ich mich jedoch nicht. Ich habe zwar Schweizer Freunde, aber ich werde meinen individuellen Lebensstil behalten. Egal wohin ich ziehe, ich werde mich nicht fundamental ändern. Das wiederum erfordert von mir einen möglichst neutralen Umgang mit meinem jeweiligen Umfeld, beruflich wie privat.

Mit welchem Maß an Neutralität konnten Sie der deutschen und der französischen Gesellschaft begegnen?

In Deutschland und Frankreich hatte ich keine Probleme der gegenseitigen Verständigung. In den USA hingegen stand ich für längere Zeit allein deswegen unter einem Kulturschock, weil es mein erstes berufliches Assignment war, das ich, interkulturell gesehen, unterschätzt hatte. Das resultierte in einer etwas kritischen – und damit wertenden – Einstellung gegenüber amerikanischen Verhaltens- und Handlungsweisen. Wäre ich der amerikanischen Gesellschaft mit mehr Neutralität begegnet, hätte ich mich auch weniger über Dinge geärgert. Es ist sehr zermürbend, wenn man ständig das kritisiert, was den eigenen Werten nicht entspricht, denn es ändert die Situation nicht, es macht sie eher komplizierter und Diskurse schwerfälliger.

Würden Sie sich als typisch britisch bezeichnen?

Ich bezeichne mich selber nicht als typisch britisch, aber meine Freunde nehmen mich als sehr britisch wahr. *(lacht)*

Warum empfinden Ihre Freunde Sie als britisch?

Es liegt wohl an meinem Sinn für Humor, ich pflege meine tägliche Tasse Tee am Nachmittag, meine eher lockere Umgangsart... Ich erinnere mich an eine Situation mit einem deutschen Kollegen, mit dem ich einen Termin bei einem Lord in London wahrnahm. Dieser Lord begrüßte uns mit «Hi, I am John», was meinen Kollegen positiv schockierte. Er hatte nicht damit gerechnet, ihn beim Vornamen ansprechen zu dürfen. Das ist eben Teil der lockeren englischen Art, die ich durch und durch lebe.

Meine Mutter ist Norwegerin, ich wuchs nicht mit der klassisch britischen Tradition auf, das klassische englische «Sunday roast» oder «fish and chips» mit eingeschlossen. Wir fuhren im Urlaub regelmäßig nach Norwegen. Somit war ich vielleicht mehr als andere Menschen sensibilisiert für Kulturunterschiede.

Haben Sie sich selbst irgendwann gefragt, ob Sie sich eher norwegisch oder englisch fühlen?

Nein, eigentlich nicht. Wenn aber England gegen Norwegen Fußball spielt, dann springe ich beim Tor für Norwegen auf. Norwegen war für mich immer ein besonderer Ort, in dem wir unsere Ferien verbrachten. Dadurch habe ich nur positive Verbindungen mit diesem Kulturkreis. Diese multikulturelle Eigenschaft in mir ließ mich von Kind an glauben, dass ich jemand Spezielles sei. Zudem kannte ich niemanden mit meinem Vornamen. Und damit kommen wir zum Aspekt der individuellen Leadership, denn jeder Mensch ist «special».

Mein Vater war Lehrer und nebenberuflich auch verantwortlich für die Schulbibliothek. Wann immer ein Schüler sich als eine Art Außenseiter entpuppte, versuchte er, diesen Schüler zu integrieren. Er fragte ihn, ob er vielleicht Lust hätte, in der Bibliothek auszuhelfen. Er fand immer einen Weg, diesen Außenseitern das Gefühl zu geben, für etwas wichtig zu sein. Er involvierte Menschen, und das hat auch mein Verhalten beeinflusst. So bin auch ich der Überzeugung, dass jeder Mensch irgendeine Sache extrem gut beherrscht. Mir geht es deshalb auch darum, diese besondere Stärke zu finden.

Sollte es ein universelles Wertesystem geben?

Wäre es nicht toll, wenn es das geben könnte? Es würde auf dem gleichen Prinzip beruhen wie eine bestimmte Vision, die ein Unternehmen weltweit lebt. Wenn alle Gesellschaften ein Wertesystem teilen würden, gäbe es dauerhaften Frieden. Aber das ist leider nicht realistisch.

Zudem würde es dem vorher genannten individualistischen Ansatz widersprechen. Menschen könnten sich aber zum Ziel setzen, wenigstens einen gemeinsamen Nenner zu finden, den sie alle teilen würden.

Wäre ein globaler «mindset» wünschenswert?

Wenn wir uns fragen, ob wir an jedem Ort der Welt Cola Light trinken wollen, sagen die meisten wohl ja. Andererseits sind die Leute auch stolz auf ihre lokalen Spezialitäten. Ich finde es schade, dass wir heute manche Dinge überall erwerben können, denn dabei geht viel Regionalkolorit verloren. Wenn wir einen globalen «mindset» hätten, dann wäre es dementsprechend extrem wichtig, die individuellen Eigenschaften gleichzeitig zu tolerieren. Das wäre wohl der Idealzustand.

An was fehlt es manchen Managern heutzutage?

Wer nicht mehrere Jahre im Ausland gearbeitet hat, wird es sehr schwer haben, ein guter transkultureller Leader zu sein. Ich habe beispielsweise nie in Asien gelebt und denke, dass es auch für mich extrem schwierig wäre, mich auf diese Kultur einzustellen.

China: gläserne Decken und wenig Zeit

Zheng Xiao Feng ist Managing Director der schweizerischen Cedes Sensor Co., Ltd. in Shanghai. Er absolvierte seinen EMBA an einer chinesischen Business School in Schanghai. Bevor er für Cedes als CEO in China aktiv wurde, war er Manager der Schindler-Gruppe am Standort Schanghai. Cedes ist bis heute Lieferant von Schindler. Der 37-jährige gebürtige Schanghainese beschäftigt 92 chinesische Mitarbeitende und macht einen Umsatz von 7 Millionen Franken. Er plant, bis 2010 eine zweite Firma mit 280 Mitarbeitenden zu gründen. Ein Interview über die chinesische Selbstverständlichkeit.

Herr Zheng, was fiel Ihnen in der Arbeitsweise der Schweizer als Erstes auf?

Meine ersten Erfahrungen machte ich bereits als Manager bei Schindler in Schanghai. Mir fiel vor allem auf, mit welcher Präzision und Geduld die Schweizer in der Produktentwicklung arbeiten. Jeder hatte für alles einen Plan. Diese Eigenschaften sind ziemlich diametral zu den Eigenschaften chinesischer Produktentwickler. Wir sind ungeduldiger und arbeiten nicht so durchstrukturiert. Dabei vergessen wir manchmal, etwas mehr auf die Qualität zu achten, weil wir schnell und billig produzieren wollen.

Weshalb ist es in der chinesischen Gesellschaft so wichtig, schnell zu arbeiten? Und woher kommt diese Ungeduld?

China schaut auf eine 5000-jährige Geschichte zurück. Damit kann es auf sehr viel mehr Jahre als Nation zurückblicken als irgendein Land im Westen. China ist zudem um einiges größer als jedes der europäischen Länder. In China hatte die absolute Macht immer der Kaiser, heute ist es die Regierung. Seit 5000 Jahren gilt die gleiche Regel: «Wer sich den Regeln der Macht nicht beugt, verliert unverzüglich seine ganze Existenz.» Dieses Gefüge hinterlässt Spuren – wer etwas erreichen möchte, will das dementsprechend schnell tun, denn es könnte einem schnell wieder genommen werden. Im Übrigen liegt die durchschnittliche «Überlebensdauer» eines CEO in einem Unternehmen nur bei 1,8 bis maximal 3 Jahren.

Das erklärt unser ungeduldiges Verhalten in unserer Gesellschaft, das sich in jeder Kleinigkeit zeigt.

Wo offenbart sich die Ungeduld aus Ihrer Sicht?

Beispielsweise erwarten wir prompte Rückantworten auf E-Mails: Wenn ich eine Mail in die USA oder nach Indien sende, erhalte ich im Durchschnitt nach einem Tag eine Antwort. Wenn ich eine nach Europa sende, kann ich mit zwei Tagen rechnen. Der chinesische Geschäftsmann antwortet im Durchschnitt nach ein paar Stunden.

Wie interpretieren dann chinesische Geschäftsleute diese (in ihren Augen) Langsamkeit der Europäer?

Diejenigen, die Europa nicht kennen, interpretieren dies als Desinteresse und manche sogar als Dummheit und brechen den Kontakt ab. Bei meinen ersten Kontakten mit Europäern war ich zunächst ebenfalls überrascht, trat dann aber sofort in einen Dialog und fragte meine europäischen Geschäftspartner nach der Erwartung ihrerseits. Mit ein wenig Kommunikation schaffen Sie immer Klarheit.

In Europa empfindet man die Chinesen als etwas hektisch und manche würden ihr Verhalten als «Hamster im Rad» bezeichnen …

Diesen Ausdruck kennen wir nicht – auch nicht in anderen Worten. Dieses kritische Konzept ist uns fremd. Ich persönlich empfinde die europäische Herangehensweise manchmal selber als zu langsam. In China haben wir das Sprichwort: «Der schnellere Fisch frisst den langsameren Fisch, auch wenn dieser noch so groß ist.» Ein Beispiel ist die chinesische IT-Firma Lenovo, die sich immerhin einen ganzen Geschäftsteil von IBM einverleibt hat und jetzt in North Carolina ihren Hauptsitz hat.

Was fällt Ihnen am westlichen Führungsstil auf?

Mir fällt extrem auf, dass Mitarbeitende primär einer Firma treu sind, nicht aber in erster Linie ihrem Chef. In China ist es umgekehrt. Wenn der Chef geht, folgen ihm seine Mitarbeitenden. Treue definiert sich in China über eine Person – nicht über eine Firma.

Was bedeutet das in Bezug auf die Leadership-Qualität?

Wir unterscheiden in China nicht zwischen Management und Leadership. Damit erzeugen wir eine festere Bindung untereinander. Was Kundenbeziehungen betrifft, sind wir weniger zielgerichtet oder resultatorientiert als beispielsweise die Deutschen. Die Deutschen haben es in China ganz besonders schwer. Das Erste, was sie bei potenziellen Kundenbeziehungen fragen, ist: «Was sind die Ziele?» Und wenn man mit ihnen arbeitet, fragen sie ständig nach den Resultaten. Chinesen denken aber in erster Linie nicht an Ziele oder Resultate. Wir denken in Netzwerken. Zuerst muss die zwischenmenschliche Beziehung aufgebaut werden, und das braucht Zeit.

Für den Aufbau zwischenmenschlichen Vertrauens nehmen Sie sich also Zeit. Da sind Sie weniger ungeduldig?

Richtig. In der westlichen Schule gilt immer die Formel:

$$\frac{\text{Wert} = \text{Qualität} \times \text{Service}}{\text{Preis}}$$

In China gilt die Formel:

$$\frac{\text{Wert} = \text{Qualität} \times \text{Service} \times \text{Netzwerk (Guan Xi)}}{\text{Preis}}$$

Und dabei hat das Netzwerk den allerhöchsten Stellenwert. Das sogenannte Guan Xi ist in China das einzige Tor zum Erfolg. Das Vertrauen muss erst einmal geschaffen werden, bevor irgendwelche Ziele definiert werden. Und genau da scheitern die meisten Nichtchinesen.

Wie entwickeln Sie dieses Vertrauen untereinander?

Die Rahmenbedingungen sind zunächst anders als bei Europäern, denn die Chinesen setzen sich nicht gemeinsam an einen Tisch mit einem bestimmten Zeitrahmen. Sie treffen sich nachts zum Pokern oder zum Ma-Jiang-Spielen. Das ist eine Art Schach zu viert. Diese Zusammenkünfte finden dann regelmäßig statt, man lernt sich sozusagen «spielend» kennen. Das Unternehmen des Gastgebers sieht man in dieser Phase des Kennenlernens tagsüber nicht, weil es gar nicht darum geht, die Arbeitsweisen des Unternehmens zu erfassen, sondern den Menschen – den potenziellen zukünftigen Geschäftspartner dahinter. Und so entwickelt sich eine Freundschaft, die erst mit diesem Fundament eine Geschäftsbeziehung werden kann. Deshalb sind chinesische Geschäftsbeziehungen nachhaltig, sie sind gleichzeitig auch persönliche Freundschaften auf Lebenszeit.

Wie kommt ein Nichtchinese in diese Vertrauenszirkel?

Das ist unmöglich. Zumal diese ersten privaten Treffen mit den Chefs größerer Unternehmen auf Einladung über Agenten laufen. Außerdem finden Gespräche niemals telefonisch statt, sondern von Angesicht zu Angesicht. Genau wie dieses Interview nie ohne das physische Beisammensitzen stattfinden würde und auch nicht ohne die Vermittlung unseres gemeinsamen Kontaktmannes des Vertrauens.

Sind Frauen auch in diesen Netzwerken vertreten?

Nein. Frauen sind nicht Teil dieses Netzwerkes. Ich habe etwa 300 Kontakte in meinem Handy. 150 von diesen Kontakten sind Menschen, die ich Tag und Nacht anrufen könnte, um sie um sofortige Hilfe zu bitten, wenn ich sie bräuchte. Sie würden umgehend für mich alles tun, was nötig ist, um mir in einer schwierigen Situation zu helfen. Und umgekehrt würde ich genau das Gleiche für sie tun, sollten sie mich darum bitten. Diese Freundschaftsdienste sind eine Selbstverständlichkeit in China, sie stehen niemals außer Frage. Wer sich allerdings dann nicht hilft, bleibt nicht mehr Freund.

Warum sind Frauen ausgeschlossen?

Wenn Männer tagelang Zeit miteinander verbringen, um alles übereinander zu erfahren, würde das in einer Situation mit einer Frau und einem Mann nicht funktionieren. Sie kämen sich zwar näher, aber nicht im Sinne einer Geschäftsbeziehung. Eine Geschäftsfrau würde nie drei Tage mit einem männlichen Kunden verbringen. Es gibt zwar Frauennetzwerke, aber diese bestehen nicht nur aus Frauen. Es gibt nicht sehr viele chinesische Geschäftsfrauen.

Ist Ihnen ein ausländischer CEO bekannt, der den chinesischen Führungsstil für sich angenommen hat?

Mir fällt wirklich nur einer ein, der wie eine Brücke zwischen den Kulturen arbeitet. Er hat sich dem chinesischen Tempo angepasst und hat ein eigenes Netzwerk gestartet. Er kommt aus Italien.

Und kennen Sie umgekehrt chinesische CEO, die den westlichen Führungsstil angenommen haben?

Ja, da gibt es sehr viel mehr. Die fallen dadurch auf, dass sie ihre Geschäfte mehr durchplanen.

Planen Sie mit Ihren Erfahrungen mit zwei Schweizer Unternehmen mehr als Ihre CEO-Kollegen, die nie mit Europäern gearbeitet haben?

Ja, ich plane mehr und würde das heute auch in einer rein chinesischen Firma fortführen.

Unsere Anpassungsfähigkeit, uns vorteilhafte Arbeitsweisen anzueignen, macht chinesisch geführte Unternehmen zur echten Konkurrenz auf dem Weltmarkt.

Weshalb übernehmen mehr und mehr indische CEO die Führung europäischer und auch amerikanischer Unternehmen, und nicht chinesische CEO?

Das liegt letztlich daran, dass chinesische Führungspersonen westliche Firmen nicht akzeptieren wollen. Durch diese Blockade fehlt es ihnen auch am Verständnis für interkulturelles Management und Führung verschiedener Nationalitäten. Es wird noch Jahre dauern, bis sich chinesische Manager auf internationalem Parkett bewegen können und dies auch wollen.

Sind Firmenchefs automatisch gute Führungspersonen, wenn sie global arbeiten?

Wenn sich jemand nicht ganz dumm anstellt und die Geschäftsidee stimmt, dann wird das Unternehmen erfolgreich. Das ist aber in den meisten Fällen nicht so. Eine große Ausnahme ist Jack Welch. Die Firma General Electric wäre nie da, wo sie heute ist, ohne diesen CEO. Welch hatte immer die richtige Idee zum richtigen Zeitpunkt mit den richtigen Leuten.

Ist er so etwas wie ein Idol für Sie?

Ja, ist er.

Hatten Sie jemals mit einem Amerikaner oder einem Europäer einen Streit?

Chinesen tun alles, um einen offenen Streit zu meiden. Ich persönlich löse Differenzen, indem ich bis zu dreimal nachfrage, wenn mir etwas nicht klar ist. Nach der dritten Frage kommen die Antworten meist von alleine, vorausgesetzt, mein Gegenüber hat einen gesunden Sinn für Geschäfte.

Bedeutet das, dass Sie nie klar kommunizieren, was Sie denken?

Wenn ein Chinese zu Ihnen sagt: «Vielleicht haben wir ein kleines Problem», dann heißt das, wir haben ein veritables Riesenproblem. Das kann eine wichtige fehlende Schraube an einem Gerät sein, die das ganze Produkt fehlerhaft macht.

Arbeiten Sie in China mit Persönlichkeitstests?

Ja, ich selber halte sehr viel vom Myers-Briggs Type Indicator (MBTI). Ich wende ihn in meiner Firma an, um meine Teams gezielt zu mischen. Mir ist in China kein anderer Test bekannt, ein in China entwickelter schon gar nicht.

Hätten Sie Interesse, eines Tages CEO für ein europäisches Unternehmen zu werden?

Man spricht von der sogenannten gläsernen Decke für Frauen, die ins Topmanagement wollen. Ich kenne diese gläserne Decke auch als Chinese, der ein europäisches Unternehmen leiten möchte.

Autoritärer Führungsstil aus Sicht einer russischen Managerin

Regina Kuzmina, Russin, ist seit zwei Jahren Marketingleiterin bei Unilever Russland für das Segment «Home and Personal Care» und leitet ein Team von 40 Russen. Sie hat mit ihren 35 Jahren nie im Ausland gearbeitet. Aber durch ihre jahrelange Zusammenarbeit mit einem indischen Chef in Moskau und ihre kritische Meinung zum autoritären (männlichen) russischen Führungsstil hat sie ihren eigenen interkulturellen Führungsstil entwickelt, der ihr auch im «homogenen» Team hilft.

Frau Kuzmina, können Sie einen bestimmten Führungsstil ausmachen, der bei westeuropäischen Führungspersonen vornehmlich zu beobachten ist?

Ich muss einen Aspekt vorwegnehmen, damit meine Antwort in Relation gesetzt werden kann: Die russische Kultur erwartet von ihren Führungspersonen einen dominanten Stil. Ein Chef muss etwas darstellen und ein alles beherrschendes Charisma haben. Dieselbe Erwartung gilt auch für Frauen in Führungspositionen. Frauen haben es in Russland deshalb besonders schwer in der Führung, da es tendenziell eher nicht ihrer Natur entspricht, wie eine Herrscherin aufzutreten.

Der westliche Führungsstil, wie ich ihn wahrnehme, wäre aufgrund meines kulturellen Hintergrunds als eher weiblich zu bezeichnen. Westliche Führungskräfte, ob Mann oder Frau, beobachte ich als demokratischer im Vergleich zu russischen männlichen Leadern, die eher totalitär mit einer großen Distanz zu den Mitarbeitenden führen.

Wie erklären Sie sich diese autokratische Führung bei russischen Männern?

Man ist in Russland sehr ehrgeizig und möchte den Erfolg sehr schnell erleben. Man möchte das schnell nachholen, was zuvor nicht möglich war. Diese Ambition macht Menschen tendenziell rücksichtslos, was die Belange von Mitarbeitenden angeht. Man kümmert sich nicht um die Leute, man hört ihnen nicht zu, man sieht auch keine Werte in der Vielfalt der Mitarbeitenden.

Im Westen hingegen ist die Wirtschaft seit Jahrzehnten etabliert, man muss sich nicht so beeilen. Dadurch kann man sich sozusagen den demokratischen Führungsstil leisten, denn er braucht mehr Zeit. Während russische Männer gerne alles alleine entscheiden und individueller handeln, involvieren westliche Führungsleute ihre Mitarbeitenden häufiger in die Entscheidungsprozesse.

Was halten Sie vom männlich-russischen Führungsstil?

Jeder soll führen, wie er will, aber wenn man von mir den gleichen Führungsstil erwartet, kann ich damit nicht dienen. Ich habe meinen eigenen Stil entwickelt, der für mich funktioniert.

Wie beschreiben Sie Ihren Stil?

Mir liegt am Herzen, meine 40 Mitarbeitenden von meinen Ideen so zu überzeugen, dass sie genau das durchführen, was ich im Sinn habe. Ich beeinflusse sie. Einfluss auf Menschen zu nehmen, braucht seine Zeit. Ich kann nicht erwarten, dass mein Team die Prozesse und Konzepte wirklich versteht, wenn ich ihm die Arbeit im Sinne eines blinden Gehorsams einfach aufdrücke. Mein bevorzugter Stil ist, mit Argumenten zu arbeiten, die meine Mitarbeitenden glauben lassen, dass sie selber die Entscheidungen treffen. Sie arbeiten effizienter, wenn sie wissen, warum sie etwas tun. Ich denke, es ist ein typischer Führungsstil von Frauen, zu beeinflussen, statt zu dirigieren.

Was denken die männlichen Führungskollegen in Russland über Ihren Stil?

Sie haben es gar nicht gerne, Konkurrenz zu haben. Aber sie halten sich mit negativen Äußerungen zurück. Meine Kollegen auf gleicher Hierarchiestufe und meine Teamkollegen mögen meinen Führungsstil. In Krisensituationen erwarten jedoch alle russischen Kollegen, egal welcher Hierarchiestufe, einen eher totalitären Stil.

Fällt Ihnen das schwer?

Nein, den beherrsche ich, weil er auch einen Teil meiner Persönlichkeit darstellt. Ich kann ziemlich hart sein, wenn ich will. Ich musste zu Beginn meiner Karriere hart auftreten, um als Führungsperson überhaupt Akzeptanz zu finden.

Aber in Russland würde Ihnen der totalitäre Stil ein einfacheres Leben bereiten, da er doch bei Männern verbreitet ist …

Ich mag den Stil aber nicht. Autoritäre Führung bringt keine besseren Resultate, sondern sie produziert lediglich mehr Stress – für alle. Frauen sind grundsätzlich flexibler, schaffen mehr positive Atmosphäre und sind deshalb besser in der Führung als Männer. In der Krise sind Männer allerdings besser.

Wenn Frauen Ihrer Ansicht nach die besseren Führungspersonen sind – weshalb gibt es dann keine in der Politik?

Wir können in der ganzen Welt beobachten, wie Frauen hohe politische Posten besetzen – nur in Russland bleiben sie fern. Sie haben hier keine Akzeptanz. Das liegt daran, dass Männer durchaus das große Potenzial in Einflussnahme und Führung bei Frauen sehen, was ihnen aber Angst vor dem Machtverlust macht.

Was denken westliche Leader vom klassischen russischen Führungsstil?

Sie erkennen die vollkommen unterschiedlichen Stile. Die Russen müssen lernen, auch einmal Lob auszusprechen. Die westlichen Leader erkennen sicherlich, dass russische Unternehmer es unheimlich eilig haben, das aufzuholen, was im Westen schon vor Jahrzehnten aufgebaut wurde. Das macht sie zu hastigen, ungeduldigen Managern, die sehr viel Rivalität spüren. Westliche Manager hingegen können es sich leisten, langsam und im Voraus zu planen, weil bei ihnen alles etabliert ist. Auch wenn es nicht sinnvoll ist zu hasten, russische Männer wollen schnelle Resultate.

Haben Sie jemals in Ihrem Unternehmensumfeld einen Culture Clash erlebt?

Ja, früher einmal mit Asiaten aus den Philippinen und Indien. Menschen aus diesen Regionen scheinen mir sehr viel politischer orientiert und viel verschlossener als wir in Russland. Das gilt übrigens auch für die britische Kultur. In den ersten Jahren meiner Zusammenarbeit mit Briten wusste ich nicht, wie ich ihre Worte entschlüsseln sollte. Der eigentliche Sinn hinter ihren Aussagen blieb mir lange verborgen. Mit den Deutschen dagegen finde ich es extrem leicht in der Zusammenarbeit, weil sie explizit das sagen, was sie denken und weil sie ein hohes Commitment haben, wenn sie etwas zugesagt haben. Sie vertragen Kritik, sind offen und ehrlich. Wenn ein Deutscher beispielsweise sagt «Das ist interessant», dann weiß ich, dass er es auch so meint. Wenn ein Brite dasselbe sagt, könnte das genauso gut ironisch oder unehrlich gemeint sein. Es bedeutet manchmal gar nichts. Solange man diesen Unterschied nicht kennt, gibt es Missverständnisse.

Kennen Sie westliche Leader, die den russischen Führungsstil angenommen haben?

Ich hatte sechs Jahre lang bei Unilever Russland einen indischen Chef. Während seiner ersten Jahre war unsere Zusammenarbeit eine Tortur. Er war sehr dominierend gegenüber allen Menschen. Nach sechs Jahren war er zwar immer noch hart, wenn es um geschäftliche Entscheide ging, aber er war nicht mehr hart im Umgang mit seinen Leuten. Für ihn wurden seine Mitarbeitenden plötzlich zur Priorität! Es zeigte sich, dass er sogar ein sehr großzügiger Mensch sein konnte, auch wenn er grundsätzlich sehr fordernd blieb. Er coachte am Ende Leute und gab ihnen Feedback. Er adaptierte sich also an sein Umfeld, indem er einen der Situation angepassten Führungsstil entwickelte. Zu Beginn seiner Zeit in Moskau hätte ich es niemals für möglich gehalten, dass eine solche Veränderung möglich sein könnte.

Haben Sie eine solche Adaption auch bei einem Westeuropäer erlebt?

Nein, aber die brauchen das ja auch nicht, weil sie stark genug sind im Auftritt und keine Dominanz demonstrieren müssen. Langsam sehen wir heute, dass russische männliche Leader sich den westlichen Coaching-Stil aneignen.

Glauben sie an das Konzept des Global Mindset?

Die Lösung dafür liegt zwischen «hoffnungslos lokal» und «kopflos global». Sie können als Firma nicht in ein Land einstürmen und dort alles auf den Kopf stellen. (Vgl. das Interview mit Inga Beale, Seite 92 in diesem Band.) Die regionalen Eigenarten müssen zumindest akzeptiert werden. Für mich ist die Definition von interkultureller Führung in unterschiedlichen Ländern: nicht rigide, aber unbedingt flexibel führen. Führen ist doch keine Mathematik und Chemie. Es geht doch einfach nur darum, am richtigen Ort zur richtigen Zeit mit dem passenden Verhalten zu agieren, das heißt, Flexibilität ist alles, was Sie brauchen.

Das klingt alles ganz einfach – warum ist Führung dann so oft ein Thema?

Weil es Zeit und den Willen braucht, sich mit Menschen zu befassen und sie zu verstehen. Und genau da liegt der Grund verborgen, weshalb Frauen besser führen als Männer. Diese Überzeugung macht mich übrigens noch lange nicht zu einer Feministin.

Zuhören ist alles

«Zuhören ist alles», sagt Peter Robinson, CEO der Burger King EMEA mit Hauptsitz in Zug (Schweiz). Der gebürtige Londoner definiert gute Führung mit zwei wesentlichen Grundhaltungen: Respekterweisung und ehrliches Zuhören. Diese Einstellung sei jedoch in der Praxis nicht so häufig zu finden. Jedoch gerade in der Leadership interkultureller Teams seien diese Eigenschaften für den Nutzen der Diversität maßgeblich.

Herr Robinson, welches sind die meisten Fehler, die Chefs unterlaufen?

In der Theorie reden viele Chefs zwar vom aktiven Zuhören, es wird denn auch in diversen Managementseminaren beinahe gepredigt, aber echte Anwendung findet genuines Zuhören nach meinen Beobachtungen wenig.

Woran machen Sie das fest?

Ein Mitarbeitender sagte mir einmal, dass er es nie zuvor mit anderen Vorgesetzten erlebt habe, dass man sich mit ihm hinsetze und über allgemeine Dinge spreche. Ich rede einfach gerne mit Menschen und behandle sie so, wie ich auch von meinen Chefs behandelt werden möchte – nämlich mit gegenseitigem Respekt.

Weshalb glauben Sie, ist das einfache Gespräch zwischen Führungspersonen und Mitarbeitenden in der Praxis so unterschätzt?

Menschen schauen immer öfter auf ihre physische Fitness. Wenn jemand dynamisch durch die Korridore läuft, muss es ihm ja gut gehen, so die weitläufige Meinung. Meiner Ansicht nach wird aber dem mentalen Zustand von Mitarbeitenden viel zu wenig Beachtung geschenkt. Wenn Sie als Chef ihrem gesamten Team gegenüber eine gewisse intellektuelle Neugier zeigen, dann haben Sie automatisch dessen Motivation für seinen Job. Erst dann interessieren sich Leute wirklich für das, was sie täglich tun.

Worüber sprechen Sie – über Gott und die Welt?

Ich höre mir gerne Geschichten von Menschen an. Wenn ich mich mit Kollegen in Ägypten unterhalte, dann finde ich es faszinierend zu hören, wie dort beispielsweise Jungunternehmer aus dem Nichts neue Firmen aufbauen und sie auch noch zum Erfolg bringen. Diese Geschichte sagt mir zusätzlich einiges über die erzählende Person aus. Denn die Art und Weise, wie dieser Mitarbeitende die Geschichte erzählt, wie lange er braucht, um auf den Punkt zu kommen, seine Prioritäten im Leben und viele andere Aspekte, die sich implizit zeigen, geben mir sehr viel verpackte Informationen über meine zukünftige Zusammenarbeit mit ihm. Es findet sich immer ein Link zwischen einer Geschichte eines Mitarbeitenden und dem Geschäft beziehungsweise der Position dieses Menschen. Im Kern geht es um nichts anderes als um den Aufbau einer zwischenmenschlichen Beziehung.

Hören Sie auch Leuten zu, deren Story vielleicht nicht so spannend ist?

Jede Geschichte hat ihren Reiz oder auch einen unerwarteten Informationsgehalt, der sich als äußerst wichtig erweisen kann. Wenn ich zum Beispiel als Kunde in ein Burger-King-Restaurant komme und ein verschmutztes WC vorfinde, dann werde ich nicht lange Kunde bleiben. Das heißt für mich als Verantwortlicher dieser Restaurantkette, dass ich auch dem Mann oder der Frau vom Reinigungsdienst beim Erzählen seiner oder ihrer Geschichte zuhöre, denn auch die Story dieser Person könnte mir Aufschluss geben über die Situation des Reinigungsdienstes. Somit ist auch der Reinigungsdienst für mich Teil des Expertenteams. Ich bin Generalist. Deshalb arbeite ich mit Experten. Und wenn ich mich auf die Experten nicht verlassen kann und ihnen auch nicht zuhöre, erreiche ich nicht viel. Und das gilt für den Dialog mit dem Finanzchef gleichermaßen wie für Gespräche mit Vertretern des Reinigungsservice.

Sind Sie auch ein guter Zuhörer, wenn jemand nicht so schnell zum Punkt kommt?

Ja, ich höre wirklich immer zu, weil mich fasziniert, was Leute zu erzählen haben. Ich muss allerdings zugeben, dass mir diejenigen in der Zusammenarbeit sehr viel näher stehen, die sich knapp und präzise ausdrücken. Meistens sind diese Typen fokussierte, energiegeladene, positive Denker. Mit denen arbeite ich deswegen am liebsten, weil sie unkompliziert an Prozesse herangehen und offen sind für Neues. Gerade unser Fast-Food-Geschäft ist in ständiger Bewegung. Da müssen Sie flexibel nicht nur neue Ideen entwickeln, sondern sie auch schnell umsetzen können. Wer unkompliziert ist, ist eher fähig, verschiedene Themen gleichzeitig anzupacken oder mit verschiedenen Umgebungen fertig zu werden, die sich als vielleicht nicht so einfach herausstellen.

Was wäre nach Ihrer Definition eine schwierige Umgebung?

Wenn Unternehmen interne politische Spiele spielen, dann ist das für mich eine schwierige Situation, weil sie die Effizienz in den Teams abtötet. Man sucht dann nicht mehr nach den besten Lösungen für das Gesamtresultat, sondern nach besten Lösungen für den Einzelnen. Dadurch verlieren die Mitarbeitenden dann auch das Vertrauen untereinander, wodurch niemand mehr kritikfähig ist, weil alles persönlich genommen wird.

Konstruktive Kritik baut auf Vertrauen auf und ist nie persönlich gemeint. Wer keine konstruktive Kritik annehmen kann, befindet sich immer in der Lage, sich verteidigen zu müssen. Ich vermute, dass komplizierte Menschen mit ihren vielen Worten und Ausführungen überdecken, dass sie essenziell nicht so viel zu sagen haben. Sie verdecken ihre Unsicherheit mit verkomplizierenden Ausführungen und verlängern unnötig wichtige Entscheidungsprozesse. Wenn ich die Meinung von 20 Committees brauche, um eine Entscheidung treffen zu können, dann behindern wir uns gegenseitig. Wenn man sich hingegen im Team mit logischen Argumenten austauscht, braucht man keine 100 Powerpoint-Präsentationen, um eine Entscheidung zu fällen. Ich beobachte in vielen Unternehmen, wie aus reiner Wichtigtuerei und sogenannter politischer Korrektheit tagelang unnötige Präsentationen vorgetragen werden, deren Essenz sowieso auf einer einzigen Logik basiert.

Haben Sie bei dieser pragmatischen Vorgehensweise nie Fehlentscheidungen getroffen?

Doch. Ich habe einmal einen Fehler gemacht, den ich mir heute immer wieder in Erinnerung rufe, weil er mich von einem zweiten Fehler dieser Art abhält. Ich habe in einem früheren Job vor Burger King einer Mitarbeitenden bei ihrer Marktrecherche zu sehr vertraut. Ich habe es versäumt, ihr tiefer gehende Fragen zu stellen, bevor wir ein Produkt umbenannten. Die Umbenennung wurde ein Flop. Daraus habe ich gelernt, dass man nie zu viele Male «Warum?» fragen kann. Bei Entscheidungen für oder gegen eine Produkteinführung oder Änderung kann man nicht oft genug nach dem Grund und Zweck fragen. Je weniger Sie nachhaken und je weniger Sie zuhören, desto größer ist das Risiko eines Misserfolgs.

Erst mit dem Gefühl der Sicherheit entsteht ein vertrauensvolles Arbeitsverhältnis

«Sich immer wieder selbst infrage zu stellen, erfordert Mut und Selbstvertrauen. Denn damit macht man sich nach außen verletzlich», behauptet Dieter Scheiff, ehemaliger CEO der Adecco Group, und macht es trotzdem. Warum gerade dieses Verhalten im multikulturellen Konzernumfeld so wichtig ist, erläutert der deutsche Manager im Interview zum Thema der internationalen Vertrauensbildung.

Herr Scheiff, Lenin wird oft zitiert mit dem Spruch: «Vertrauen ist gut – Kontrolle ist besser.» Was halten Sie von diesem Spruch?

Wenn Lenin das wirklich gesagt hat, würde ich sagen, dass es ihm wohl primär darum ging, wirklich alle Prozesse und das Denken jedes Menschen um jeden Preis kontrollieren zu wollen. Das wiederum heißt dann auch, dass er meinte, immer recht zu haben. Es geht aber beim Thema Vertrauen nicht darum, auf sein jeweiliges Recht zu pochen. Vertrauen bedeutet für mich ein Stück weit Laisser-faire zuzulassen, wobei die Krux in der Dosierung liegt. Wenn ich die Dinge zu locker laufen lasse, könnte das gegenseitige Vertrauen ausgenutzt werden. Deshalb würde für mich eher der Spruch gelten: «Vertraue, aber kontrolliere auch.»

Wie dosieren Sie die Kontrolle?

Wenn es um die Definition von Zielen geht, werden diese gemeinsam ausgearbeitet. Es ist wenig sinnvoll, beispielsweise Länderchefs Vorgaben zu machen, an die sie nicht glauben. Die Entwicklung einer Vertrauensbasis wäre erheblich erschwert, wenn ich Ziele vorgeben würde, die derjenige, der sie erreichen soll, gar nicht einsieht. Wenn es um die Kontrolle von Prozessen geht, vertraue ich dem Know-how der Experten, die ich für ihr Spezialwissen einstelle.

Wodurch wird Vertrauen begründet?

Es geht in der Essenz darum, im Dialog Vertrauen entstehen zu lassen und dem Gegenüber das Gefühl zu geben, dass ich hinter ihm oder ihr stehe. Erst mit diesem Gefühl der Sicherheit kann ein vertrauensvolles Arbeitsverhältnis entstehen.

Und wenn dieses verletzt wird?

Man sollte Menschen immer eine zweite Chance geben. Manche Manager geben aber zu oft den Schwächen ihrer Mitarbeitenden nach, obwohl diese ihr Vertrauen bereits längst verloren haben. Das ist wie in der Kindererziehung: Kinder verstehen nur dann wirklich Dinge, wenn man Konsequenzen zieht. Einem Mitarbeitenden, der zu viele Chancen bekommt, obwohl er mein Vertrauen mehrmals missbraucht, riskiert einen Tod auf Raten.

Zum Vertrauenschenken gehört manchmal die Enttäuschung. Wenn ich dieses Prinzip nicht in Kauf nehme, zahle ich drauf, da ich zu viel kontrollieren müsste. Durch Überregulierung und zu viel Monitoring zerstöre ich Vertrauen und erzeuge kontraproduktive Angst.

Wie entsteht ein Vertrauensverhältnis?

Das entsteht, wenn jeder bereit ist, sich verletzlich zu machen. Ich sehe aber täglich, dass man mir als Bürger nicht traut, wenn ich mir beispielsweise die Zahl der Verkehrsschilder vergegenwärtige. Viele Verkehrsschilder sind ein Misstrauensvotum an die Bürger und zugleich eine Bevormundung. Der Staat gibt diese Regeln vor, weil er seinen Bürgerinnen und Bürgern nicht traut.

Das klingt wie ein Catch 22 …

Ja, aber diesen Teufelskreis kann man durchbrechen, indem man einerseits Vertrauensvorschuss gewährt und andererseits das tut, was man sagt, im Sinne des amerikanischen Managementslogans «walk the talk». Zudem kommt es immer darauf an, wie man Dinge ausdrückt. In interkulturellen Teams in Konzernen wie Adecco ist es beispielsweise wichtig, eine hohe Achtung vor anderen Kulturen zu wahren und die gegenseitige Wahrnehmung zu schärfen. Oft sind Leute in ihrer eigenen Kultur gefangen, weshalb sie voreingenommen und unter Umständen negativ wertend ihren anderen Kollegen begegnen. Damit wird die Entwicklung eines Vertrauensverhältnisses erschwert.

Mit welchen Mitteln bauen Sie Vertrauen in multikulturellen Teams auf?

Je multikultureller die Teams sind, desto wichtiger sind Dialoge und desto zeitaufwendiger ist es, sich zu verstehen. Missverständnisse können am besten ausgeräumt werden, wenn die Leute sich gegenseitig ausreden lassen und nachfragen, wenn sie glauben, etwas nicht 100-prozentig verstanden zu haben. Und dieses Nachfragen wiederum deutet auf Interesse hin, und das schafft auch Vertrauen. Beim Umgang mit Menschen unterschiedlicher Herkunft sollten immer verschiedene Interpretationsweisen beleuchtet werden.

Hatten Sie Situationen, in denen Missverständnisse aufgrund unausgegorener Dialoge entstanden?

Indirekt hatte ich eine Situation mit einem indischen Vertragspartner, der unseren Vertrag immer wieder neu korrigiert hatte. In unseren europäischen Kreisen neigen wir eher dazu, Verträge dann zu machen, wenn alles abgesprochen ist, danach geht es nur noch um kleinere Details und die Unterschrift. Ich bekam aber bei dem Abkommen mit einem indischen Partner über Monate den Vertrag mit Änderungen zurück, was mich irritierte. Es war ein enormer Zeitaufwand, jedenfalls nach meinem relativen Verständnis von Zeitaufwand. Ich brauchte eine Weile, um zu begreifen, dass nach indischen Geschäftsgebaren Verträge zunächst einmal in einer Rohfassung entstehen und danach immer wieder schriftlich hin und hergeschoben werden. Das heißt also, nichts ist statisch – alles ist im Fluss.

Was hieß dieser Fall in Bezug auf Ihr Vertrauen?

Mein erster Gedanke war: Warum traut der uns nicht? Dabei habe ich nicht bedacht, dass er sich vielleicht dieselbe Frage gestellt haben könnte, weil wir – relativ gesehen – die Dinge schnell besiegeln wollten.

Welche Erkenntnisse haben Sie daraus für sich gezogen?

Es ist sehr wichtig, andere Menschen nicht zu kategorisieren und das eigene Weltbild nicht zum Status quo zu erheben. Damit macht man sich das Leben schwer, denn diese Projektion der eigenen Erwartungshaltung auf andere kreiert interkulturelle Blockaden.

Können Menschen wertfrei aufeinander zugehen?

Nein, denn wenn ich ganz wertefrei durch das Leben gehen würde, wäre ich orientierungslos. Ich versuche mit Neugierde Andersartigkeit zu begegnen und sehe nicht in Schwarz-Weiß. Es gibt kein Richtig oder Falsch, sondern es gibt Situationen, auf die ich eingehe. Gerade in multikulturellen Situationen ist es ganz wichtig, sich immer wieder selbst infrage zu stellen. Das erfordert Mut und Selbstvertrauen, denn damit mache ich mich nach außen verletzbar.

Wie bauen Sie Vertrauen in virtuellen Teams auf?

Es ist egal, von welchem Managementlevel wir reden, die Leute müssen sich sehen, um Vertrauen aufbauen zu können. Und das geht eben nicht rein virtuell. Deswegen machen Netzwerktreffen Sinn.

Wie verliert man Ihr Vertrauen?

Wenn mich beispielsweise unser Kommunikationsleiter systematisch in Situationen bringen würde, die mir Probleme bereiten könnten, dann würde ich unsere Vertrauensbasis hinterfragen. Oder wenn er mir Informationen vorenthält, über die er Bescheid wusste und die für mich wichtig waren, er sie mir aber nicht weitergibt. Nehmen wir diese Interviewsituation: Wir haben alle drei offenbar eine Vertrauensbasis, weil wir uns an Regeln der Fairness gehalten haben. Sie und ich vereinbarten diesen Interviewtermin unter vier Augen, Sie unterrichteten am nächsten Tag den Kommunikationschef darüber und ich meinerseits auch. Hätten wir das beide nicht getan, hätten wir ihn in seiner Funktion hintergangen, was ein Vertrauensmissbrauch meinerseits gewesen wäre. Vertrauen hätten Sie damit gar nicht erst bekommen, weder von ihm noch von mir. Es geht also nicht nur um die bloße Weiterleitung von Informationen, sondern auch um den Respekt gegenüber Verantwortlichkeiten und Verpflichtungen, für die man honoriert wird.

Haben Menschen zu hohe Erwartungen, wenn ihr Vertrauen missbraucht wird?

Das ist eine Frage der Naivität. Wer das Gefühl hat, dass sein Vertrauen öfter missbraucht wird, schätzt Dinge vielleicht nicht richtig ein.

Wann ist Ihnen das zum letzten Mal passiert?

Ich hatte in meinen frühern Zwanzigern eine Situation mit einem Telefonmarketing. Eine Verkäuferin für die deutsche Wochenzeitung *Die Zeit* erzählte mir am Telefon ihre persönliche Lebensgeschichte. Ich fiel darauf rein und kaufte das Abonnement, obwohl ich das damals nicht wirklich wollte. Diese Verkäuferin hatte mein Vertrauen missbraucht.

Abonnieren Sie heute noch Die Zeit*?*

Ja, deswegen erinnere ich mich auch gerade daran.

Woran erkennen Sie, ob in Ihrem Unternehmen Vertrauen herrscht?

Das erkennt man daran, ob Menschen miteinander reden und vor allem auch miteinander lachen; ob sie mit einem Lächeln durch die Flure gehen. Dabei geht es nicht nur um fachliche Qualifikationen, bei denen wir uns gegenseitig vertrauen. Es geht auch darum, ob man denselben Humor teilt, kurz: Die sogenannten «soft factors» sind gerade beim Thema Vertrauen extrem wichtig.

Culture Clash Marokko und Polen: Krisenkommunikation mit hitzigen Fachkräften

Auch wenn das Zirkusgeschäft den Duft der großen weiten Welt mit sich bringt, es ist ein Business mit einem hohen Maß an Routine, die jedoch aus Sicherheitsgründen nie zur Routine werden darf. Deshalb ist die Erhaltung der Motivation, besonders derjenigen der technischen Mitarbeitenden, jeden Tag aufs Neue wesentlich. Eine zusätzliche Herausforderung an die Zirkusleitung ist die Führung von internationalem Fachpersonal, denn ein Zirkus wie der Schweizer Nationalzirkus Knie ist auf ausländische Fachkräfte angewiesen. Wie führt Zirkusdirektor Franco Knie sein hoch gefordertes technisches Fachpersonal?

Herr Knie, wenn auf relativ engem Raum miteinander gearbeitet wird, können sich Missverständnisse besonders ungünstig auf die Stimmung auswirken. Inwiefern sind diese interkulturell bedingt?

Wir arbeiteten in der Saison 2008 mit 17 Nationalitäten zusammen. Die Hauptgruppe im technischen Bereich bilden Marokkaner und Polen. Zwischen ihnen entstehen aufgrund von religiösen Unterschieden häufiger Konfliktsituationen. Die Gewohnheiten dieser Nationalitäten kann man beinahe als bipolar bezeichnen. Ein Beispiel: Wir haben Gemeinschaftsduschen. Die einen waschen sich im Rahmen ihrer Gebetsrituale ausgiebig die Füße. Sie besetzen ab und zu diese Duscheinrichtungen stundenlang, was zu Konflikten führen kann.

Wie lösen Sie diese Situation?

Wir führen im Vergleich zu anderen Dienstleistungsunternehmen überdurchschnittlich viele Personalgespräche. Der Vorteil beim Zirkus ist, dass wir auf allen Stufen immer vor Ort sind. Wir sind Tag und Nacht für unsere Mitarbeitenden da, wenn sie uns brauchen. Das ist ein echter Vorteil in unserem Metier.

Es gibt wenige Verwaltungs- beziehungsweise Aufsichtsräte, die in persona operational vor Ort sind …

Richtig, deshalb schaffen wir es auch, die Probleme immer in einem sehr frühen Stadium zu lösen. Wir schärfen unseren Mitarbeitenden grundsätzlich den hohen Stellenwert von Toleranz gegenüber anderen ein. Ohne Toleranz für die unterschiedlichen Lebensgewohnheiten und Religionen funktioniert die Zusammenarbeit nicht. Wir leben täglich während 24 Stunden auf engstem Raum zusammen.

Worum geht es bei Konfliktlösungsgesprächen?

Bei den Gesprächen mit den Polen geht es tendenziell um Details, die für mich als Halbschweizer, Halbitaliener zu Beginn der Zusammenarbeit gewöhnungsbedürftig waren. Teilweise erinnerten mich diese Gespräche an

Interaktionen mit Kindern. Polnische Mitarbeiter können sich manchmal über Dinge aufregen, die ich persönlich nicht nachvollziehen kann, und gerade deshalb ist es umso wichtiger, dass ich trotzdem wie ein Mediator einschreite und schlichte. Wir können nicht von den Marokkanern erwarten, dass sie hier in Europa ihre Rituale ablegen, nur weil sie in unserer Spielsaison von März bis November in einem nicht islamisch geprägten Land arbeiten. Es ist meine Aufgabe, dies den Polen zu erklären.

Welche Gewohnheiten der Polen stoßen bei den Marokkanern auf Unverständnis?

Es mag wie ein Klischee klingen, aber Polen trinken nun mal viel Wodka. Das tolerieren die Marokkaner nicht so leicht, da sie es aufgund ihrer Religion als eine Grenzüberschreitung empfinden.

Kommen die Marokkaner mit diesen inneren Konflikten explizit auf Sie zu?

Sie thematisieren nicht ihren inneren Konflikt. Sie beschweren sich über den nächtlichen Lärm in den Wohnwagen. Wir leben wie in einem engen Wohnquartier, wo Rücksicht aufeinander genommen werden muss; nach Mitternacht muss Ruhe herrschen. Meine Toleranz in diesem Bereich ist manchmal auch gefordert. Andererseits sehe ich aber auch, wie hart alle arbeiten müssen und sich hin und wieder belohnen wollen, indem sie Feste feiern und im Hochsommer gern bis nach Mitternacht tanzen möchten. Dieses innere Bedürfnis, den Emotionen auch mal freien Lauf zu lassen, muss aber von allen – trotz unterschiedlicher Religionen – respektiert werden.

Wer kocht bei Ihnen in der Kantine?

Wenn der marokkanische Koch im Dienst ist, hat niemand ein Problem und fragt nicht nach. Wenn er aber einmal frei hat und der polnische Koch in der Küche steht, fehlt das Vertrauen vonseiten der Marokkaner, die auf Fette und andere Zutaten achten, die eventuell vom Schwein stammen könnten.

Wie gehen Sie mit diesem Misstrauen um?

Wir erinnern den polnischen Koch immer wieder daran, keinerlei Substanzen vom Schweinefleisch oder Alkohol zu nutzen. Er hält sich auch daran, und wir als Management garantieren und bürgen für die Einhaltung dieser internen Gesetze. Und trotzdem ist bei manchen sehr strenggläubigen marokkanischen Mitarbeitenden immer wieder ein Hauch von Misstrauen spürbar, sie schauen dem Koch über die Schulter. Damit muss aber jeder Koch leben.

Das klingt wie eine notwendige dauerhafte Präsenz Ihrerseits…

Ja, man muss bei diesen kleinen Konflikten immer wieder präsent sein, damit sie sich nicht zu einem echten Problem entwickeln können. Ich bin in einer Regulationsfunktion, in der ich auch schon mal hart durchgreifen musste. Wer klaut oder während des Dienstes Alkohol konsumiert, wird sofort entlassen. Auch Diebstahl außerhalb des Betriebes in den Gaststädten oder in Einkaufszentren dulden wir nicht. Wir entlassen fristlos bei einmaligen Wiederholungen. Zu viel Toleranz des Managements würde kriminelle Aktivitäten belohnen.

Sind Ihnen auch schon Fälle entgangen?

Nein, bisher nicht, weil andere Kollegen das bei mir melden würden. Das Prinzip des Whistleblowing funktioniert in einem familiengeführten Betrieb sehr gut.

Was war die bisher größte Herausforderung in Ihrer Führungsposition?

Wenn ein neues Zelt in Betrieb genommen wird, haben wir besonders Stress. Denn das bedeutet zusätzlich das Arrangement einer komplett neuen Bestuhlung und anderer neuer Materialien, die wir aber vor Saisonbeginn nicht probeweise aufbauen können. Damit dauert der jeweilige Auf- und Abbau länger, was sich einmal als fatale Kettenreaktion erwies: Da der Zeitdruck aufgrund des festgelegten Spielplans immer besteht, sind die Nerven stark gefordert. Mein Job ist es dann vor allem, mit Geduld und Ruhe mit den Leuten zu reden, um ihre Moral aufrechtzuerhalten. Beim Abbau am späten Abend und dem sofortigen Neuaufbau in einer anderen Stadt wollten manche einmal kurz vor Vorstellungsbeginn aufgeben. Sie waren schlicht übermüdet. Bei dieser Gratwanderung, die eigene Geduld zu behalten und weiterhin den notwendigen Druck im akzeptablen Maß zu geben, liegt die große Herausforderung. Essenziell dabei ist, selber mitzumachen und unterstützend sichtbar vor Ort zu sein.

Sie selber treten zweimal täglich in der Manege mit Elefanten auf. Fühlen sich die Mitarbeitenden unter Druck, wenn der oberste Chef immer präsent ist?

Nein, im Gegenteil. Die Mitarbeiter schätzen das. Wir sehen dann auch die positiven Leistungen und können sie loben. Außerdem gehört es zur Geschichte und Tradition unseres Betriebs, dass die Familie in der Manege auftritt, auch wenn die Führungsaufgaben viel Zeit in Anspruch nehmen.

Wie viel Zeit wenden Sie für die Führung auf?

Man hat nie genug Zeit für die Führung. Heute verbringe ich schätzungsweise 70 Prozent meines Tages damit. Das finde ich zu wenig. Ideal wären 90 Prozent meiner Zeit.

Wie wollen Sie das ändern?

Mein Sohn Franco Junior hat die Arbeit mit den Elefanten inzwischen sehr gut im Griff, sodass ich mit der Arbeit in der Manege kürzer treten kann.

Wie aufwendig ist die Führung international beziehungsweise multikulturell geprägter Teams?

Jede Nationalität braucht einen anderen Führungsstil. So führen Schweizer beispielsweise Aufgaben am besten und liebsten in Eigenregie aus. Sie brauchen deshalb keine Kontrolle. Marokkaner hingegen brauchen exakte Anweisungen und Kontrolle. Polen lässt man mehr oder weniger selbstständig arbeiten, weil sie sehr geschickt sind.

Wie viel mehr Zeit brauchen Sie, da Sie multikulturelle Teams führen?

Ich vermute, ich bräuchte die Hälfte der Zeit, wenn ich nur Schweizer führen müsste, denn Mitdenken und Planen ist Teil ihrer Mentalität. Mit meinen gemischten Teams investiere ich viel Zeit in Sitzungen mit den Vorarbeitern, den Meistern, den Werkstattchefs, den Transportchefs, den Elektrikern und vielen anderen mehr. Die Logistik beansprucht zudem genaueste Abklärungen.

Welcher Führungsstil entspricht am ehesten Ihrer Persönlichkeit?

Am liebsten möchte ich Mitarbeitenden eine gewisse Verantwortung übergeben können, sodass sie mit mehr Gewissenhaftigkeit im eigenen Interesse arbeiten. Mit dem Anspruch dieser Eigenverantwortung würde sich auch jeder automatisch gleich behandelt fühlen, und das streben wir im Zirkus an. Jeder Techniker ist genau so wichtig wie jeder Künstler. Künstler leben per se in Eigenverantwortung, können aber nicht ohne Techniker auftreten. Die Tatsache machen wir dem technischen Personal auch immer wieder bewusst. Mit diesem Denken bringe ich alle im Zirkus dazu, selbstverantwortlich zu handeln.

Wie testen Sie bei Rekrutierungsgesprächen die Eigenverantwortung?

Das mache ich aus dem Bauchgefühl heraus. Ich gehe auch meistens nach Polen zum Rekrutieren von Technikern, und dort ist es dann kulturell bedingt eher schwierig, intuitiv in die Leute hineinzusehen. Deshalb arbeiten wir in Warschau mit einer lokalen Rekrutierungsfirma zusammen.

Weshalb rekrutieren Sie dann in Polen?

Es ist sehr schwierig, im europäischen Raum Zeltbauer zu finden. Polen hatte jahrzehntelang einen Staatszirkus mit spezialisierten Crews. Wir brauchen diese Facharbeiter. Das gilt übrigens auch für die Zirkusmusiker. Seit den 1960er-Jahren hat es deswegen bei uns Tradition, Polen einzustellen.

Gilt dasselbe Prinzip für die Marokkaner?

Nein, die Marokkaner sind schon seit den 1950er-Jahren bei uns, da wir früher sogenannte Völkershows aufführten. Die fanden nicht im Hauptzelt statt, sondern im kleinen Nebenzelt, in dem sie vorführten, wie sie nach marokkanischer Tradition Lederarbeiten fabrizieren. Schlangenbeschwörer waren auch dabei. Nachdem wir diese Sondershow einstellten, blieben zunächst gerade mal zwei Handwerker bei uns. Diese holten über die Jahre nach und nach Leute aus ihrem Dorf dazu, und seitdem kommt jeden März zu Saisonbeginn deren zweite bis dritte Generation zu uns.

Passen sich diese neuen Generationen der Schweizer Mentalität an?

Da sie jeden November wieder nach Marokko zu ihren Familien zurückkehren und vier Monate später wiederkommen, bleiben sie 100-prozentig Marokkaner, sie assimilieren sich nicht, weil ihr Hauptdomizil Marokko ist und bleibt. Sie werden auch weiterhin immer wieder den direktiven Führungsstil brauchen – eigenverantwortliches Arbeiten werden sie als Saisonarbeiter nicht lernen.

Teil 3

Teilaspekte interkultureller Führung

Generation Y – die neue Herausforderung für Führungskräfte

Charles Donkor

Charles Donkor

ist Principal bei Hewitt Associates, einem der führenden globalen Beratungs- und Dienstleistungsunternehmen in den Bereichen HR und Personalvorsorge. Er ist verantwortlich für die HR-Beratung in der Schweiz, Deutschland und Österreich. Er unterstützt vor allem multinationale Unternehmen in den Bereichen HR-Strategie und Prozessdesign sowie Führungsmanagement und Talent Management.

Heute müssen Führungskräfte verschiedene Generationen von Mitarbeitenden erfolgreich führen können. Dabei stellt sie die Auseinandersetzung mit der jüngsten Generation vor besondere Herausforderungen. Stark umworben von vielen Unternehmen, treten die jungen Mitarbeiterinnen und Mitarbeiter sehr selbstbewusst auf und wollen ihre eigene Lebens- und Arbeitsphilosophie im Unternehmen einbringen. Sie lassen sich nicht in bewährte Führungsmuster zwängen. Das eröffnet Leadern Chancen, tradierte Wege zu verlassen und innovative Managementmethoden anzuwenden.

Beginnen wir mit einem kleinen Test. Können Sie sich einen Reim aus folgenden Bezeichnungen machen: *2g4u, akla, biDunowa, dg, imo, oic, t+, sfh, wasa*? Wenn nein, dann ist das ein untrügliches Zeichen dafür, dass Sie Ihren 40. Geburtstag wohl schon (längst?) hinter haben. Es sind SMS-Abkürzungen, die vor allem von jungen Handybenutzern verwendet werden, um möglichst viele Zeichen bei Textnachrichten einzusparen.[1]

Diese enigmatischen Sprachfetzen sind aber nicht das Einzige, was die heutigen Jugendlichen von den älteren Generationen unterscheidet. Hand aufs Herz: Wer hat sich nicht auch schon mal gefragt, was wohl aus diesen Teenies oder Mitzwanzigern wird, die, mit Piercing und Tattoos an allen (un)möglichen Körperstellen bestückt, ständig mit Kopfhörer herumlaufen, ins Handy tippen, gleichzeitig fünf verschiedene Onlinechat-Konversationen führen und dabei noch Hausaufgaben machen oder eine Seminararbeit schreiben? Die Antwort ist einfach: Sie werden diejenigen sein, die die Arbeitswelt in Zukunft nicht nur prägen, sondern im großen Stil auch verändern werden.

Schon viel wurde über die neue Generation von Mitarbeitenden geschrieben. Man nannte sie Millennials, Generation Y, Gen Yers, Nexters, Generation Next, Digital Generation, I-Generation, Net Generation, Netizens, Gaming Generation, Echo Boomers, Boomlets, Baby Busters. Doch trotz dieser Titelinflation verstehen immer noch zu wenig Arbeitgeber, wie diese Generation «tickt», wie sie wirkungsvoll angesprochen und erfolgreich geführt werden soll.

In diesem Beitrag werden zwei Thesen diskutiert: Erstens, die Generation Y wird die Arbeitswelt in Zukunft nachhaltig verändern – mehr als jede andere Generation zuvor, und zweitens werden nur die Unternehmen den sogenannten «war for talents» für sich entscheiden, welche die Bedürfnisse der Generation Y verstehen und am schnellsten darauf reagieren können.

Stumme Revolution

In der heutigen Arbeitswelt sind mittlerweile vier Generationen vertreten – die Veteranen (geboren zwischen 1922 und 1945), die Babyboomer (geboren zwischen 1946 und 1964), die Generation X (geboren zwischen 1965 und 1980) und die Generation Y (geboren zwischen 1980 und 2000). Der größte Anteil der Belegschaft machen heute die Babyboomer und die Generation X aus. Die Verschiebung zugunsten der Generation Y ist aber bereits in vollem Gange.

Die Veränderungen sind am augenfälligsten in den Vereinigten Staaten von Amerika. Im Jahre 2010 wird es dort Millionen mehr offene Stellen geben als Personen, die diese besetzen können. Bereits heute kommt auf zwei erfahrene Mitarbeitende, die pensioniert werden, nur ein Mitarbeiter, der neu in die Arbeitswelt eintritt.[2] In den kommenden fünf Jahren werden zudem rund 30 Millionen Führungskräfte altersbedingt aus der Arbeitswelt aussteigen.[3] Und bis ins Jahr 2020 wird rund ein Viertel der heutigen Arbeitnehmenden im Pensionierungsalter sein.[4] Aber selbstverständlich ist das nicht bloß ein amerikanisches Phänomen: Bis ins Jahr 2050 wird sich die Arbeitnehmerschaft in Deutschland um 25 Prozent, in Italien um 30 und in Japan um 38 Prozent reduzieren.[5] Ob der erdrückenden Last dieser Zahlen wundert es nicht, dass Unternehmen überzeugt sind, dass die demografischen Entwicklungen einen signifikanten Einfluss auf ihre Organisation haben werden.[6]

Das Resultat dieser Entwicklung ist klar: Wenn mehr ältere Personen aus der Arbeitswelt ausscheiden, als junge eintreten, wird sich das Gefüge zugunsten der jungen Generation verschieben. Und das ist der Grund, weshalb die Generation Y – wie keine andere vor ihr – Einfluss darauf nehmen wird, wie sich Unternehmen organisieren und positionieren.

Kritische Stimmen behaupten, dass diese Entwicklung überbewertet wird.[7] Alle zehn Jahre würde behauptet, eine neue Generation werde kommen, die andere Werte verinnerlicht habe und für immer die Gesellschaft und die Arbeitswelt verändern werde. Nach einer gewissen Zeit würde man aber feststellen, dass sich eigentlich nichts geändert habe. Dabei verweisen sie auf die Unterscheidung zwischen dem Generationen- und dem Alters- beziehungsweise Gruppeneffekt.

Altersgruppe[8]	<30	30–45	45–60	60+
Karrierephase	Entdecken →	Etablieren →	Erhalten →	Ablösen →
Lebensphase	Single/unabhängig	Ehe/Kinder	Kinder/ Pflege der Eltern	3. Alter
Generation	Generation Y	Generation X	Babyboomer	Veteranen

Der Generationeneffekt bezieht sich auf Aspekte, die nur einer bestimmten Generation eigen sind und sich im Verlaufe der Zeit nicht oder nur sehr wenig ändern. Der Alterseffekt hingegen besagt, dass sich alle Generationen in einer bestimmten Lebens- beziehungsweise Altersphase gleich oder sehr ähnlich verhalten. Will heißen, mit 20 wollen alle Generationen mit Pflastersteinen die Welt verändern, mit 50 wollen sie mit dem Geldbeutel die Welt regieren. Oder mit anderen Worten: So rebellisch sich die Generation Y heute auch gibt, so angepasst wird sie in 20 Jahren sein.

Dieser These sei hier nicht grundsätzlich widersprochen. Es besteht aber ein großer Unterschied zwischen der Babyboomer- oder 68er-Generation (die immer wieder als Vergleich angeführt wird) und der Generation Y. Die Babyboomer haben sich mit Pflastersteinen gegen das Establishment aufgelehnt. Aber diejenigen unter ihnen, die in die Unternehmenswelt eintraten, haben die vorherrschenden Unternehmensgepflogenheiten akzeptiert.

Die heutigen unter 30-Jährigen sind nicht gegen das Kapital. Im Gegenteil, sie haben meist eine ausgeprägt materialistische Einstellung. Sie sind nicht gegen die Unternehmen, sondern bezeichnen eine berufliche Karriere klar als Teil ihrer Lebensplanung. Aber sie wollen innerhalb der Unternehmen ihre Lebens- und Arbeitsphilosophie einbringen. Es ist somit gleichsam eine stumme Revolution – nicht von außen, sondern von innen. Da die Unternehmen heute aber derart stark auf die jungen Arbeitskräfte angewiesen sind – einige Unternehmen wollen ihre Arbeitgebermarke bereits bei Kindergärtnern etablieren[9] –, bleibt ihnen nichts anderes übrig, als diese stumme Revolution zu akzeptieren. Und es ist dieses Zugeständnis, das der Generation Y die Möglichkeit bietet, der Arbeitswelt heute derart stark ihren Stempel aufzudrücken.

Life is a Game

Die Generation Y ist die erste, die mit Video- und Computerspielen aufgewachsen ist. Was zunächst eher als Randbemerkung erscheint, entpuppt sich beim näheren Hinsehen als wichtiger Faktor für das Verständnis der Generation Y. Die Onlinespiel-Industrie wächst rasant: Über 50 Prozent der Bevölkerung in den USA über sechs Jahren spielen Video- und/oder Computerspiele. Zudem wird geschätzt, dass heute rund 200 Millionen Menschen Onlinegamer sind. Und durchschnittlich verbringt ein Onlinespieler zwischen 20 bis 30 Stunden in der virtuellen Spielwelt.[10] Angesichts der Intensität, mit denen Internetapplikationen und Onlinespiele benutzt werden, gibt es sogar Stimmen, die behaupten, dass das technologiereiche Umfeld nicht nur die Denkmuster der jungen Menschen beeinflusst, sondern gar ihre Hirnstrukturen verändert hat (ähnlich wie bei Musikern).[11]

Die Auswirkungen der aktiven Nutzung des Internets allgemein und der Onlinespiele im Speziellen sind bedeutend. Sie sind aber nicht negativ, wie das landläufig behauptet wird. Im Gegenteil, wissenschaftliche Untersuchungen zeigen, dass regelmäßiges Spielen von zum Teil auch sehr brutalen Onlinespielen die Nutzer im realen Leben nicht aggressiver oder gefährlicher macht.[12] Im Gegenteil, junge Menschen spielen diese Games vielmehr, um sich auch soziale Fähigkeiten anzueignen.

Was sind nun die sozialen Fähigkeiten, die Nutzer von Onlinespielen sich aneignen können? Die Spieler lernen, wie man andere Spieler für gemeinsame virtuelle Aufgaben rekrutiert, motiviert, evaluiert und eventuell auch entlässt. Sie müssen Einsatzpläne erarbeiten, Schulungsprogramme entwickeln, Strategien entwickeln, Meinungsverschiedenheiten schlichten usw. Das alles ohne direkten Personenkontakt, Zeit- und geografische Grenzen und in einer global verständlichen Sprache. Selbstverständlich sind und bleiben Onlinespiele eine nicht perfekte Abbildung der realen Geschäftswelt. Gleichwohl werden die erwähnten Fähigkeiten, angesichts der zunehmenden Virtualisierung der Unternehmen, immer wichtiger bei Mitarbeitenden und zukünftigen Führungskräften.

Charakteristika der Generation Y

Wie lassen sich die Vertreterinnen und Vertreter der Generation Y beschreiben? Tattoos, Piercings und Freizeitsbekleidung am Arbeitsplatz sind Indikatoren, aber letztlich nur Äußerlichkeiten, an die man sich auch in Unternehmen gewöhnen wird. Bedeutender ist aber ihr Selbstverständnis.

Die Generation Y erwartet:

- *Neueste Technologien*
  Die Generation Y ist die erste Generation, die wohl noch nie in ihrem Leben einen Schwarz-Weiß-Fernseher, ein Scheibentelefon oder eine Schreibmaschine gesehen hat. Ihre Vertreter sind sehr IT-affin und gehen davon aus, dass ihnen ihr Arbeitgeber dieselben technischen Mittel zur Verfügung stellt, die sie auch in ihrer Freizeit benutzen (bspw. Youtube, Facebook, Blogs, vlogs, Twitter usw.). Die digitale Sprache von Computern, Onlinespielen und des Internets ist ihre Muttersprache.

- *Ausgewogene Work-Life Balance*
  Die jungen Mitarbeitenden setzen sich für ein Projekt oder eine Aufgabe ein, wollen dafür aber auch eine zeitliche Kompensation wie zum Beispiel ein Sabbatical – und das schon nach ein bis zwei Jahren. Sie wollen einen guten Lebensstil pflegen und sind auch dem Materialistischen nicht abgeneigt.

- *Gelebte Corporate Social Responsibility*
  Die Generation-Y-Vertreter sind die ersten geborenen Weltbürger (Global Citizens). Ihre Eltern haben ihnen das Selbstverständnis mitgegeben, dass sie etwas verändern können. Sie sind deshalb sehr sozial- und umweltbewusst. Sie setzen sich für gemeinnützige Zwecke ein und erwarten von ihren Arbeitgebern dasselbe. Für sie sind Unternehmen attraktiv, die sich aktiv und nachhaltig für gesellschaftliche und ökologische Belange engagieren.

- *Teamorientierung*
  Das Team ist der Orientierungspunkt schlechthin. Hierarchien werden nicht per se akzeptiert. Status und Autorität beeindrucken diese Generation nicht sonderlich. Bürokratie und Formalismus frustrieren sie. Führungskräfte müssen laufend beweisen, dass sie ihrem Führungsanspruch auch gerecht werden (wie bei den Onlinegames). Selbstredend sind die heutigen jungen Mitarbeitenden sehr selbstbewusst, was zum Teil bei manchen an Arroganz grenzt.

- *Unmittelbares Feedback/Belohnung*
  In Onlinespielen und den modernen Web-Medien geben die Nutzer einander laufend – nahezu stündlich – Feedback. Das erwarten die Generation-Y-Vertreter auch von Managern. Zudem wollen sie die Belohnung oder das Feedback (Bonus/Malus) unmittelbar sehen. Sie haben nicht die Geduld, beispielsweise die Vesting-Periode (Ausschüttungsperiode von Optionen) für Optionenprogramme oder gar den Bonus abzuwarten.

- *«Open» Workspace*
  Die jungen Mitarbeitenden haben keine Hemmungen, abteilungsübergreifend beziehungsweise mit Kunden, Lieferanten und auch Mitbewerbern projektorientiert zusammenzuarbeiten. Auch da spielen die modernen IT-Mittel eine wichtige Rolle. Es ist aber auch eine Mentalität, die sich mit der Open-Source-Bewegung im Internet gefestigt hat. Da wird gemeinsam an Applikationen gearbeitet, und es werden Erkenntnisse ausgetauscht, unbesehen davon, ob jemand einen finanziellen Vorteil erzielen kann.

- *My Job 1.0, 2.0, 5.3 …*
  Diese Generation fühlt sich als Portfolio-Arbeiter. Sie stellt ihre Arbeitskraft projektmäßig Unternehmen zur Verfügung. Anstellungen können ein paar Monate oder ein paar Jahre dauern. Lifelong Jobs kennt diese Generation nicht. Was diese Gruppe aber will, ist Lifelong Learning. Diese Mitarbeitenden sind überzeugt, dass Ausbildung der Schlüssel zum Erfolg ist. Sie sind dank ihrer technischen Fähigkeiten auch in der Lage und willens, überall und jederzeit zu lernen.

- *Maßgeschneiderte Karriere*
  Die Generation-Y-Vertreter gehen davon aus, dass Unternehmen individuell auf ihre Karrierebedürfnisse eingehen können. Standardentwicklungsprogramme sind «old economy»!

- *Intrinsische Motivation*
  Eine gerechte Entlöhnung ist für diese Generation wichtig. Aber sie steht nicht im Vordergrund. Andere Attribute haben Priorität. Die Generation Y sucht ein unternehmerisches Umfeld, das ihr herausfordernde Aufgaben stellt, ihr aber auch die Freiräume lässt, selbst kreative Lösungen zu finden.

Die Generation Y ist eine äußerst anspruchsvolle Gruppe. Sie lässt sich nicht mit tradierten Management- und Führungsmethoden lenken.

Führung der Generation Y

Die wichtigste Erkenntnis bei der Führung der Generation Y ist, dass diese Gruppe anders «tickt» als alle anderen Generationen. Sie besteht darauf, anders angesprochen und behandelt zu werden. Diese Generation sollte mittels grundsätzlichen Prinzipien, nicht aber mit engmaschigen Regeln geführt werden. Diese Prämisse können zwar viele Unternehmensvertreter intellektuell nachvollziehen, aber ihr tägliches Verhalten und Handeln sprechen eine andere Sprache.

Nehmen wir ein naheliegendes Beispiel: Unternehmensblogs. Blogs sind Internetprogramme, mit denen eine oder mehrere Personen über ein bestimmtes Thema schreiben. Diese Blogs sind von allen Internetnutzern les- und kommentierbar. Immer mehr Unternehmen erkennen, dass Blogs auch ein wirkungsvolles Mittel sein könnten, um die Generation Y anzusprechen und für das eigene Unternehmen zu gewinnen. Die Regeln aber, die den Unternehmensbloggern zum Teil auferlegt werden und die Kontrollschlaufen, die diese für ihre einzelnen Beiträge durchlaufen müssen, spotten jeglicher Spontaneität und Authentizität. Es erscheinen korrekte, sprachlich geschliffene und inhaltlich unverfängliche Beiträge, bei denen jeder Mitarbeiterkandidat der Generation Y sofort wieder wegklickt.

Führungsgrundsätze für die Generation Y

- *Manager als Coaches*
  Mitarbeitende wollen Führungskräfte, die sie verstehen und sie dabei unterstützen, effizient zu einer Lösung zu kommen. Es sollen Coaches sein, die ein genuines Interesse daran haben, sie zu fördern und weiterzubringen. Dabei sollen ihnen die (meist IT-)Instrumente und Methoden zur Verfügung gestellt werden, die ihnen helfen, die Ziele zu erreichen.

- *Unmittelbares Feedback*
  Für die Generation-Y-Vetreter ist es wichtig, laufend zu wissen, wo sie mit der eigenen Leistung stehen. Sie wollen wissen, wie ihre Leistung war und was sie besser machen können – täglich. Die junge Generation ist sehr leistungsorientiert. Sie will sich laufend weiterentwickeln, braucht hierzu aber die Einschätzung von erfahrenen Managern.

- *Netzwerk zur Verfügung stellen*
  Die Generation Y hat ein ausgesprochenes Bedürfnis, sich in Netzwerken untereinander auszutauschen. Unternehmen sollten dieses Bedürfnis mit den entsprechenden Instrumenten aktiv unterstützen. Das fördert nicht nur das Zusammengehörigkeitsgefühl und erzeugt eine gewisse – wenn auch begrenzte – Unternehmensloyalität. Vielmehr hilft es auch, Innovationen zu fördern. In den Netzwerken werden häufig Problemstellungen intensiv diskutiert. Da die Mitgliedschaft dieser Netzwerke sehr diversifiziert ist, kommen gelegentlich von ungeahnter Seite unkonventionelle Ideen, die zur Lösungsfindung beitragen.

- *Reisende soll man nicht aufhalten*
  Die Vertreter der Generation Y sind sehr darauf bedacht, ihren eigenen Lebens- und somit Karriereplan zu verfolgen. Dabei bilden der häufige

Wechsel des Arbeitgebers und kürzere oder längere Auszeiten (Sabbaticals) nicht die Ausnahme, sondern die Regel. Je interessanter das Arbeitsumfeld gestaltet wird, desto mehr «Sitzleder» zeigen die jungen Mitarbeitenden. Unternehmen sollten deshalb darauf bedacht sein, die Generation Y häufig vor neue Herausforderungen zu stellen und ihr möglichst große Freiheiten zu geben, diese anzugehen. Wenn aber ein junger Mitarbeiter beschlossen hat, seinen Weg außerhalb des Unternehmens weiterzugehen, sollte er nicht aufgehalten werden. Je flexibler das Unternehmen sich zeigt, ihn oder sie gehen zu lassen, desto größer ist die Wahrscheinlichkeit, dass der Mitarbeiter nach einer gewissen Zeit wieder zurückkehren wird.

- *Individuelle Berufsbilder*
  Die Generation Y akzeptiert nur einen Standard – den Open Standard im Internet. Alle anderen sind ihr zuwider. Das gilt insbesondere bei der Karriereplanung. Die jungen Mitarbeitenden wollen einen maßgeschneiderten Plan für sich. Dieser orientiert sich weniger an Hierarchien, sondern vielmehr an neuen Fähigkeiten, die sie sich aneignen können. Sie haben ein unstillbares Bedürfnis, Neues kennenzulernen und sich weiterzuentwickeln.

Neben diesen Führungsprinzipien ist es entscheidend, dass Unternehmen der Generation Y auch das organisatorische und technische Umfeld bieten, in dem sie sich voll entfalten können. Organisatorisch bedeutet, dass möglichst offene Einheiten geschaffen werden. Mitarbeiter sind dabei zwar einer bestimmten Unternehmenseinheit zugewiesen, sie haben aber die Möglichkeit, intensiv auch mit Mitarbeitern anderer Einheiten unmittelbar zusammenzuarbeiten. Außerdem sollten moderne IT-basierte Instrumente (Web 2.0) eingeführt werden, die der Generation Y einen hohen Effektivitätsgrad erlauben. Dabei ist darauf zu achten, dass die jungen Mitarbeiter diese Tools auch so gebrauchen können, wie sie es sich gewohnt sind. Unternehmerische Richtlinien sollten sich, wenn überhaupt, auf einem sehr allgemeinen Niveau bewegen.

Es mag sehr wohl sein, dass wir in zehn Jahren zum Schluss kommen, dass die Generation Y sich wie die anderen Generationen den Alterszyklen gemäß entwickelt hat. Dabei dürfen wir aber nicht außer Acht lassen, wie stark die Generation Y in dieser Zeit die Unternehmenswelt geprägt und verändert haben wird. Führungsmethoden werden sich anpassen müssen, Personalprogramme werden viel flexibler gestaltet sein, Boni werden höchstwahrscheinlich nicht mehr jährlich, sondern monatlich und zum Teil wöchentlich ausbezahlt werden usw. Wir werden erkennen, dass die Generation Y die Unternehmen und Führungskräfte viel mehr geprägt hat als alle Generationen zuvor. Und das ist gut so!

Anmerkungen

1 *To good for you* (2g4u), *Alles klar?* (akla), *Bist Du noch wach?* (biDunowa), *Dumm gelaufen* (dg), *In my opinion* (imo), *Oh I see* (oic), *think positive* (t+), *Schluss für heute* (sfh), *Warte auf schnelle Antwort* (wasa).

2 B. Tulgan, *Generational Shift: What we saw at the Workplace Revolution*, Whitepaper Rainmaker Thinking, Inc., 2003.

3 D. A. Ready, J. A. Conger, «How to Fill the Talent Gap», in: *Wall Street Journal*, 15. September 2007.

4 Business Wire, «Job Fairs Highlight DOL National Employ Older Workers Week», in: www.businesswire.com, 24. September 2007.

5 K. Dychtwald, T. J. Erickson, R. Morison, *Workforce Crisis*, Harvard Business School Press: Boston 2006.

6 IBM Institute for Business Value, Closing the generational divide, Whitepaper IBM Human Capital Management, 2008.

7 P. Cappelli, «Generation Jive», in: *Human Resource Executive Online*, 6. Juni 2007.

8 T. Marusarz, *Millennial Mytopia*, Whitepaper Hewitt Associats Ltd., 2008.

9 R. Milne, «Sector that catches them young», in: *Financial Times*, 17. Juni 2008.

10 E. Casronova, *Synthetic Worlds*, Chicago University Press: Chicago 2005.

11 M. Prensky, «Digital Natives, Digital Immigrants, On the Horizon», in: *MCB University Press*, Vol. 9, No. 5, 5. Oktober 2001.

12 L. Kutner, C. Olson, *Grand Theft Childhood: The Surprising Truth About Violent Video Games and What Parents Can Do*, Simon & Schuster, Inc.: New York 2008. Eine etwas kritischere Sicht vertreten B. D. Bartholow, C. A. Anderson, N. L. Carnagey, A. J. Benjamin, «Interactive effects of life experience and situational cues on aggression: The weapons priming effect in hunters and nonhunters», in: *Journal of Experimental Social Psychology*, 41, 2005, S. 48–60.

Das verborgene Leitmotiv der Intrakultur: Führung in der Pflicht

Holger Rust

Holger Rust

ist Professor der Wirtschaftssoziologie an der Universität Hannover, Kommunikationswissenschaftler sowie Wirtschaftspublizist und Autor von zahlreichen Büchern zu Methoden und Techniken der Kommunikations- und Sozialforschung, zum Geschäft der Trendforscher und zur Soziologie der Führung. Er ist zudem im Vorstand des Instituts für Psychologie und Soziologie an der Universität Hannover.

Dass in der globalisierten Geisteswelt möglichst alle Zugänge zu dieser Welt genutzt werden sollten, erscheint logisch. Die Nutzung der natürlichen Unterschiede aller Mitglieder von Unternehmen sollte folglich zum Ziel haben, eine exklusive intellektuelle Wertschöpfung zu forcieren. Nur folgen die wenigsten Führungskräfte dieser Logik. Warum nur? Ein Essay über die Diversität der Alltäglichkeit, begrenzte Konvivialität und Defizite der Führung.

Aus der Blickrichtung einer erweiterten Definition des Konzepts der Diversity erweist sich eine vordergründig homogen erscheinende Mitarbeiterschaft als eine Ansammlung von höchst unterschiedlichen Menschen aus verschiedenen alltäglichen Lebenswelten. Im Prinzip ist das nichts Neues: Die Marktforschung hat von jeher dem oberflächlichen Schein der Gleichheit misstraut und Normalität durch geschicktes Sampling immer wieder in Milieus, Ziel- und Stilgruppen, Konsummentalitäten und Typologien differenziert – Diversity bis hin zur These der Individualisierung. In Gruppendiskussionen und beim Test neuer Produkte und Dienstleistungen etwa ist diese Einsicht zum strategischen Leitmotiv avanciert. Unter personalpolitischen Gesichtspunkten jedoch ist ein solcher Gedanke sehr viel seltener strategisch umgesetzt worden. Vor allem in Führungsetagen wurde großer Wert auf die Harmonisierung der Persönlichkeitstypen und des Habitus gelegt – oder hat sich, wie Soziologen nachweisen, als selbstverständliches, wenngleich unbewusstes Auswahlkriterium ergeben (Hartmann 2002).

Aus dieser Selbstverständlichkeit eines einheitlichen Habitus der Führung ergibt sich wiederum die weitreichende Unfähigkeit oder die mangelnde Bereitschaft, die Mitarbeitenden, vor allem des operativen Bereiches, als jene «wertvolle Ressource» anzuerkennen, als welche sie in den Sonntagsreden immer umschmeichelt werden. Dass die Mitarbeitenden aber in der Tat ein intellektuelles Potenzial besitzen, das weit über die positionsbestimmten Aufgabenbeschreibungen hinausreicht, bleibt verborgen, ungenutzt.

Einfalt überdeckt die Vielfalt der betrieblichen Wirklichkeit

Eine homogene und positionsbestimmte Mitarbeiterschaft nimmt eine höchst diversifizierte Struktur an – schon dadurch, dass Mitarbeitende gleichzeitig Akteure im Unternehmen (damit in der Tat positionsbestimmt) und Mitglieder der Unternehmensumwelt sind (und damit im Prinzip wichtige Informanten über die Segmente der Alltagskultur, aus der Märkte entstehen). Sie stellen also eine hochinteressante Repräsentantenschar der Wirklichkeit dar, ein Sample – und jeder Einzelne ist ein Samplepunkt dieser Wirklichkeit mit einem je individuellen und von den anderen unterschiedlichen Erfahrungshorizont.

Da sind, nur zum Beispiel, die Lehrlinge, die aus demselben Dorf stammen wie Führungspersönlichkeiten; beiden gegenüber stehen Personen in eben diesen Positionen, aber in der Stadt lebend; Repräsentanten des mittleren Managements arbeiten in gleichartigen Positionen, stammen aber aus unterschiedlichen Altersgruppen; es gibt Sekretariatspersonal in den Teppichetagen und am Empfang; Führungspersönlichkeiten und Trainees sind gleichermaßen Fans eines Fußballclubs oder Mitglieder in einem Spa und so fort. Dieses «differenzielle Rollen-Set» lässt sich in vier grundlegende Typen fassen:

- Personen gleichartiger Lebenslagen in gleichartigen Positionen.
- Personen gleichartiger Lebenslagen in unterschiedlichen Positionen.
- Personen unterschiedlicher Lebenslagen in gleichartigen Positionen.
- Personen unterschiedlicher Lebenslagen in unterschiedlichen Positionen.

Dieses Modell könnte nun noch nach hierarchischen Zuordnungen, Funktionsbereichen und anderen Kriterien differenziert werden – gerade so, wie es bei der Samplebildung für eine Markt- oder Kommunikationsforschung gehandhabt wird.

Alle diese Personen sind nun regelmäßig in zwei Kommunikationsebenen eingebunden, die naturgemäß nach unterschiedlichen Kriterien organisiert sind. Da ist zunächst die routinemäßige operative Kommunikation zu nennen, die von einer «organigrammatischen» Logik bestimmt ist. Sie dient der Verbreitung strategischer Vorgaben oder begründet schlichte Informations- oder Koordinationsprozesse. In ihr werden finanzielle Rahmenrichtlinien vermittelt, Quartalsziele ausgegeben oder Berichte besprochen. Diese Routine erfüllt sich in einem überschaubaren und thematisch langfristig fixierten Kommunikationsrhythmus, in der Anwendung von Kennzahlen und ihrer Dynamisierung in Balanced Scorecards oder anderen Navigationssystemen. Diversity bestimmt sich in diesem Kontext lediglich durch die Jobbeschreibungen.

Begrenzte Konvivialität

Der Geist als Produkt von Kommunikation, die sich zwischen den individuellen Geistern entfaltet und durch vielfältige Impulse zu einer erweiterten Einsicht in die Welt führt, wird in der Praxis meist selbst da nicht realisiert, wo es möglich wäre, in freiem Diskurs unabhängig von Hierarchien zu arbeiten, das heißt «konvivial», wie ein gelegentlich benutzter Begriff es kennzeichnet – als «Tischgenossen». Wie hartnäckig sich allerdings die «organigrammatische» Logik hält, die systematisch die Diversität der Individuen einer positionsbestimmten Gleichmacherei unterwirft, zeigt sich im habituellen Alltagsverhalten das im Grunde von keiner «organigrammatischen» Logik beschwert sein müsste. Dennoch:

Die Mitglieder verschiedener Abteilungen treffen sich zum Mittagessen in verschiedenen Lokalen, deren Namen hier natürlich erfunden sind, aber so in jeder beliebigen Stadt vorkommen könnten. Im chinesischen Restaurant *Mandarin* zum Beispiel treffen sich zum Mittagessen Gruppen von fünf bis sieben Leuten an einem Tisch in einem abgeteilten kleinen Compartment. Sie setzen sich aus einer Gesamtgruppe von etwa 20 Personen aus den benachbarten Abteilungen Personalentwicklung und Weiterbildung zusammen. Für diese «Mandarine» sind die Marketingleute, die zur selben Zeit in ähnlich volatiler Zusammensetzung bei *Da Franco* essen und dort manchmal auch am frühen Abend noch einen Aperitif zu sich nehmen, Peripherie. Aus der umgekehrten Sicht erscheinen die Mitglieder der «Toskana-Fraktion», wie die Habitués «beim Italiener» genannt werden, der Mittagsrunde beim Chinesen allenfalls als entfernte Verwandte. Man grüßt sich gelegentlich auf dem Flur, mehr nicht.

Abends gehen die meisten nach Hause, nur die Unverheirateten oder lange Verheirateten treffen sich noch auf einen Drink im *George V.* Auch hier gibt es eine Kerngruppe, die sich allerdings in ständigem Wechsel befindet, sodass sich im Laufe des Abends, bis knapp halb acht, eine 100-prozentige Fluktuation ergibt. Als eine bewusst homogene Gemeinschaft hingegen sehen sich die vorstandsnahen High Potentials, die sich einmal im Monat zu einem Abendessen, das recht lange dauern kann, in der *Brasserie* zusammensetzen, in dessen Parterre-Bistro sie oft auch ihr Mittagessen einnehmen. Sie sind weniger volatil, eine feste Clique, deren Mitglieder sich mitunter auch in anderen Zirkeln bewegen, dies aber selten.

Die kommunikativen Grenzen bleiben bestehen und erzeugen vor allem bei Führungspersönlichkeiten eine sektorale Intelligenz – hochklassig bei funktionalen Anforderungen und der Umsetzung von strategischen Vorgaben in operative Schritte, retardiert allerdings bei der Herausforderung, die pluralistische Wirklichkeit in all ihren Ausdrucksformen und ihrer Vielfalt (Diversity) zu begreifen.

Welchen Wert die Erfahrungen dieser unterschiedlichen Szenen darstellen könnten, erweist sich, wenn man ihnen an die Stätten ihrer sektoralen Kommunikation, ins *Mandarin*, zu *Da Franco*, ins *George V* oder in die *Brasserie* folgt und dort ihre Gespräche belauscht: Diese drehen sich überall um das Unternehmen und um Ideen, wie die Arbeit besser und effektiver bewältigt werden könnte. Wenn die Mitarbeitenden dann ins Unternehmen zurückmarschieren, an ihre Arbeitsplätze und Schreibtische, versickern alle großen Entwürfe und kleinen überraschenden Ideen, alle Beobachtungen und möglicherweise wichtigen Beobachtungen schwacher Signale in der Routine.

Die Defizite der Führung

Was wäre zu tun? Es ist die Aufgabe der Führung, die intellektuellen Kräfte des Unternehmens in einem hierarchieübergreifenden Diskurs zu aktivieren – etwa durch die Identifikation von thematischen Kompetenzen oder Milieuzugehörigkeiten, Erfahrungen und Interessen, die für die vielfältig inspirierte Beantwortung offener Fragen systematisch genutzt werden. Das Scheitern mag zurückzuführen sein auf die Angst vor dem Autoritätsverlust, wenn Hierarchien aufgehoben werden. Aber genau da liegt ein Kernproblem der intellektuellen Wertschöpfung: Das, was im herrschenden System als «schwache Signale» einer Veränderung interpretiert werden kann, mag außerhalb des Systems eine alltägliche Selbstverständlichkeit sein, eine Art vierter Dimension, die sich zwar theoretisch erahnen lässt, die aber keine Bedeutung für den «normalen» Alltag besitzt. Das erkenntnistheoretische Problem, dass aus der Sicht des strategischen Managements schwache Signale erst dann identifiziert werden können, wenn man sie benannt hat, kann so zumindest gemildert werden: Die Mitarbeiterinnen und Mitarbeiter mit ihren gleichartigen und unterschiedlichen Positionen im Unternehmen und aus unterschiedlichen oder gleichartigen Lebensumwelten im privaten Bereich sehen Selbstverständlichkeiten, die gar nicht ins Visier des Strategic Issue Management geraten. Sie haben aber das umgekehrte Problem: Vieles von dem, was für ein Unternehmen von existenzieller Bedeutung sein könnte, nehmen sie zwar täglich wahr, halten es aber nicht für bemerkenswert.

So simpel es klingt: Allein die Fähigkeit der Führung, eine lebendige Diskurskultur über alle Hierarchie-, Abteilungs-, Ressort- und Standortgrenzen hinweg zu animieren, führt auf den Weg zur Überwindung dieses doppelten Dilemmas: *dass die einen nicht sehen, was in der Wirklichkeit vorgeht, während die anderen genau das sehen, aber es nicht für wichtig halten.*

Wer allerdings je erlebt hat, wie die versammelte Mannschaft einer Topetage auf die Idee reagiert, das monatliche Impulsreferat für den Vorstand, normalerweise gehalten von einem Vorstand, von einer Mitarbeiterin halten zu lassen, die für operative Umsetzung strategischer Vorgaben von Unternehmensberatern zuständig ist, wird ein gerade greifbares Unbehagen spüren – die «wertvolle Ressource» Mitarbeiterin wird plötzlich zum Risiko. Man traut ihr einfach keine Einsichten zu. Man vertraut ihr nicht. Diese Reaktion wiederum kennzeichnet auch ein mangelndes Selbstverstrauen der Führung, das sich nun wieder auf das Selbstbild der Mitarbeiterin nachhaltig auswirkt.

Dieser Misstrauenszirkel führt zu schweren Verlusten intellektueller Assets. In einer Dissertation von 2007 beschäftigt sich die Autorin, Melanie Cordini, mit der Bedeutung von Vertrauen im mittleren Management. Sie schreibt: «Vertrauen ist die Grundlage und Folge von Beziehungen in sozialen Systemen und bildet sich aus dem Zusammenspiel seiner drei Ebenen, Systemvertrauen (hier speziell Organisationsvertrauen), persönliches Vertrauen und Selbstvertrauen, die sich im Grad ihrer Umfeldabhängigkeit unterscheiden und auf unterschiedlichem Wege stimuliert werden können» (Cordini).

Auf dieser Grundlage entfaltet eine auf Vertrauen aufgebaute Organisation, in der Menschen einander vertrauen, in der man sich auf das Wechselspiel des Vertrauens verlassen kann und in der eine Institution Strukturen bereitstellt, die dieses Vertrauen ermöglichen, ihre Kraft. Die Ersparnis von Transaktionskosten ist eine wichtige Folge, verringert gleichzeitig den Bedarf an ständigem Informationsaustausch. Natürlich birgt eine solchermaßen agierende Kommunikation auch erhebliche Risiken, vor allem die verführerische Illusion, ein System, das gänzlich auf Vertrauen aufgebaut sei, sei zwangsläufig auch ein optimales System. Cordini verweist in diesem Zusammenhang auf eine Reihe sozialpsychologisch bedeutsamer Prozesse der allmählich wachsenden konzeptionellen Gemütlichkeit – die Entstehung eines Habitus-Zirkels, um es wissenschaftlich auszudrücken. Um solche Prozesse zu vermeiden, ist es die Aufgabe der Führung in Unternehmen, die Kommunikation dynamisch und im Rahmen der strategischen Ziele das Bewusstsein für die unablässige und synchrone Veränderung von Unternehmen und Unternehmensumwelt wach zu halten. Hier scheint die Grundregel des Arbeitsalltags auf dem Kopf zu stehen. Es gibt kein inhaltliches Konzept, aber Standards der Kommunikation. So können auch ohne Erschrecken revolutionäre Gedanken gedacht und ausgetauscht werden, vor allem aber vordergründig als völlig belanglos erscheinende Beobachtungen aus der wirklichen Wirklichkeit ausgetauscht werden. Unmerklich verwirklicht sich das einzig tragfähige Managementkonzept, das für alle verbindlich sein könnte: die Idee der offenen Kreativität in disziplinierter Kommunikation, die an wichtigen Knotenpunkten des Unternehmensgeistes ansetzt. Neben den institutionell verankerten strategischen und operativen Konzepten entsteht eine virtuelle Organisation, die sich an intellektuellen Grundlagen festmacht.

Die pragmatische Umsetzung

Und wie soll das gehen? Konkret? Welche Modelle gibt es? Wie lässt sich das implementieren? «Einpflegen»? Das sind die typischen Fragen, die der Deklaration eines solchen Konzeptes der alltagskulturellen Diversität folgen. Es gibt nur eine, meist als unbefriedigend empfundene Antwort: *Füh-*

rungspersönlichkeiten müssen es gemeinsam ausprobieren und dabei einmal die Kommunikationsbedürfnisse über die essenziellen Fragen des Unternehmens wahrnehmen. Die Mitarbeiterschaft muss ermutigt werden, statt der ewig opportunistisch ausgewählten Best Practices sich kritisch mit den Selbstverständlichkeiten vermeintlicher Erfolgsprinzipien auseinanderzusetzen. Die Führung wird dazu die praktischen Rahmenbedingungen setzen. Aber wie das im Einzelnen geht, kann eben nicht festgelegt werden – dann könnte man gleich wieder ein Modell auflegen. Das hätte dann logischerweise zur Folge, dass sich die auf der Grundlage der Diversität der Mitarbeiterschaft entwickelnde Suche nach schwachen Signalen der für das Unternehmen eventuell wichtigen Zukunftsentwicklungen nur im Rahmen modellhafter Vorgaben bewegt und nicht Ausdruck einer unverwechselbaren einzigartigen Leistung einer unverwechselbaren Unternehmenskultur ist. Allenfalls Beispiele für Umsetzungen lassen sich illustrierend anführen, als Impulse sozusagen. Als Impulse, die etwa im *Da Franco* oder im *Mandarin* erstmalig spielerisch angedacht wurden.

Was wäre wenn?

Wenn wir die nächste Managementkonferenz einmal ganz anders anlegen? Ziel ist, dass sich die Mitarbeiterinnen und Mitarbeiter nicht in den üblichen Gruppen ihrer Mittags-Tischgesellschaften oder der Abteilungshierarchien zusammenrotten, sondern nach ganz anderen Gesichtspunkten, die eine Durchmischung der verschiedenen Subkulturen des Unternehmens fördern. So entsteht die Idee von Themenarealen, die sich eher nach persönlichen Interessen orientieren. Man richtet kulinarische Inseln ein, Cafeterien, Mineralwasserzonen, Havanna-Lounges, dann aber auch Besprechungszentren und so fort: *Mandarin, Da Franco, Brasserie, George V*, offen für alle.

Diese Zonen sind in unterschiedlichen Farben gekennzeichnet, sie sind gemütlich und anregend und so gestaltet, dass man sich ihnen von mehreren Seiten flanierend nähern kann und über das gemeinsame Interesse an der unternehmensfernen alltäglichen Thematik ins Gespräch kommt. Wesentlich für das Gelingen dieses Experiments ist die Entscheidung der Vorgesetzten, auf die Routine zu verzichten. Nicht die Vorträge bilden das Hauptprogramm, sondern die Pausen nach den Impulsen durch die Vorträge, jeweils mindestens eine Stunde zwischen maximal zwei Vorträgen oder einer längeren Diskussionsrunde. Insgesamt erinnert die Inszenierung an einen Klub, aber, im Unterschied zu den Zirkeln der sektoralen Intelligenz, an einen Klub mit offenem Zugang.

Ob und wie die Erträge der Gespräche in der Tagungslandschaft im Foyer dieser Veranstaltung archiviert werden, ob und wie diese in die

Unternehmenspolitik umgesetzt und weiterbehandelt werden, ob überdauernde Fragestellungen entstehen – zumindest wäre es wichtig: *Die so entstehenden Impulse müssen mit der Routine der «organigrammatischen» Logik koordiniert werden.*

Ein zweites Beispiel zeigt, dass auch ohne konkrete Anlässe Impulse gesetzt werden können. So hat sich beispielsweise die Idee der «Corporate Question of the Year» bewährt. Sie ist im Grundsatz nicht originär, aber einfach zu originell, um sie in diesem Kontext unberührt zu lassen. Sie entstammt dem Wissenschaftlernetzwerk «Edge». In diesem Zirkel von Naturwissenschaftlern, Psychologen, einflussreichen Journalisten, Biologen, Neurologen, Hirnforschern, Technikwissenschaftlern, Astrophysikern und anderen hoch spezialisierten Wissenschaftlern werden bemerkenswert lesbare und allgemein verständliche Arbeiten publiziert, launige Diskussionen geführt, das alles in einer kollegialen Atmosphäre, gelegentlich bei einem Essen, während dem dann berichtet wird. Das Ganze ist mehr als ein Netzwerk, weil es kein instrumentelles Ziel verwirklicht – Karriereförderung, berufliche Kontakte, Geschäftsanbahnung –, sondern die einfache Lust am Wissen gepflegt wird.

Diese Neugier führt dann dazu, eine Reihe von Fragen zu bündeln (oder eine auszuwählen) und daraus eine Frage des Jahres zu küren. Einige Beispiele: Was ist die wichtigste Erfindung der letzten 2000 Jahre? Welches ist die wichtigste vergessene Geschichte heute? Was glauben Sie, ohne es beweisen zu können? Welche Idee halten Sie für die gefährlichste?

Um nur einen kleinen Eindruck von der Bedeutung einer solchen Frage zu vermitteln, sei auf die Idee der Psychologin Diane Haltern verwiesen, die es für eine der gefährlichsten Ideen der Gegenwart hält, dass Eltern durch pränatale Genetik oder ähnliche Verfahren das Geschlecht ihrer Kinder vorbestimmen. Haltern rechnet vor, in welch kurzer Zeit es aufgrund der kulturellen Präferenzen zu einem dramatischen Überhang männlicher Kinder kommen wird. In den Antworten entstehen *faszinierende Einsichten, die zusammengenommen eine Anthologie des Denkbaren darstellen*. Das unterhaltsame Charakteristikum dieser jährlich auch in Buchform veröffentlichten Sammlung resultiert aus dem unverkrampften Umgang mit den jeweiligen Fragen – die Autoren antworten nicht nur aus ihrer Position als Wissenschaftler (oder Unternehmer in einschlägigen Branchen), sondern auch aus ihrer privaten Sicht. Die Autorinnen und Autoren sind ja ebenfalls nicht nur Wissenschaftler, sondern gleichzeitig Mütter, Töchter, Väter und Söhne, Bewohner von Städten oder Dörfern, Autofahrer und also normale Menschen, Konsumenten, die Ansichtskarten aus den von ihnen gewählten Urlaubsorten schreiben und in Restaurants essen gehen. Es ist naheliegend, einmal die Frage zu stellen, mit welchen Fragen sich weltbekannte Wissenschaftler denn so im Urlaub beschäftigen, wenn sie am Strand liegen oder im Gebirge herumturnen (oder was sie so denken, wenn sie im Krankenhaus liegen, wie der Philosoph Daniel C. Dennett).

Das Ergebnis ist die Querschnittanalyse eines vielfältigen Ideenspektrums der Natur- und naturwissenschaftlich inspirierten Sozialwissenschaften.

Reale Umsetzung

Ein Gegenargument ist schnell zur Hand: Mitarbeitende sind keine Bestsellerautorinnen und -autoren, die forschen und Nobelpreise kassieren. Doch die unausgesprochene Einschränkung ist unsinnig. Für die Fragen, die in Unternehmen gestellt werden können, sind sie genau die richtigen Adressaten: Was ist die gefährlichste Entwicklung auf dem Markt für uns? Wie sieht das Unternehmen in zehn Jahren aus? Welche Entwicklungen der Vergangenheit sind zu wenig beachtet worden? Was erleben Sie, wenn Sie in ihrer Nachbarschaft, in Ihrer Stammkneipe, in der Verwandtschaft über das Unternehmen sprechen? Daraus können wunderbare Berichte entstehen. Geistvolle Berichte. Offene Bilanzen der Kreativität und Phantasie, des Vermögens, das, um nun wieder in die Sprache der Business-Intelligenz zu wechseln, was durch das Humankapital zustande kommt: Teil des intellektuellen Kapitals im Unternehmen, realisiert in einer bunten Mischung unterschiedlichster Geister und Charaktere. Dass in einer globalisierten Welt möglichst viele unterschiedliche Herkunftsmilieus und -kulturen im Management repräsentiert sein sollen, ist mittlerweile betriebswirtschaftliches Basiswissen. Dass in der globalisierten Geisteswelt möglichst alle Zugänge zu dieser Welt genutzt werden sollten, ist das logische Spiegelbild, das dann auch durch die spiegelbildliche Strategie ergänzt werden sollte: die Nutzung der natürlichen Unterschiede aller Mitglieder des Unternehmens mit dem Ziel, eine exklusive intellektuelle Wertschöpfung zu forcieren und die Befunde mit den strategischen Zielsetzungen zu koordinieren.

Literatur

Melanie Cordini, *Vertrauen im Prozess komplexer Systeme: Zur Führungsfunktion des Mittelmanagements als Hauptträger personellen Vertrauens*, Dissertation, Universität Hannover 2007.

Michael Hartmann, *Der Mythos von den Leistungseliten: Spitzenkarrieren und soziale Herkunft in Wirtschaft, Politik, Justiz und Wissenschaft*, Campus: Frankfurt a. M. 2002.

Fusionen: der Grundgedanke der Global Leadership, gelebt von einer norwegischen Firma

Nancy J. Adler

Nancy J. Adler

ist renommierte Professorin für Organisationsentwicklung und Internationales Management an der wirtschaftswissenschaftlichen Fakultät der McGill University in Montreal, Kanada. Ihr bekanntes Buch *International Dimensions of Organizational Behavior* erschien 2008 in fünfter Auflage.

Zu den größten Herausforderungen des 21. Jahrhunderts gehört es, multinationale Organisationen aufzubauen, die eine wirtschaftlich dynamische und kulturell vielfältige Weltgesellschaft fördern. Im vorliegenden Essay geht es um Fragestellungen, wie sie sich im September 2001 einem international tätigen Unternehmen mit Sitz in Norwegen (Norske Skog) präsentierten, das seine globale Geschäftsstrategie mit einzigartigen, künstlerisch ausgerichteten Organisationsstrategien kombinierte, um finanziell und interkulturell erfolgreich zu sein. Im Zentrum stehen dabei Kinder.

«Du und ich, wir gehören der gleichen Familie an. Alle Menschen der Erde gehören der gleichen Familie an. Der Familie der Menschen.»
Thor Heyerdahl, Norwegen[1]

Der September 2001 war für die Welt kein guter Monat. Er begann mit der UN-Weltkonferenz gegen Rassismus im südafrikanischen Durban.[2] Die Konferenz vermochte die hohen Erwartungen der Weltöffentlichkeit nicht zu erfüllen und endete in einer Kakofonie der Intoleranz, erzeugt von den Delegierten aus über 160 Ländern sowie von Tausenden Vertretern von Nichtregierungsorganisationen. «Die Konferenz, die als Kundgebung zugunsten von Toleranz und Diversität gedacht war, wurde zu einem internationalen Symbol der Spaltung ...» (Swarns 2001, S. A1). Laut Berichten in der Weltpresse war das Ergebnis «weniger Ausdruck einer neuen internationalen Einheit als vielmehr einer kollektiven Erschöpfung» (Slackman 2001, S. A1). Oder wie ein Delegierter resümierte: «An dieser Konferenz wurde viel zu viel Zeit mit erbitterten Debatten vergeudet, die letztendlich nichts zur Bekämpfung des Rassismus beigetragen haben ... [Die Abschlussdokumente] enthalten nichts, was zu größerem Frieden beitragen würde ...» (Slackman 2001, S. A1, A12).

Eine Woche später, am 11. September, folgten die Terroranschläge auf das World Trade Center und Teile des Pentagons, die über 3000 Menschenleben forderten. Unmittelbar danach wurden die öffentliche Meinung und das Verhalten zunehmend von simplen Auffassungen von Gut und Böse sowie vom Ruf nach umfassender militärischer Vergeltung beherrscht – eine Rhetorik, welche die Wahrscheinlichkeit des Verlusts unschuldiger Leben nur vergrößerte. Die Eskalation eines auf Ignoranz beruhenden Hasses, der den Westen mit islamischen Gemeinschaften und Ländern konfrontierte, wurde augenscheinlich. Gefahr, Absurdität und Schmerz der Situation lassen sich am besten am Schicksal einer Frau veranschaulichen, die fernab von Durban und vom World Trade Center lebte. Als diese Frau, eine Ärztin aus Montreal, eine Woche danach im Spital ihre Runde machte, wurde sie erwürgt. Warum? Einfach nur, weil sie Muslimin war. Ihr Status als Ärztin und rechtschaffene Bürgerin, die sich täglich um die Rettung von Menschenleben bemühte, wurde in den Augen des Angreifers durch die Tatsache zunichtegemacht, dass sie eine ihm unbegreifliche Religion praktizierte. In der gleichen Woche diktierten israelische Kinder im Nahen Osten einem Reporter ins Notizbuch, dass sie sich nicht vorstellen könnten, je wieder palästinensische Freunde zu haben. Und für ihre palästinensischen Altersgenossen waren israelische Freunde ebenso unvorstellbar. Niemand konnte sich vorstellen, je wieder in Frieden zu leben. Ein 13-Jähriger meinte, auf seine Hände starrend: «Es wird mit Krieg enden. Entweder wir sterben oder sie sterben» (Hockstader 2001, S. A1).

Nach einer Woche in Durban folgerte die Leiterin des in New York ansässigen Center for the Advancement of Human Rights: «Leider war der Hass an dieser globalen Konferenz im neuen Südafrika, die so viele Hoffnungen weckte, allzu gegenwärtig.»[3] Hass und Intoleranz, Optimismus zur Hoffnungslosigkeit verkommen, Mitgefühl von Zorn überschattet, Ignoranz als Triebfeder für sinnlose Maßnahmen: Wird dieses Szenario das 21. Jahrhundert und die Zukunft unserer Kinder bestimmen? Vielleicht, aber hoffentlich nicht.

Aus der Perspektive des Septembers 2001 mag es anders erscheinen, aber das 21. Jahrhundert ist nicht nur von Terrorismus, Intoleranz und Angst geprägt. Es wurde auch ein Zeitalter beispielloser weltweiter Kommunikation, weltweiter Kontakte und weltweiter Handelsbeziehungen eingeläutet (Friedman 2000). Dennoch bleibt das Potenzial internationaler Unternehmen, kulturübergreifend erfolgreich zu sein und insbesondere besser als die Teilnehmer an den UN-Rassismuskonferenzen abzuschneiden, bescheiden. Historisch gesehen sind drei Viertel aller internationalen Joint Ventures gescheitert.[4] Jeder, der das viel zitierte DaimlerChrysler-Debakel noch in Erinnerung hat, weiß, dass die Statistik in diesem Fall leider nicht lügt. Die Ursachen des Scheiterns treten besonders deutlich zutage, wenn man sich den Chor amerikanischer Manager von DaimlerChrysler anhört, welche die «starrköpfigen, dominanten und schlichtweg unehrlichen» deutschen Manager für den 50-prozentigen Wertverlust des Unternehmens verantwortlich machen, während deutsche Manager von DaimlerChrysler die Probleme des Unternehmens nicht weniger vehement den «weltfremden und allzu profitorientierten» amerikanischen Managern zuschreiben.[5] Man wundert sich zuweilen, weshalb die Gesellschaften weltweit nach weiterer Vernetzung streben und weshalb Unternehmen noch immer über ihre Grenzen hinweg expandieren, obwohl doch die Bilanz der interkulturellen Beziehungen derart dürftig geblieben ist. Alle Menschen zu einer globalen «Menschenfamilie» zu verweben, ist zweifellos alles andere als leicht. Unsere bisherigen Ansätze rufen nach neuen Perspektiven.

ie heiligen drei Königen

Norske Skog, ein internationales Unternehmen mit Sitz in Norwegen, gibt Einblick in solch eine neue Perspektive, die sowohl für Unternehmen als auch für die Gesellschaft positive Wirkung zeigt.[6] Bis vor wenigen Jahren war Norske Skog ein inländisches Papierunternehmen, das praktisch nur für den norwegischen Markt produzierte. Als kulturell homogenes Unternehmen ohne geografische Verästelungen wies Norske Skog eine relativ geringe Komplexität auf, wie sie nur bei inländischen Unternehmen anzutreffen ist. Durch sukzessive Fusionen und Übernahmen in ganz Europa avancierte das Unternehmen in den letzten fünf Jahren von einem inländischen zu einem multinational-multiregionalen Unternehmen.[7] Mit der Regionalisierung stieg auch die Komplexität die Organisationskultur. Fortan galt es, 13 europäische Länder, Kulturen, Sprachen und Geschäftsphilosophien in die Tagesgeschäfte des Unternehmens zu integrieren. Und wie Norske Skog und andere Unternehmen festgestellt haben, unterscheiden sich die Geschäftsgebaren der Norweger von jenen der Franzosen, und in Deutschland werden Transaktionen anders abgewickelt als in Italien. Verhaltensweisen, die einem Unternehmen in der einen Kultur geschäftlichen Erfolg bescheren, können dies in einer anderen Kultur verhindern.[8]

Im Jahr 2001 wurde Norske Skog, dem Muster vieler anderer Unternehmen folgend, auf globaler Ebene tätig. Zu den Übernahmen gehörte ein neuseeländisches Unternehmen, das in ganz Asien sowie in Nord- und Lateinamerika verankert ist. In nur fünf Jahren wuchs Norske Skog um mehr als das Doppelte und wandelte sich von einem norwegischen Unternehmen, das nur den lokalen Markt belieferte, zum internationalsten Konzern der gesamten Branche. Innerhalb kürzester Zeit wandelte sich Norske Skog von einer relativ überschaubaren inländischen Firma zu einem vielschichtigen Unternehmen, das auf vier Kontinenten und in 24 Zeitzonen tätig ist und aus mehreren grundverschiedenen Geschäftsbereichen und Kulturen besteht. Zunächst stellte sich für Norske Skog eine ähnliche Aufgabe wie für jedes neue internationale Unternehmen: Wie lässt sich eine globale Organisationskultur aufbauen, in der Menschen aus aller Welt trotz ihrer nunmehr hoch diversifizierten Kunden-, Lieferanten- und Regulierungskulturen effektiv und produktiv zusammenarbeiten? Wie kann das Unternehmen von diesem neu erworbenen weltweiten Maßstab und Handlungsspielraum sowie von seiner Diversität profitieren? Wie kann das Unternehmen die Früchte der Diversität seiner Mitarbeitenden – einschließlich ihrer kulturellen Diversität oder gerade auch deswegen – ernten, anstatt wie so oft zuzulassen, dass diese Diversität den künftigen Erfolg des Unternehmens untergräbt?

Anfänglich entsprach der Ansatz von Norske Skog beim Aufbau einer Organisationskultur, die in geeignetem Umfang global integriert, lokal ansprechbar und auf weltweites Lernen ausgerichtet sein würde, in mancherlei Hinsicht dem Vorgehen anderer internationaler Organisationen (Bartlett/Ghoshal 1998). In einem grundlegenden Aspekt unterschied sich die Unternehmensstrategie jedoch von den herkömmlichen Ansätzen. Anstatt sich nur auf die Erfahrung von Norske Skog und anderen Unternehmen oder auf unzählige globale Strategien von Managementberatungen zu verlassen, sprengte Norske Skog den traditionellen Rahmen, indem das Unternehmen die Perspektive von Kindern in sein Denken einbezog. Unmittelbar nach der Übernahme in Neuseeland wandte sich Norske Skog an die Kinder von Mitarbeitenden auf vier Kontinenten, um herauszufinden, was weltweite Kooperation für die Gesellschaft, das Unternehmen und für die Menschen bedeutet und bedeuten könnte. Die Kinder scheuten vor der Aufgabe nicht zurück. Mithilfe von Zeichnungen, Aufsätzen und Skulpturen erklärten sie den Eltern und dem Unternehmen, was es für sie heißt, mit den unterschiedlichsten Menschen aus aller Welt zusammenzuarbeiten. Sie brachten ihre Hoffnungen und Ängste zum Ausdruck.[9] Die elfjährige Trude Jorid Mosling aus Norwegen meinte etwa:

«Wir müssen gut sein zu der Welt, in der wir leben. Auch wenn wir nicht dieselbe Kultur haben und einige von uns heller und andere dunkler sind. Es spielt keine Rolle ... Im Gegenteil, es ist gut, dass es Unterschiede gibt ... denn ... so können wir voneinander lernen ...»

Auf der anderen Seite der Erdkugel, im australischen Sydney, meinte die ebenfalls elfjährige Julia McKean, dass effektive Kommunikation die Unterschiede zwischen den Völkern in einen Vorteil verwandeln kann – ein Vorgang, den Manager, im Gegensatz zur Elfjährigen, gerne als kulturelle Synergie bezeichnen.[10] Julia schrieb:

«Ich glaube, wenn die Menschen offen und freundlich miteinander kommunizieren, können sie auch in Frieden miteinander leben. Ohne Kommunikation würde die Welt zu einem einzigen Kriegsschauplatz werden. In unserer Welt glauben die Menschen an verschiedene Religionen und Götter, es gibt Menschen unterschiedlicher Hautfarbe, Menschen mit unterschiedlicher Sprache und unterschiedlichem Aussehen. Wenn alle diese Menschen in Gruppen blieben, in denen jeder wie der andere ist, wäre die Welt weniger lebenswert ... Ohne Kommunikation würden die verschiedenen Völker zu Feinden werden und einander bekämpfen.»

Mit einer Lebensklugheit, wie man sie in diesem Alter nicht für möglich halten würde – und wie sie unter den in Durban konferierenden Erwachsenen nur selten anzutreffen war –, beschreibt die 13-jährige Catherine Goodfellow aus Australien ihre Sicht der Dinge:

«Es wird nie ein einheitliches Menschengeschlecht geben. Die Menschen werden sich immer in ihrer Augen-, Haut- und Haarfarbe sowie in ihrer Rasse, Religion und ihren Wertvorstellungen unterscheiden. Anstatt zuzulassen, dass uns unsere Unterschiede voneinander trennen, sollten wir dafür sorgen, dass sie uns zusammenbringen.»

Obwohl von Natur aus zuversichtlich, scheuten die Kinder nicht vor den Problemen der Welt zurück, auch wenn die davon betroffenen Kinder völlig anders als die befragten Kinder leben. Nicole Cordova, eine Zwölfjährige aus Brasilien, berichtete beispielsweise:

«Es macht mich traurig, im Fernsehen ... ausgemergelte Kinder zu sehen, die an Hunger und Krankheiten sterben ... Die Mütter haben keine Tränen mehr zum Weinen. Es ist traurig und beschämend, sich solche Szenen anzuschauen.»

Aber die Kinder vergaßen auch nicht, dass unterschiedliche Perspektiven zu Konflikten führen können. Dazu Catherine Goodfellow aus Australien: *«Es ist nicht zu vermeiden, dass unterschiedliche Vorstellungen zu Konflikten führen. ... Dennoch lassen sich Gerechtigkeit und Wissen nur vergrößern, wenn Menschen unterschiedlicher kultureller Herkunft zusammenarbeiten.»*

Vielleicht bringen die Worte des 2002 erst achtjährigen Jesse Swanson aus Kanada die Essenz der globalen Zusammenarbeit zum Ausdruck, die sich bisher so vielen Unternehmen und Ländern entzogen hat: *«Die Lampe veranschaulicht das Licht, das den Weg zu Weltfrieden und Kooperation weist. Sie ist für alle Menschen gedacht.»* Dazu zeichnete Jesse eine Lampe.

Die befragten Kinder argumentierten in einer Sprache, die jeder versteht. Und mit ihren Worten und Bildern brachten die Kleinen auch die Erwachsenen – ihre Eltern – in die Diskussion des Unternehmens mit ein. Nicht länger auf ihre berufliche Rolle beschränkt – und damit auf ihre «abgeklärten» Argumente in Bezug auf das, was *nicht* möglich ist –, begannen die Erwachsenen, die auch (und vielleicht sogar in erster Linie) Eltern und Menschen sind, darüber zu diskutieren, was ihr neu geschaffenes, globales Unternehmen von einer breiteren, optimistischeren und idealistischeren Warte aus erreichen könnte und sollte. Bei der Präsentation der Geschichten, Bilder und Skulpturen der Kinder waren diese geistig reifen Menschen implizit dazu aufgefordert, sich und ihre Unterschiede einzubringen. Allen wurde sogleich klar, dass bei der Schaffung einer globalen Organisationskultur weit mehr auf dem Spiel stehen würde als nur der Erfolg des Unternehmens. Man übernahm öffentlich und kollektiv Verantwortung für die Welt, die man den Kindern überlassen würde. Plötzlich ging die Definition des Erfolgs weit über die Erzielung robuster Gewinne hinaus. Erfolg bedeutete nichts weniger als das Erbe, das man den eigenen Kindern und den Kindern der Welt hinterlassen würde.

Es überrascht nicht, dass sich die Beiträge der Kinder nicht auf traditionelle Geschäfts-, Finanz- und Marketingstrategien oder entsprechende Taktiken bezogen, sondern auf die höchste Ebene unternehmerischer und individueller Identität, Vision und Motivation. Die Worte und Bilder warfen unter den Erwachsenen verschiedene Fragen auf: Wer sind wir als Unternehmen? Weshalb haben wir uns entschieden, für dieses Unternehmen zu arbeiten? Was tun wir zum Wohlergehen der Welt, der Industrie, der Kunden und der Kollegen, und was könnten wir diesbezüglich tun? Was macht die Existenz dieses Unternehmens aus? Wer profitiert, wenn wir Erfolg haben? Werde ich meinen Kindern und Enkelkindern dereinst stolz erzählen können, dass ich bei Norske Skog gearbeitet habe?

Sind nun auch die Mitarbeitenden und Führungskräfte bei Norske Skog bereit, miteinander zusammenzuarbeiten wie die Kinder? Ja. Sind sie bereit, auf globaler Ebene zu kooperieren? Ja. Wird das Unternehmen allen Widrigkeiten zum Trotz als internationales Joint Venture erfolgreich sein? Nun, aufgrund der ersten Ergebnisse nach der Fusion kann auch diese Frage bejaht werden. Parallel zum beeindruckenden Wachstum von Norske Skog in den ersten Jahren legte der Umsatz innerhalb eines Jahres, von 1999 bis 2000, um 48 Prozent und innerhalb zweier Jahre um 79 Prozent zu.[11] Im gleichen Zeitraum stieg der Betriebsgewinn in einem Jahr um 98 Prozent und innerhalb zweier Jahre um 137 Prozent.[12] Von 1999 bis 2001 verdoppelte sich der Umsatz von rund 2 Milliarden US-Dollar auf geschätzte 4 Milliarden US-Dollar. Im gleichen Zeitraum stieg der Gewinn um mehr als das Doppelte und mit Margen, die branchenweit zu den höchsten zählten.

Darüber hinaus blieben die positiven Ergebnisse nicht auf die finanzielle Ebene beschränkt. Norske Skog stieg von einem bescheidenen Akteur zum weltweit zweitgrößten Anbieter von Zeitungspapier auf. Die Produktion von Publikationspapier stieg in einem Jahr um 40 Prozent und innerhalb zweier Jahre um 87 Prozent.[13]

Die Erfolgsgeschichte von Norske Skog basiert nicht allein auf sehr gesunden Finanz- und Produktivitätskennzahlen. Das Unternehmen ist auch bei der Umsetzung umweltschonender Praktiken branchenführend. So ist Norske Skog der weltgrößte Anwender von Recyclingfasern für Publikationspapier und auf der Südhalbkugel der größte Nutzer von Baumplantagen (anstelle von Urwald). Auch im Bereich Industriebeziehungen ist es dem Unternehmen aufgrund seiner Verwurzelung in der skandinavischen Managementkultur gelungen, eine Organisationskultur aufzubauen, in der das Mitarbeiterengagement stark gefördert wird. Gegenwärtig werden zwei von neun Verwaltungsratssitzen von Mitarbeitern besetzt, und Norske Skog hält selbst in Zeiten rasanten Wandels vor jeder größeren Erweiterung oder Veräußerung mit Gewerkschaftsvertretern Rücksprache.

Wird Norske Skog auch in Zukunft erfolgreich sein? Das kann niemand mit Sicherheit sagen. Für definitive Prognosen ist es noch zu früh. Aber die meisten Beobachter sind nicht bereit, gegen das Unternehmen zu wetten. Zumindest nicht, wenn die Zukunft ihrer Kinder auf dem Spiel steht.

In derselben Woche, als in Oslo die erste globale Führungskonferenz von Norske Skog stattfand, endete die UN-Rassismuskonferenz im südafrikanischen Durban mit gegenseitigen Anschuldigungen und Protesten, worauf zahlreiche Delegierte enttäuscht abreisten. Der Kontrast zur Dynamik an der Konferenz von Norske Skog hätte kaum größer sein können. Kann es sein, dass es ausgerechnet einem gewinnorientierten, privatwirtschaftlichen Unternehmen gelungen ist, sich auf eine konstruktive weltweite Kommunikation zu verpflichten, während die Diplomatie an der gleichen Aufgabe gescheitert ist?

Eine Woche nach der globalen Führungskonferenz von Norske Skog in Oslo zerstörten Terroristen die Türme des World Trade Center in New York. Niemand bezweifelt, dass zu viele Erwachsene auf diesem Planeten bis heute nicht in der Lage sind, friedlich zusammenzuleben und Unterschiede der Kultur, Rassenzugehörigkeit und Nationalität zu respektieren. Während wir den Kindern zuhören – und anerkennen müssen, dass viele von uns allzusehr vom erfahrungsbedingten Zynismus zerfressen sind, um die Bedeutung ihrer Sicht wirklich zu verstehen –, sollten wir uns vielleicht noch mehr darum bemühen, nicht nur zuzuhören, sondern auch zu verstehen, was sie meinen. Denn nach den Worten von Madeleine Albright, der früheren US-Außenministerin, «... dürfen wir nicht Gefangene der Geschichte werden, sondern müssen Geschichte machen».[14] Hillel würde anfügen: «Und wann, wenn nicht jetzt?»

«Das moralische Universum ruht auf den Schultern von Schulkindern.»[15]

Dieser Beitrag wurde zuerst veröffentlicht in:
Journal of Management Inquiry, Bd. 11 (Nr. 3), 2002, S. 255–260.

Anmerkungen

1 Am bekanntesten ist Thor Heyerdahl für seine zahlreichen Expeditionen auf seinem Floß Kon-Tiki, an denen Menschen unterschiedlichen Glaubens und unterschiedlicher kultureller Herkunft teilnahmen. Mit seinen Reisen bewies er, dass die Menschen friedlich zusammenleben können.

2 Der offizielle Titel der UN-Konferenz lautete (übersetzt): «UN-Weltkonferenz gegen Rassismus, Rassendiskriminierung, Fremdenfeindlichkeit und damit zusammenhängende Intoleranz».

3 Felice D. Gaer, Direktor des Jacob Blaustein Center for the Advancement of Human Rights, zitiert in Rachel L. Swarns, «Race Talks Finally Reach Accord On Slavery and Palestinian Plight», *The New York Times*, 9. September 2001, S. 14.

4 Studie von A. T. Kearney, zitiert in M. H. Haebeck, F. Kroger und M. R. Trum, *After the Mergers: Seven Rules for Successful Post-Merger Integration* (Prentic Hall/FT: New York 2000) und in Randall S. Schuler und Susan E. Jackson, «Seeking An Edge in Mergers and Acquisitions», in: *The Financial Times*, Special Section, Part Two, People Management, 22. Oktober 2001. Gemäß der von Schuler und Jackson zitierten Studie «erreichen nur 15 Prozent aller Fusionen und Übernahmen ihre Ziele, gemessen an Aktienwert, Kapitalrendite und Ertragskraft nach dem Zusammenschluss». Für Recherchen zur Instabilität internationaler Joint Ventures siehe die Zusammenfassung von Aimin Yan und Ming Zeng in «International Joint Venture Instability: A Critique of Previous Research, A Reconceptualization, and Directions for Future Research», in: *Journal of International Business Studies*, Bd. 30 (Nr. 2), 1999, S. 397–414. Obwohl die Definitionen

(vollständiger Abbruch gegenüber signifikant veränderten Besitzverhältnissen) und Gesamtergebnisse variieren, besteht aufgrund von zahlreichen Studien bei internationalen Joint Ventures eine erhebliche Instabilität, darunter 55 Prozent Abbruch laut Kathryn R. Harrigan, «Strategic Alliances and Partner Asymmetries», in: F. Contractor und P. Lorange (Red.), *Cooperative Strategies in International Business* (Lexington Books: Lexington 1988, S. 205–226); 49 Prozent Abbruch laut Harry Barkema und Freek Vermeulen in «What Differences in the Cultural Backgrounds of Partners are Detrimental for International Joint Ventures?», in: *Journal of International Business Studies*, Bd. 28 (Nr. 4), 1997, S. 845–64; und 68 Prozent Instabilität durch Abbruch oder Übernahme laut Seung H. Park und Michael V. Russo in «When Competition Eclipses Cooperation: An Event History Analysis of Joint Venture Failure», in: *Management Science*, Bd. 42 (Nr. 6), 1996, S. 875–90. Siehe auch Gary Hammels viel zitierten Artikel von 1991 «Competition for Competence and Inter-Partner Learning Within International Strategic Alliances», in: *Strategic Management Journal*, Bd. 12 (Nr. 1), S. 83–103.

5 Unter vielen Berichten über DaimlerChrysler siehe B. Jamison, «Far from a merger of equals», in: ABCnews.com, 25. Januar 2001; «The DaimlerChrysler Emulsion», in: *The Economist*, 29. Juli bis 4. August 2000; B. Vlasic und B. A. Stertz, *Taken for a Ride: How Daimler-Benz Drove off with Chrysler* (HarperCollins Publishers: New York 2000); A. Taylor III, «Can the Germans Rescue Chrysler?», in: *Fortune*, 30. April 2001, S. 106–112; und F. Gibney jr., «Daimler-Benz and Chrysler merge to DaimlerChrysler», in: *Time*, 24. Mai 1999, S. 5.

6 Norske Skog ist an der Börse in Oslo kotiert; die Tochtergesellschaft Norske Skog Canada Ltd., an der Norske Skog eine Beteiligung von 36,2 Prozent hält, ist an der Börse in Toronto kotiert.

7 Für eine Diskussion der Entwicklung von Unternehmen von inländisch zu multinational und global siehe Christopher A. Bartlett, Sumantra Ghoshal, *Managing Across Borders: The Transnational Solution*, 2. Aufl. (Harvard Business School Press: Boston 1998) und Nancy J. Adler, *International Dimensions of Organizational Behavior*, 4. Aufl. (Southwestern Publishing: Cincinnati 2002), Kapitel 1.

8 Für eine Diskussion der Auswirkungen kultureller Unterschiede auf das Geschäft siehe Forschungsarbeiten von Andre Laurent, «The Cultural Diversity of Western Conceptions of Management», in: *International Studies of Management and Organization*, Bd. 13 (Nr. 1–2), 1983, S. 57–96; Geert Hofstede, *Culture's Consequences: International Differences in Work-Related Values* (Sage: Beverly Hills 1980) und *Cultures and Organizations: Software of the Mind* (McGraw-Hill: London 1991) sowie Fons Trompenaars, Charles Hampden-Turner, *Riding the Waves of Culture: Understanding Cultural Diversity in Business*, 2. Aufl. (McGraw-Hill: New York 1998).

9 Alle Zitate der Kinder stammen aus der Unternehmensbroschüre von Norske Skog: *Only Through The Cooperation of People With Different Cultural Roots Can Greater Equality and Knowledge Be Achieved*, Norske Skog: Oslo 2001.

10 Für eine Diskussion kultureller Synergien siehe Nancy J. Adler, *International Dimensions of Organizational Behavior*, 4. Aufl. (Southwestern Publishing: Cincinnati 2002) und ebenso *From Boston to Beijing: Managing With a World View* (Southwestern: Cincinnati 2002).

11 Gemäß Unternehmensstatistik belief sich der Umsatz 1998 auf NOR 14 908, 1999 auf NOR 18 054 und 2000 auf NOR 26 635. Für die ersten sechs Monate 2001 betrug der Umsatz NOR 16 796 [NOR: Norwegische Kronen].

12 Gemäß Unternehmensstatistik belief sich der Umsatz 2000 auf NOR 4211, 1999 auf NOR 2129 und 1998 auf NOR 1780. Der Betriebsgewinn 2001 betrug NOR 2956 [NOR: Norwegische Kronen].

13 Gemäß Unternehmensstatistik belief sich die Produktion von Publikationspapier (in 1000 t) 2000 auf 4080, 1999 auf 2918 und 1998 auf 2181. Für die ersten sechs Monate 2001 belief sich die Produktion von Produktionspapier auf 2593.

14 Aus der Antrittsvorlesung von Madeleine Albright an der Harvard-Universität in Cambridge am 5. Juni 1997, zitiert in *New York Times*, 6. Juni 1997, S. A8.

15 Auf der Basis von Psalm VIII, 3 und Deuteronomium XXXI, 12, nach traditioneller Auslegung von Rabbinern und zitiert in *The Petatech and Haftorahs* von J. H. Hertz (Red.), 2. Aufl. (Socino Press: London 1971), S. 888.

Literatur

Nancy J. Adler, *From Boston to Beijing: Managing With a World View*. Thomson Learning: Cincinnati 2002.

Nancy J. Adler, *International Dimensions of Organizational Behavior*, 4. Aufl., Southwestern Publishing: Cincinnati 2002.

Christopher A. Bartlett, Sumantra Ghoshal, *Managing Across Borders: The Transnational Solution*, 2. Aufl., Harvard Business School Press: Boston 1998.

Harry Barkema, Freek Vermeulen, «What Differences in the Cultural Backgrounds of Partners are Detrimental for International Joint Ventures?», in: *Journal of International Business Studies*, Bd. 28 (Nr. 4), 1997, S. 845–64.

Thomas L. Friedman, *The Lexus and the Olive Tree: Understanding Globalization*, Anchor Books: New York 2000.

Jr F. Gibney, «Daimler-Benz and Chrysler merge to DaimlerChrysler», in: *Time*, 24. Mai 1999, S. 5.

M. H. Haebeck, F. Kroger, M. R. Trum, *After the Mergers: Seven Rules for Successful Post-Merger Integration*, Prentic Hall/FT: New York 2000.

Gary Hammel, «Competition for Competence and Inter-Partner Learning Within International Strategic Alliances», in: *Strategic Management Journal*, Bd. 12 (Nr. 1), 1991, S. 83–103.

Kathryn R. Harrigan, «Strategic Alliances and Partner Asymmetries», in: F. Contractor und P. Lorange (Redaktion), *Cooperative Strategies in International Business*, Lexington Books: Lexington 1988, S. 205–226.

J. H. Hertz, (Red.) *The Petatech and Haftorahs*, 2. Aufl., Socino Press: London 1971, S. 888.

Lee Hockstader, «Eighth Grade in Mideast: A Curriculum of Hatred», in: *International Herald Tribune*, 6. September 2001, S. 6.

Geert Hofstede, *Cultures and Organizations: Software of the Mind*, McGraw-Hill: London 1991.

Geert Hofstede, *Culture's Consequences: International Differences in Work-Related Values*, Sage: Beverly Hills 1980.

B. Jamison, «Far from a merger of equals», in: ABCnews.com, 25. Januar 2001.

B. Jamison, «The DaimlerChrysler Emulsion», in: *The Economist*, 29. Juli bis 4. August 2000.

Andre Laurent, «The Cultural Diversity of Western Conceptions of Management», in: *International Studies of Management and Organization*, Bd. 13 (Nr. 1–2), 1983, S. 57–96.

Only Through The Cooperation of People With Different Cultural Roots Can Greater Equality and Knowledge Be Achieved. Norske Skog Company Booklet, Norske Skog: Oslo 2001.

Seung H. Park, Michael V. Russo, «When Competition Eclipses Cooperation: An Event History Analysis of Joint Venture Failure», in: *Management Science*, Bd. 42 (Nr. 6), 1996, S. 875–90.

Randall S. Schuler, Susan E. Jackson, «Seeking An Edge in Mergers and Acquisitions», in: *The Financial Times*, Special Section, Part Two, People Management, 22. Oktober 2001, S. 6–10.

Michael Slackman, «Divisive U. N. Race Talks End in Accord», in: *The Los Angeles Times*, 9. September 2001, S. A1–A2.

Rachel L. Swarns, «Race Talks Finally Reach Accord On Slavery and Palestinian Plight», in: *The New York Times*, 9. September 2001, S. A1.

A. Taylor III, «Can the Germans Rescue Chrysler?» in: *Fortune*, 30. April 2001, S. 106–112.

Fons Trompenaars, Charles Hampden-Turner, *Riding the Waves of Culture: Understanding Cultural Diversity in Business*, 2. Aufl., McGraw-Hill: New York 1998.

B. Vlasic, B. A. Stertz, *Taken for a Ride: How Daimler-Benz Drove off with Chrysler*, Harper Collins Publishers: New York 2000.

Aimin Yan, Ming Zeng, «International Joint Venture Instability: A Critique of Previous Research, A Reconceptualization, and Directions for Future Research», in: *Journal of International Business Studies*, Bd. 30 (Nr. 2), 1999, S. 397–414.

USA: Weiße Elite führt nach Zahlen und wird sich später selbst entmachten

Kerstin Goetz

Kerstin Goetz

ist diplomierte Politologin und CEO der interkulturellen Marketingagentur InterEthnica, Inc. in Los Angeles. Die gebürtige Berlinerin lebt seit knapp 20 Jahren in Kalifornien. Sie berät Unternehmen und regionale US-Regierungsbehörden in der Ansprache diverser Zielgruppen unter Nutzung interkultureller Kompetenz und entwickelt Werbemittel und Informationsmaterialien, die auf die jeweiligen sprachlichen und kulturellen Vorlieben angepasst werden.

Die Kunst der interkulturellen Führung in den USA wird in den kommenden Jahrzehnten komplexer werden. Denn schon im Jahre 2050 stellen Minderheiten in dieser Industrienation voraussichtlich 54 Prozent der geschätzten 439 Millionen Einwohner, womit der Begriff «Minderheit» in dieser Situation paradox und damit obsolet wird. Gegenwärtig entscheidet die von weißen Männern dominierte Elite über die Zukunft der interkulturellen Landschaft in den USA. Doch diese Elite wird gezwungen sein, über kurz oder lang sich selbst zu entmachten. Eine Übersicht zur sozialpolitischen Ausgangslage in den Vereinigten Staaten.

«Wer in Europa von Diversity spricht, meint oft die Diversität von Menschen aufgrund ihrer Zugehörigkeit zu unterschiedlichen Geschlechtern, Generationen und Religionen. In den USA hingegen bezeichnet Diversity meist in erster Linie die ethnische Herkunft sowie die Geschlechtszugehörigkeit.» So beschreibt Dr. Daniel Vasella, Aufsichtsratsvorsitzender und Geschäftsführer der Novartis AG (*DiversityInc* 2008) das unterschiedliche Verständnis des Konzepts «Diversity» auf beiden Seiten des Atlantiks. In den USA findet seit einiger Zeit ein immer schneller fortschreitender Wandel in der Einbeziehung und Rolle von Frauen und Minderheiten aller Art (darunter auch Einwanderer) in der Gesellschaft statt.

Doch zunächst zu den Ursprüngen der amerikanischen Einwanderungsgesellschaft: Einwanderer in die USA, die sich im neuen Umfeld zurechtfinden und vorankommen wollten, standen traditionell immer unter dem Druck der Assimilation – der Anpassung und Einfügung in die vorgefundene Situation und Bevölkerungsmehrheit. Diese Mehrheit wurde langfristig von den Nachkommen bereits früherer Generationen eingewanderter Europäer angelsächsischer Prägung dominiert. Sofern die Neuankömmlinge die helle Hautfarbe der bereits etablierten Angloamerikaner (in den USA meist als «caucasian» bezeichnet) aufwiesen, gelang die Integration in der Regel relativ schnell. Hingegen blieb sie Einwanderern nicht europäischer Herkunft und langfristig auch deren Nachkommen meist verschlossen. Der Zugang zum amerikanischen Mainstream wurde während langer Jahre, zusätzlich zu Ressentiments der Bevölkerungsmehrheit, auch legislativ-institutionell gezielt be- und verhindert.

Mit der seit den 1960er-Jahren beginnenden Entwicklung hin zu regierungsamtlichen Bemühungen um echte Chancengleichheit aller Bürger der USA, gleich welcher Herkunft und Charakteristika, begann eine Ära, die eine umfassendere Entfaltung auch von Minderheiten (zu denen in den USA trotz zahlenmäßiger Parität zu Männern in der Regel auch Frauen gerechnet werden) zu ermöglichen suchte. Eine Reihe von Gesetzen und Regierungsprogrammen gegen Diskriminierung und für die Förderung und Gleichstellung historisch benachteiligter Personen im Wirtschaftsleben wurde eingeführt. Diese regierungsamtlichen Ansätze interkultureller Führung wurden kollektiv als Equal Opportunity und Affirmative Action bezeichnet und drohten letztlich reaktiv mit Sanktionen als Korrektiv bei Zuwiderhandlung. Sie brachten tatsächlich einige Entwicklungen auf den Weg. Seit den 1970er-Jahren haben zunächst vereinzelte, aber seit etwa Anfang der 1990er-Jahre immer mehr Unternehmen interne Diversity-Initiativen ins Leben gerufen, um einen möglichst breit gefächerten Kreis von Arbeitskräften anzuwerben und zu halten.

Ähnliche Programme zielen auf eine verbesserte Beteiligung der meist eher kleinen Unternehmen im Besitz von Frauen und Minderheiten an Aufträgen der öffentlichen Hand und der etablierten Privatwirtschaft. Anreiz zu diesen Fördermaßnahmen bildet die Pflicht der etablierten Unternehmen, bei ihren Bemühungen um staatliche Aufträge eine Partizipation kleiner, historisch benachteiligter Firmen als Subunternehmer für einen jeweils festgelegten Auftragsanteil nachweisen zu müssen. Nur so können sie sich ihrerseits für Aufträge von Regierungsbehörden und anderen privatwirtschaftlichen Unternehmen qualifizieren. Ein weiteres Motiv bildet die mit der Förderung benachteiligter Unternehmen verbundene Imagepflege.

Angesichts der Tatsache, dass die US-Regierung die verstärkte Integration ehemals weitgehend ausgeschlossener Minderheiten in das zentrale Wirtschaftsleben de facto «von oben herab» verordnet hat, drängt sich die Frage auf, inwieweit sich die anschließenden Aktivitäten der Privatunternehmen in erster Linie aus der Not der gesetzlichen Zwangslage heraus begründen. Haben die Führungseliten der amerikanischen Konzerne den Kerngedanken der Nutzung von Diversity als zentraler Quelle von Innovation und Wertschöpfung verinnerlicht? Wird interkulturelle Partizipation und Führung aus Einsicht oder lediglich zum Nutzen der Unternehmen praktiziert? Wie erfolgreich ist die Umsetzung in der Praxis?

Der niederländische Diversity-Experte Fons Trompenaars kommt zu der Einschätzung, dass der in den USA verfolgte Ansatz sich vornehmlich an Zahlen und Kategorien wie Alter, Geschlecht und Herkunft festmacht. Mit der Berechnung von Unternehmen, wie viele Frauen in der Belegschaft sein sollten, oder mit der gezielten Einstellung russischer Mitarbeiter, um in den russischen Markt einzudringen, werden jedoch die Möglichkeiten von Diversity nicht richtig genutzt. Demgegenüber basiert Trompenaars Definition von Diversity darauf, dass Werte bei jedem kulturellen Hintergrund ganz unterschiedlich seien: Innovationen würden durch die kreative Integration von Gegensätzen gefördert, nicht jedoch durch Quotenerfüllung.

Tatsächlich lässt sich in vielen US-amerikanischen Unternehmen eine Orientierung auf die Erfüllung von Quoten für die Beteiligung von Frauen und Minderheiten beobachten. Diese Quoten werden zum Teil von regierungsamtlicher Seite im Rahmen von Ausschreibungen vorgegeben, können aber auch von den Firmen selbst festgelegt werden und sind somit letztlich Ausdruck von deren Unternehmensphilosophie und -kultur. Über die Vorgaben für Subunternehmer bei der Auftragsvergabe werden die Quoten auch an andere Firmen weitergereicht. Deren Erfolg bei der Erlangung der Quoten wird den Quoten des Hauptunternehmens angerechnet, was de facto die Notwendigkeit verringert, selbst direkt mit Firmen, die im Besitz von Frauen und Minderheiten sind, zusammenzuarbeiten.

Eine große Zahl der in den USA ansässigen Großunternehmen hat heutzutage Programme und Richtlinien für Diversity (für Angestellte) und Supplier Diversity (für Subunternehmer), die sie der Öffentlichkeit präsentiert. Die Größe des Unternehmens wirkt sich aus: In Unternehmen mit weniger als 10000 Mitarbeitenden sind solche Programme weit weniger häufig zu finden, wie das Institute for Corporate Productivity (2008) ermittelte. Die Umsetzung der Richtlinien obliegt Diversity-Managern, die oft der höchsten Führungsebene im Unternehmen angehören, was darauf hinweist, dass dem Thema Diversity große Wichtigkeit zugemessen wird. Die diesbezüglichen Ziele und Ergebnisse der Unternehmen werden meist in öffentlichkeitswirksamer Weise publiziert, so unter anderem in Werbeanzeigen, Pressemitteilungen und durch die Teilnahme an Umfragen, die zur Kür von zum Beispiel den «Top 50 Companies for Diversity» führen. Diese Hitliste wird seit einigen Jahren vom Magazin *DiversityInc* auf Grundlage von umfangreichen Fragebogen, welche die befragten Firmen selbst ausfüllen, regelmäßig erstellt.

Eine detaillierte Analyse der im Internet veröffentlichten Supplier-Diversity-Richtlinien der Unternehmen, die sich in der «Top 50»-Liste für 2008 finden, ergibt eine recht stark ausgeprägte Übereinstimmung der Definitionen und Vorgaben zur Teilnahme an den Programmen. Diesen Kriterien entsprechende Firmen können sich als «Diverse Supplier» bei den Unternehmen registrieren lassen und darauf hoffen, in die zukünftige Auftragsvergabe einbezogen zu werden.

Es findet sich jedoch in gut der Hälfte der veröffentlichten Richtlinien der «50 Top»-Diversity-Unternehmen eine spezifische Einschränkung für Einwanderer: Die Teilnahme an den Supplier-Diversity-Programmen dieser Firmen ist ausschließlich Firmen in Besitz von US-Staatsbürgern vorbehalten. Die Gruppe der Legal Permanent Residents, die sich mit ihren eigenen Unternehmen bewerben, wird ausgeklammert, obwohl dies nicht zwangsläufig von der Regierung vorgegeben wird.[1] Aber selbst Gruppen, die Zugang zu Supplier-Diversity-Programmen haben, sehen nur einen begrenzten Erfolg: Während Afroamerikaner etwa 13 Prozent der US-Bevölkerung stellen, entfallen nur 4 Prozent der Einkäufe aller US-Unternehmen auf Firmen in afroamerikanischem Besitz, so Rev. Jesse L. Jackson, Jr. (*Diversity Executive* 2008). Vielen Unternehmen geht es offenbar weniger um den Werteaspekt von Diversity als um Quotenerfüllung und Effekthascherei zu

PR-Zwecken. Neue Einwanderer könnten besonders starke Impulse für Innovationen oder andere positive Beiträge geben, denn sie sind neu im Land und bringen ihre von ganz anderen Umständen geprägten Perspektiven und Erfahrungen mit.

Die Situation in Unternehmen ist offenbar ähnlich: Aus einer Umfrage von Adecco (2008) geht hervor, dass mehr als drei Viertel der Arbeitnehmer der Meinung sind, dass Unternehmen ihre internen Diversity-Programme nicht ausreichend umsetzen, nachdem sie diese eingerichtet und der Öffentlichkeit präsentiert haben. Nahezu die Hälfte der Befragten gab außerdem an, sie hätten selbst Diskriminierung am Arbeitsplatz erlebt. Interessant ist in diesem Zusammenhang, dass Diskriminierung aufgrund der Geschlechtszugehörigkeit (43 Prozent) deutlich stärker ausgeprägt zu sein scheint als diejenige aufgrund der Rassenzugehörigkeit (32 Prozent).

Viele Frauen und Minderheiten verlassen die großen Unternehmen, da eine große Zahl von ihnen ihre Karriereziele dort nur eingeschränkt umsetzen kann, und gründen ihre eigenen Unternehmen: Seit einigen Jahren sind die mit Abstand höchsten Zuwachsraten bei Firmenneugründungen in den Gruppen der Frauen und Minderheiten zu verzeichnen. So kommt zum Beispiel die Small Business Research Summary der US Small Business Administration zu dem Ergebnis, dass zwischen 1979 und 2003 der Anteil der Latinos an den Selbstständigen in den USA von 3 Prozent auf 8,5 Prozent stieg. Der Anteil der selbstständigen Frauen wuchs im gleichen Zeitraum von 22,5 Prozent auf 31,5 Prozent und nahm laut Kellie A. McElhaney (*Diversity Executive* 2008) zwischen 1997 und 2004 doppelt so schnell zu wie bei bereits etablierten Unternehmen. Viele dieser neuen Firmen sind erfolgreich und ihre Leader dienen als Rollenmodelle und Bestätigung für andere potenzielle Firmengründer ähnlicher Herkunft, während sie gleichzeitig der Öffentlichkeit ein positives Bild von Diversity im Geschäftsleben vermitteln.

Diversity in amerikanischen Unternehmen ist jedoch trotz aller Mängel und Hindernisse stark in Bewegung und wird sich langfristig zwangsläufig durchsetzen. Viele Fortschritte sind bereits gemacht worden, und der Trend in diese Richtung ist in vielerlei Hinsicht deutlich wahrnehmbar. Die treibende Kraft hierbei ist der demografische Wandel hin zu einer immer multikulturelleren Gesellschaft, ein Trend, der einerseits von der relativ höheren Geburtenrate von Minderheiten, andererseits von dem nicht abreißenden weiteren Zuzug von Neu-Einwanderern angetrieben wird. Die Zahl der Einwanderer in den letzten Jahren ist mit derjenigen der großen Einwanderungswelle um 1900 vergleichbar. Die Einwanderer kommen heute allerdings nicht wie damals meist aus Europa, sondern überwiegend aus Entwicklungs- und Schwellenländern Asiens und Lateinamerikas: Nach Angaben des US Department of Homeland Security stammte zum Beispiel im Jahre 2003 von den etwa 700 000 legal in die USA Einwandernden nahezu die Hälfte aus nur sieben Ländern: Mexiko, Indien, Philippinen, China, El Salvador, Dominikanische Republik und Vietnam. Das US Census Bureau (die US-Behörde für Bevölkerungsstatistik) stellte für 2003 fest, dass 33,5 Millionen beziehungsweise 11,7 Prozent der Gesamtbevölkerung der USA im Ausland geboren waren. Von diesen kamen etwa 53,3 Prozent aus Lateinamerika, 25 Prozent aus Asien, 13,7 Prozent aus Europa und 8 Prozent aus anderen Regionen der Welt (Afrika, Ozeanien).

In einigen Einzelstaaten und insbesondere in den großen Metropolen der USA stellen bereits heute alle Minderheiten zusammen die Mehrheit der Einwohner; in anderen steht dies kurz bevor. In diesen Regionen, in denen auch viele große Unternehmen ansässig sind, ist die Notwendigkeit, alle Bevölkerungsgruppen in die Belegschaft einzubeziehen, ganz besonders deutlich, denn der Bewerberkreis wäre sonst sehr klein. Im Konkurrenzkampf um die besten Arbeitskräfte haben solche Unternehmen die besseren Chancen, die deutlich machen, dass sie Mitarbeitende jeglicher Couleur einstellen und fördern. In einer Studie der *New York Times* gaben 97 Prozent der befragten Arbeitsuchenden an, dass sie es vorzögen, in einem von Diversity geprägten Arbeitsumfeld tätig zu sein, und 91 Prozent unterstützten Diversity-Programme, da diese die Attraktivität eines Unternehmens als Arbeitgeber erhöhten. Bekanntermaßen arbeiten divers zusammengesetzte Teams in der Regel produktiver als homogen zusammengesetzte, was ebenfalls von Vorteil für die Unternehmen ist.

Neben der Ansprache qualifizierter Bewerber ist aber nicht zuletzt auch die Imagepflege des Unternehmens in der konsumierenden Öffentlichkeit wichtig. Die gezielte Bemühung eines Unternehmens um Gleichbehandlung traditionell benachteiligter Gruppen wird von Kunden beziehungsweise potenziellen Kunden, die diesen Gruppen angehören, sehr genau registriert und wirkt sich stark positiv auf Markenloyalität und andere profitrelevante Verhaltensweisen aus. Dies wird deutlich am Beispiel einer Umfrage des Women's Business Enterprise National Council (WBENC): 79 Prozent der befragten Frauen sagten, sie würden die Produkte oder Dienstleistungen eines Unternehmens ausprobieren wollen, wenn sie wüssten, dass dieses gezielt Aufträge an Firmen im Besitz von Frauen vergibt. 81 Prozent gaben außerdem an, ihr Wissen um ein solches Ziel eines Unternehmens würde ihre Markenloyalität bestärken. Laut Kellie A. McElhaney (*Diversity Executive* 2008) werden 80 Prozent der Kaufentscheidungen für Konsumgüter von Frauen getroffen.

Ein weiterer wesentlicher Aspekt ist die fortschreitende Alterung der zurzeit noch die US-Wirtschaft dominierenden sogenannten Babyboomer, die während der beiden Jahrzehnte nach dem Zweiten Weltkrieg geboren wurden und ab etwa 2008 zunehmend in Rente gehen werden. In manchen Unternehmen wird diese Entwicklung zu extremen Engpässen in der Belegschaft führen: So geht beispielsweise das Bahnunternehmen CSX davon aus, dass es ab 2008 innerhalb von nur zehn Jahren etwa 48 Prozent seiner Mitarbeitenden wegen deren Eintritt ins Rentenalter verlieren wird. Diese Mitarbeiter, die überwiegend der weißen Arbeiterschicht angehören, will das Unternehmen unter anderem gezielt durch Arbeitnehmer, die ethnischen Minderheiten angehören, ersetzen und bemüht sich intensiv um entsprechende Anwerbung.

Es ist die logische Folge dieser de facto komplementären demografischen Trends, dass sich die arbeitende Bevölkerung zwangsläufig immer mehr aus diversen Gruppen rekrutiert: aus Frauen, ethnischen Minderheiten und Ausländern. Das US Census Bureau schätzt, dass die Zahl der weißen Arbeitnehmer landesweit zwischen 2008 und 2012 um 3 Prozent wachsen wird – parallel dazu aber wird der Arbeitnehmeranteil der Asian-Americans um 51 Prozent, derjenige der Hispanics um 33 Prozent und derjenige der Afroamerikaner um 19 Prozent steigen. Während sich im Jahre 2008 etwa 34 Prozent der rund 305 Millionen Amerikaner als Mitglied einer Minderheit bezeichnen, sagt das Census Bureau für das Jahr 2042 einen 50-Prozent-Anteil der Minderheiten an der Gesamtbevölkerung voraus, mit rapide steigender Tendenz: Schon 2050 werden Minderheiten voraussichtlich 54 Prozent der geschätzten 439 Millionen Einwohner stellen, womit der Begriff «Minderheit» in diesem Fall paradox und obsolet wird.

Vor diesem Hintergrund hat im Verlauf der vergangenen zwei bis drei Jahrzehnte in einer Vielzahl von Unternehmen eine starke Veränderung hin zu immer stärker multikulturell geprägten Belegschaften stattgefunden, wobei sich dieser Trend in den letzten 10 bis 15 Jahren deutlich verstärkt hat. Inzwischen arbeiten Mitglieder jeglicher Bevölkerungsgruppen und kultureller Herkunft in den unterschiedlichsten Tätigkeiten und immer häufiger auch in Unternehmen, die ehedem als Bastionen der weißen Mittelschicht galten. Dennoch ermittelte die Adecco-Umfrage von 2008, dass nur ein Drittel der Befragten glaubte, amerikanische Unternehmen hätten eine umfassende Diversität der Arbeitnehmerschaft erzielt.

Parallel zu diesen Entwicklungen, und wohl nicht zuletzt auch als Folge davon, ist seit einigen Jahren eine deutliche Trendwende zu beobachten: Während traditionell die Assimilation und Verschmelzung mit der angelsächsisch geprägten weißen Mehrheit im sogenannten Schmelztiegel («melting pot») der USA als höchstes Ziel galt, steht heute ein mehr und mehr pluralistischer Ansatz im Vordergrund, der einer Salatschüssel («salad bowl») gleicht, die mit unterschiedlichen, aber gleichwertigen, koexistierenden Bestandteilen gefüllt ist.

Während sich die Einwanderer früherer Jahre in erster Linie um Anpassung und sogar Überanpassung bis hin zur vollständigen Verleugnung der eigenen Herkunft und kulturellen Identität bemühten, beharren Neuankömmlinge heute zunehmend deutlich auf der Beibehaltung von althergebrachtem Brauchtum und der eigenen Sprache. Sie eignen sich in der Regel aber zusätzlich ein Grundinstrumentarium allgemein verbindlicher Verhaltensweisen an, mit dem sie sich recht problemlos im Alltag bewegen können. Auch viele Angehörige ethnischer Minderheiten, deren Vorfahren schon vor Generationen einwanderten, besinnen sich mehr und mehr zurück auf ihre Wurzeln, die für viele eine identitätsstiftende Funktion darstellen. Oftmals mag diese Rückbesinnung eine Quelle eines neu- oder wiedergewonnenen individuellen Selbstvertrauens sein, das manchem angesichts seiner letztlich nicht vollständig gelingenden Assimilationsbemühungen abhanden gekommen war.

Dieses neue Selbstbewusstsein mag zwar einerseits zu einer in manchen Aspekten verringerten gesellschaftlichen Integration beitragen, wird aber durchaus von vielen auch als Bereicherung empfunden. Diese Tatsache findet auf vielen verschiedenen Ebenen Ausdruck und wird auch von höchster regierungsamtlicher Stelle ausdrücklich und publikumswirksam gefördert. So wurde im Juli 2008 unter der Schirmherrschaft der ehemaligen Präsidentengattin Laura Bush ein befristetes Programm zur kulturspezifischen Förderung ethnisch geprägter Stadtteile wie zum Beispiel Thaitown und Chinatown in Los Angeles mit überwältigender Mehrheit vom US-Repräsentantenhaus in einen permanenten Status erhoben.

Solche Signale sind einerseits Ausdruck der sich wandelnden öffentlichen Haltung zum Thema, andererseits sind sie ihrerseits aber auch Trendverstärker, zumal dadurch auch zahlenmäßig relativ kleinere ethnische Gruppen eine spezifische, publikumswirksame Aufwertung und Wertschätzung erfahren. Beispielsweise ist die Zahl der Thailänder, die in und um Thaitown Los Angeles leben, mit etwa 10 000 Personen relativ klein, der Stadtteil wird aber dennoch mit recht üppigen staatlichen Fördergeldern zur Aufwertung und Revitalisierung bedacht, wobei die thailändische Kultur gezielt im Mittelpunkt stehen soll. Im Kontrast zu diesem aktuellen Ansatz stehen zum Beispiel die in früheren Jahren erfolgten Zwangsumsiedlungen ganzer Stadtteile ohne Rücksicht auf die Einwohner, sofern dies von Vorteil für die Bevölkerungsmehrheit schien: Die ursprüngliche Chinatown von Los Angeles musste um 1933 einem zentralen Bahnhof weichen.

Während damit wesentliche Teile der Bevölkerungsmehrheit und der Institutionen und Unternehmen den jeweils «anderen» immer mehr Beachtung und Anerkennung zuwenden, gewinnen diese immer mehr an Selbstvertrauen und Selbstbehauptung und bringen sich mit allen ihren Eigenheiten und ihrem Wissen aktiver ein als zuvor. Die Eigenheiten der unterschiedlichen Herkunftskulturen und neue Perspektiven werden stärker mitgeteilt und eingebracht; man lernt sich besser kennen und begegnet sich beiderseitig mit mehr Respekt. Der Trend geht allgemein hin zu immer mehr

Akzeptanz und Toleranz Andersartiger, zum generell als positiv empfundenen «Mosaik», das sich aus verschiedenen, letztlich aber doch zusammenpassenden Teilen zusammensetzt, woraus alle Beteiligten Vorteile ziehen können.

Dieses Bild der allgemeinen Entwicklung hin zu mehr Diversity ist jedoch nicht ohne Brüche. Nach wie vor gibt es viele Menschen, die andersartig erscheinenden Personen bestenfalls indifferent, oft aber auch mehr oder minder latent feindselig gegenüberstehen. Eine Umfrage der Stanford University (2008) zeigt beispielsweise, dass 40 Prozent aller US-Amerikaner nach wie vor tief verwurzelte Vorbehalte gegen Afroamerikaner haben.

Auch auf Seite der Unternehmen gibt es überall in den USA weiterhin viel Aufhol- und Weiterentwicklungsbedarf. Trotz der immer bunter zusammengewürfelten Belegschaften ist noch immer nur eine verschwindend geringe Zahl von ethnischen Minderheiten und Frauen in den Führungsetagen vertreten: Laut David A. Thomas und John J. Gabarro («The Making of Minority Executives in Corporate America», in: *Breaking Through*, 1999) sind 95 Prozent aller Positionen der Leitungsebene in US-Firmen wie ehedem von weißen Männern besetzt. Und obwohl die unteren und mittleren Ränge relativ durchmischt sind, gilt in vielen Unternehmen nach wie vor: Je höher die Verantwortungsebene, desto mehr weiße Männer bestimmen das Bild. Die Metapher der nach oben hin undurchlässigen «corporate glass ceiling» ist trotz der Veränderungen der letzten Jahre hin zu einer bewusst geförderten Diversity immer noch gültig.

Mitunter können dabei kulturelle Eigenheiten, die dem amerikanischen Leadership-Konzept diametral entgegengesetzt sind, eine Rolle spielen. Jane Hyun sagt («Career Strategies for Asians», in: *Breaking the Bamboo Ceiling*, 2005), dass viele Asiaten und Asian-Americans einen kulturell bedingten ausgeprägten Respekt vor Autorität und Hierarchie haben, weshalb sie dazu neigen, Entscheidungen ihrer Vorgesetzten nicht zu hinterfragen und offene Konfrontationen zu vermeiden. Genau dies wird jedoch in US-Unternehmen oft als Beweis mangelnder Führungskompetenz interpretiert. In ähnlicher Weise führt die traditionelle asiatische Orientierung auf Gruppenrechte oftmals dazu, dass Asian-Americans ihre Leistungen nicht für sich reklamieren. Dies wäre jedoch ebenfalls wichtig, um sich im amerikanischen Umfeld als Führungskraft profilieren und vorankommen zu können.

Andere Gründe für die eingeschränkten Aufstiegsmöglichkeiten könnten darin liegen, dass viele in den USA aufgewachsene Amerikaner kaum Erfahrung im Umgang mit anderen Kulturen haben. Nach Angaben von Alkman Granitsas (*YaleGlobal* 2005) verfügen nur wenige Amerikaner über Fremdsprachenkenntnisse und nur 21 Prozent der Gesamtbevölkerung besitzen einen Reisepass (bis vor wenigen Jahren war dieser Anteil noch deutlich geringer). Hinzu kommt laut dem Diversity-Experten David Tulin

(*Human Resource Executive Online* 2008), dass viele Firmen sich bisher zu stark auf kulturelle Trainingsprogramme zur allgemeinen Sensibilisierung für interkulturelle Themen sowie auf einfache Änderungen von Vorschriften und Praktiken konzentriert haben, nicht jedoch darauf, wie praktizierte Diversity dem Geschäftsergebnis dienen kann. Im Resultat ist Diversity oftmals nicht auf «Zellstrukturebene» in die Unternehmen integriert und in der Unternehmenskultur verinnerlicht worden; das Konzept ist quasi im Kopf verblieben, hat aber das Herz nicht erreicht. Sobald Mittelkürzungen erforderlich werden, verlieren viele Unternehmen schnell ihren Enthusiasmus für die Förderung von Minderheiten im Management, sagt David Tulin. Darüber hinaus gibt es kaum Förderung vonseiten zweier Gruppen in relevanten Schlüsselpositionen: Headhunterfirmen und Aufsichtsräte.

Oftmals bringen Kundenfirmen der Headhunter Minderheiten ins Spiel, um in erster Linie die Einhaltung der Vorschriften zu gewährleisten, und weniger, um echte Veränderungen herbeizuführen, wohl nicht zuletzt auch aufgrund des Profils der Headhunter, die fast alle weiße Männer sind; in vielen Headhunterfirmen sind überhaupt keine Frauen oder Minderheiten tätig. Laut Joseph Daniel McCool (*Human Resource Executive Online* 2008), Autor des Buches *Deciding Who Leads*, sind die meisten der den Unternehmen vorgestellten Kandidaten ebenfalls weiß und männlich; man bewegt sich in der Regel vorzugsweise im Umfeld von Menschen, die einem selbst ähnlich sind. Dies findet seine Entsprechung aufseiten der Aufsichtsräte, die ebenfalls dazu neigen, Bewerber mit ihnen ähnlichen Charakteristika auszuwählen. Die Bevorzugung von ähnlich scheinenden Menschen findet meist im Unterbewusstsein statt, und eine vermeintlich offensichtliche Begründung für einen Mangel an Diversity in Führungspositionen ist auch ohne böse Absicht schnell gefunden, wie zum Beispiel dass sich ganz einfach nicht die passenden Frauen und Minderheiten bei der eigenen Firma bewerben.

Große Hoffnungen auf Fortschritte hin zu mehr Diversity werden auf die sich weiterentwickelnde Globalisierung gesetzt. Um sich beruflich behaupten und aufsteigen zu können, haben Minderheiten traditionell lernen müssen, zwischen der Welt der dominierenden weißen, männlichen Geschäftskultur und ihrer eigenen Kultur im Privatleben nahtlos hin- und herzuwechseln. Diese Beweglichkeit fördert die Fähigkeit von Minderheiten, außerhalb ihrer eigenen kulturellen Normen zu denken und die Weltanschauung anderer besser verstehen zu können.

Diese aus der Notwendigkeit einer zumeist oberflächlichen Anpassung geborene Fähigkeit könnte der Schlüssel für die Erlangung des bisher nur selten erreichten Ziels sein, die «gläserne Decke» zu den höheren Führungsebenen in Unternehmen zu durchbrechen. In einer zunehmend globalisierten Weltwirtschaft suchen Unternehmen immer stärker nach Führungspersonen, die kulturübergreifend managen und kommunizieren und mit Leichtigkeit zwischen unterschiedlichen Kulturen und Perspektiven hin und her wechseln können, ohne von althergebrachten vorgefassten Meinungen eingeschränkt zu sein. Je attraktiver diese interkulturellen Führungsqualifikationen für Unternehmen werden, desto mehr Minderheiten könnten in gehobene Managementpositionen aufsteigen, denn viele haben ja durch ihre Vorerfahrungen diesbezüglich bereits gut entwickelte Fähigkeiten und sind stärker für kulturelle Nuancen sensibilisiert. Die Fähigkeit, interkulturell zu denken und zu handeln, wirkt sich besonders auf internationaler Ebene im Umgang mit Kunden, Mitarbeitern, Geschäftspartnern und anderen günstig aus.

Diese Erkenntnisse fassen in den Unternehmen zunehmend Fuß, unter anderem weil immer mehr weiße männliche Führungskräfte international eingesetzt werden und dabei lernen, dass Führung in einer globalen Wirtschaft interkulturell sein muss, um effektiv wirken zu können. Diese Erfahrungen bringen sie dann bei ihrer Rückkehr in die USA mit und gehen nunmehr auch hier ganz anders an ihre Aufgabe heran – mit insgesamt positiven Auswirkungen auf die Akzeptanz von Frauen und Minderheiten in leitenden Positionen. Dennoch dürfte diese Entwicklung weiterhin die konkrete Unterstützung von Konzernlenkern und insbesondere Personalabteilungen erforden, insbesondere durch die Vermittlung von Mentoren, durch gezielte Nachfolgeplanung sowie durch eine verstärkte Einbindung des Diversity-Gedankens bis in alle Geschäftsvorgänge hinein.

Die Chance für die Gesellschaft im Allgemeinen und für die Geschäftswelt im Besonderen liegt in der Erkenntnis, dass sich eine offene Annahme und Aufnahme der vorhandenen kulturellen Vielfalt mit ihren vielen unterschiedlichen, sich gegenseitig befruchtenden Perspektiven zu einem unvoreingenommenen, nach allen Seiten hin toleranten Miteinander als Prämisse für interkulturelle Führung entwickeln kann.

Dass sich die allgemeine Wahrnehmung und Akzeptanz von Frauen und Minderheiten insgesamt stark gewandelt hat, wird nicht zuletzt auch daran deutlich, dass im Jahre 2008 mit Hillary Clinton und Barack Obama gleich zwei Vertreter dieser beiden Gruppen erstmals mit einer echten Chance auf Erlangung des Amts des US-Präsidenten kandidierten und dass Obama als Afroamerikaner in mehreren Bundesstaaten mit überwiegend weißer Bevölkerung bereits bei den Vorwahlen sehr erfolgreich abschnitt und später zum Präsidenten gewählt wurde. Dies schien noch vor wenigen Jahren undenkbar.

Trotz der allgemein deutlich wahrnehmbaren Trends hin zu mehr Diversity und Akzeptanz von Frauen und Minderheiten im Geschäftsleben bleibt noch viel zu tun, um echte Chancengleichheit zu erzielen und um Diversity vor allem auch in den Chefetagen weiter zu fördern. Das Dilemma hierbei ist die Tatsache, dass die von weißen Männern dominierte Elite über die Zukunft der interkulturellen Landschaft in den USA entscheiden wird. Hier wird interkulturelle Führung vor allem durch weiße Männer erforderlich sein, denn diese befinden sich (noch) in den relevanten Schlüsselpositionen und können, ja müssen also die entscheidenden Impulse geben. Setzen sie jedoch tatsächlich ernst zu nehmende Fortschritte in Richtung Diversity durch, werden sie sich über kurz oder lang selbst entmachten. Die Anforderungen der fortschreitenden Globalisierung und des demografischen Wandels in den USA werden jedoch diese Entwicklung diktieren. Und je besser erreichbar Führungsetagen werden, desto mehr werden Frauen und Minderheiten mit interkulturellen Führungsqualitäten zum Zuge kommen.

Anmerkung

1 Jeder (legale) Einwanderer in den USA erhält zunächst den Status eines Legal Permanent Resident und hat diesen für mindestens mehrere Jahre inne, bevor er die US-Staatsbürgerschaft erlangen kann. Der Status verleiht das Recht, bei Einhaltung einiger weniger Regeln auf Lebenszeit in den USA zu leben, zu arbeiten und Firmen zu besitzen und zu betreiben.

Japan – Deutschland: Analyse kulturgebundener Medien

Margit Krause-Ono und Sylvia Wächter

Margit Krause-Ono
ist Professorin und lehrt am Muroran Institute of Technology in Japan interkulturelle Kommunikation, europäische Kultur sowie Germanistik. Geboren und aufgewachsen in Deutschland, ging sie 1980 nach Nordjapan, wo sie seither lebt und arbeitet. Universitätsabschlüsse von Frankreich und Australien sowie ein Zertifikat zum interkulturellen Trainer der FSU in Jena helfen ihr, gelebte Interkulturalität zu erforschen und zu lehren.

Sylvia Wächter
ist Professorin und lehrt an der Universität der Künste Berlin interkulturelle Wirtschaftskommunikation und Textgestaltung. Sie promovierte im Fach Angewandte Linguistik, weilte zu längeren Forschungsaufenthalten in den USA und Japan und lehrte mehrere Jahre an der Kanazawa University Japan. Schwerpunkte von Forschung und internationalen Vorträgen sind interkulturelle Wirtschaftskommunikation, Unternehmenskommunikation und Textgestaltung.

Enttäuschungen sind Teil des Geschäftslebens wie auch des Sports. Welche Emotionen ein überraschender Erfolg oder ein Misserfolg auslösen, ist zwar individuell, aber die Art und Weise, wie diese Emotionen ausgedrückt und wie die Ereignisse interpretiert werden, ist wesentlich stärker kulturgeprägt, als manchem bewusst ist. Eine qualitative Analyse zeigt auf, dass Medien nicht nur kulturelle Werte reflektieren und weitergeben, sondern dass sie auch das Verhalten von Mitgliedern anderer Kulturen eigensinnig interpretieren. Mit dieser Tatsache sind Sportler genauso wie Geschäftsleute im Ausland betroffen, die mit den Medien zu tun haben. Vom folgenden wissenschaftlichen Untersuchungsbericht können Parallelen zum Geschäfts- wie zum gesellschaftlichen Leben abgeleitet werden. Kurz: Medien – ungeachtet ihrer Kultur – färben Verhalten und Aussagen unbewusst so ein, wie sie ihrer kulturellen Interpretationsweise entsprechen.

Im Vorfeld der Fußballweltmeisterschaft 2006 in Deutschland wurden am 15. Mai 2006 sowohl in Deutschland als auch in Japan die Spieler der Nationalmannschaften bekannt gegeben. Dabei gab es Überraschungen: Einige Fußballspieler in beiden Teams wurden erstaunlicherweise nominiert beziehungsweise nicht nominiert. Das Medieninteresse an den persönlichen Reaktionen der Spieler war groß. Dies bot die seltene Gelegenheit, das Verhalten von Mitgliedern unterschiedlicher Kulturen in vollkommen identischen Situationen zu vergleichen und die Reaktionen der Spieler zu analysieren, die nominiert beziehungsweise nicht nominiert wurden, und zwar so, wie sie in den Medien ihrer jeweiligen Kultur dargestellt wurden. Die Analyse basiert auf Studien über wesentliche Werte und ausgeprägte Verhaltensmuster in der deutschen sowie der japanischen Kultur und wie diese sich in den jeweiligen Kommunikationsstilen zeigen. Anhand der Berichterstattung über die beiden deutschen Torhüter in den japanischen und deutschen Medien wird gezeigt, dass Medien nicht nur kulturelle Werte übertragen, sondern dass sie auch das Verhalten von Vertretern anderer Kulturen durch ihre eigene kulturelle Brille sehen.

Die kulturelle Brille

Kulturen sind zwar nicht statisch oder eingrenzbar – es gibt zahlreiche intrakulturelle Erscheinungen und Prozesse –, doch es sind gewisse Haupttendenzen in einzelnen Kulturen feststellbar, die einer hohen Wahrscheinlichkeit des Eintretens und Vorherrschens entsprechen. Durch den Vergleich mit anderskulturellen Ausprägungen von Strukturmerkmalen ist es möglich, eigenkulturelle Prägungen und Erscheinungen als solche wahrzunehmen und zu reflektieren. Obwohl es problematisch erscheint, Kulturen mit Nationen gleichzusetzen, ist diese Verfahrensweise immer noch gängige Praxis und erscheint vielen als «die beste aller schlechten Lösungen» (Bolten 1999, S. 13).

Alle Kulturen basieren auf gemeinsamen Werten, und etliche derselben sind universell. Der Unterschied besteht darin, dass jede Kultur diese Werte anders betont. Meist sind eine gewisse Wertepalette sowie eine Reihe von akzeptablen und nicht akzeptablen verbalen und nonverbalen Verhaltensweisen vorherrschend. Dazu hat jede Kultur ihre Brille, durch welche die Welt gesehen wird (Moosmüller 1997). Das bedeutet nicht, dass Menschen keine Wahl in ihrem Verhalten oder ihrer Ausdrucksweise haben. Es bedeutet eher, dass diese kulturellen Rahmen durch die Mitglieder einer Kultur festgelegt werden, meistens basierend auf ihrem kulturellen und kollektiven Gedächtnis (Assmann 1992). Einige Forscher wie Matsumoto (2006) vertreten die Ansicht, die Globalisierung mache nationale kulturelle Unterschiede ungültig. Die Existenz derartiger Unterschiede wird später nachgewiesen.

Deutsche Kultur und ihr Kommunikationsstil

Während für japanische Kulturteilhaber ein ganz bestimmtes japanisches Verhalten beziehungsweise eine ganz bestimmte japanische Art («Japanese way of doing») als angemessen gelten kann, trifft dies für deutsche Kulturteilhaber in dieser formal-ritualisierten Form nicht zu (vgl. Doi 1971; Nakane 1967). Selbstverständlich existieren auch im deutschen Kulturkreis gängige und übliche Verhaltensrepertoires, aber im Vergleich zu Japanern kann für den deutschen Kulturkreis davon ausgegangen werden, dass die Menschen sich dies nicht besonders bewusst machen und nicht darüber reflektieren. Stereotype über deutsche Verhaltensweisen und den deutschen Kommunikationsstil haben schon immer existiert, wie dies auch für andere Kulturen gilt. E. T. Hall (1959, 1985) und M. Hall (1985) waren die ersten Wissenschaftler, die deutsche kulturelle Ausprägungen zum Umgang mit Zeit, zum Raumverhalten und zur Kontextabhängigkeit von Kommunikation in ihren Untersuchungen dokumentierten. Sie beschreiben die deutsche Kultur als monochronisch, Low-Kontext-orientiert, ordnungsliebend und betonen die Wertschätzung von Regeln. Nees (2000) beschreibt in seiner vergleichenden Analyse des amerikanischen und deutschen Kommunikationsstils, dass deutsche Kulturteilhaber lange Analysen und Erklärungen ebenso bevorzugen wie gründliches Planen. Er führt des Weiteren aus, dass deutsche Kulturteilhaber sehr viel Wert auf fachliche Kompetenz legen, einen sehr direkten Kommunikationsstil pflegen und individualistische Züge in sachorientierten Kontexten bevorzugen. Gleichzeitig räumt er ein, dass Deutsche sehr konsensorientiert handeln, dass Konsens aber durch direkte

Kommunikation in offiziellen Gesprächen, bei denen es wichtig ist, die eigene Meinung darzustellen, erreicht wird. Die starke Inhalts- und Sachorientierung bewirkt eine Reduktion der Bedeutung der Beziehungsaspekte bei der Kommunikation. «Direkte Angriffe auf den Inhalt einer Äusserung sind üblich, aber Angriffe auf die Person werden durch unpersönliche und objektive Kommunikationsweise vermieden» (Nees 2000, S. 63). Regelrecht hitzige Diskussionen (z. B. über politische Themen), die Deutschen völlig normal erscheinen, können aus japanischer Perspektive als sehr aggressiv und sogar als Streitgespräch aufgefasst werden. Ein Grund für diese spezifische Ausprägung des deutschen Kommunikationsstils ist die Tatsache, dass Ehrlichkeit im Gespräch durch offenes Äußern der eigenen Meinung in der Regel höher geschätzt wird als diplomatisches Agieren oder persönliche Beziehungen.

Um den spezifischen kulturellen Prägungen gerecht zu werden, empfiehlt es sich – insbesondere für Geschäftsverhandlungen zwischen Deutschen und Japanern oder für öffentliche Auftritte – einen muttersprachlichen Übersetzer, besser «interpreten» zu engagieren. Zwischen Übersetzungs- und Interpretationsleistung existiert ein wesentlicher Unterschied: Während es einerseits lediglich um eine Übersetzung verbaler Mittel geht, bietet der Einsatz eines «native interpreters» nicht nur Zeitfenster zum Nachdenken und Reflektieren (auch dann, wenn man der Fremdsprache mächtig ist), sondern ebenso das Potenzial, Konflikte zu vermeiden, indem deutsche, für viele andere Kulturen sehr direkt wirkende Wendungen wie «Das ist völlig unakzeptabel!» oder «Da brauchen wir gar nicht weiterdiskutieren!» (Stahl 1999, S. 42) abgeschwächt beziehungsweise paraphrasiert werden. Varner und Beamer (1995, S. 42) stellen diesen Punkt ebenfalls deutlich heraus: «The interpreter translates but, as the word implies, also interpretes the message in cultural terms.»

Kulturkontrastive Untersuchungen der deutschen und japanischen kulturellen Verhaltensweisen und Kommunikationsstile stellen den oben erwähnten Aspekt der Direktheit des deutschen Kommunikationsstils heraus. Watanabe (2006) analysierte deutsch-japanische Geschäftsverhandlungen, die in englischer Sprache geführt wurden. Ihre Ergebnisse zeigen, dass die deutschen Manager sehr sachorientiert kommunizieren, auf das vorliegende (Sach-)Thema konzentriert sind und kaum auf den Vorredner Bezug nehmen. Eine Untersuchung von Yamashita (2003) zur Bedeutung verschiedener Werte wie Ehrlichkeit, Höflichkeit und andere Werte in Deutschland und Japan erbrachte das Resultat, dass unter den befragten Deutschen Ehrlichkeit zu den am höchsten geschätzten Werten gehört, während Höflichkeit – im Gegensatz zu Japan – als viel weniger wichtig erachtet wird. Zusammenfassend lassen sich der deutsche Kommunikationsstil und vorherrschende kulturelle Ausprägungen durch a) einen hohen Direktheitsgrad, b) eine große Wertschätzung von Strukturen und Regeln, c) eine deutliche Unterscheidung und Trennung zwischen Privatraum, -zeit und Berufsleben sowie d) eine ausgeprägte Sachorientierung charakterisieren.

Persönlichen Beziehungen zum Gesprächspartner wird weniger Beachtung geschenkt, und verbale Äußerungen können so direkt ausgedrückt werden, dass selbst das Hervorheben von Schwachstellen in den Ausführungen des Kommunikationspartners und Kritik als nicht ungewöhnlich und ebenso als nicht verletzend betrachtet werden. Das Konzept etwa des Gesicht-Wahrens oder Gesicht-Gebens wie in Japan oder China existiert in dieser Form nicht (Schroll-Machl 2002, 2003).

Japanische Kultur und ihr Kommunikationsstil

Japaner haben – im Gegensatz zu Deutschen – eine klare Vorstellung von einem spezifisch japanischen Verhalten (Stahl 1999). Ein Grund dafür findet sich in der nativistischen Bewegung, die in der zweiten Hälfte des 18. Jahrhunderts aufkam. Dies war ein Versuch, die japanische Kultur von fremden, vor allem chinesischen, Einflüssen zu «reinigen» (Gordon, 2003). Während der späten Meiji-Zeit (1890–1912) wurden gewisse, als japanisch angesehene Eigenschaften institutionalisiert, sei es durch Erziehung, Medien oder durch offizielle Anordnung (Gluck 1985). Seitdem ist eine Fülle an Literatur über die japanische Einzigartigkeit (*Nihonjinron*) erschienen (Sugimoto 2001). Wir beziehen uns auch auf die frühen Studien, weil deren Forschungsergebnisse immer noch Gültigkeit haben, wie unsere Analyse bestätigen wird. Die meisten Autoren argumentieren, dass verschiedene Schulen und Künste, die in der japanischen Kultur *do* (Weg) genannt werden, wie *bushido* – der Weg des Kriegers, *kendo* – der Weg des Schwertes, oder *chado* – Teezeremonie oder korrekter Weg des Tees, eine gemeinsame kulturelle Basis teilen. Alle beinhalten nicht nur die Beherrschung einer Technik, sondern implizieren auch das Beherrschen eines moralischen Codes oder Verhaltens, einschließlich passender verbaler und nonverbaler Ausdrucksweisen (Coulmas 2003). Viele Verfechter des *Nihonjinron*, wie Doi (1971) oder Nakane (1967), haben die japanische Kultur als kollektivistisch und gleichzeitig einzigartig beschrieben.

Gemäß diesen Autoren wird bereits in den frühen Phasen der soziolinguistischen Entwicklung eines japanischen Kindes (durch Wort-, Ausdruckswahl und die zugrunde liegenden kulturellen Konzepte) starkes Gewicht auf die richtige Form reziproken Verhaltens in zwischenmenschlichen Begegnungen gelegt, wobei besonders die emotionale Wichtigkeit betont wird. Bedeutungsunterscheidende Konzepte wie *amae* (Nachsicht) (Doi 1971), das von Yamada (1997) auch als «sweetening» (Besüßung) übersetzt wurde, *enryo*

(Zurückhaltung) (Inoue 1977) und *haji* (Scham oder Peinlichkeit) (Inoue 1977) werden alle genutzt, um das *Selbst* sowie den und die *andere(n)* zu definieren. Diese drei Hauptmerkmale, man könnte auch noch *sasshi* (die Fähigkeit, Unausgesprochenes zu verstehen und zu erahnen) hinzufügen (Nakane 1967), sind auf das Engste mit dem Konzept des *seken* (die anderen) verbunden, was die grundlegende Orientierung für nach außen gerichtetes Verhalten darstellt (Inoue 1977). Alle Autoren betonen, dass diese Konzepte nicht so explizit präsent oder vertreten wären, wenn der Ausgangspunkt nur das Selbst und nicht die anderen wären. Jedoch beschreiben diese Konzepte keine statischen Positionen, sondern verändern sich je nach Situation, in der sich das Individuum befindet. Mit anderen Worten: Sie sind stark situations- und kontextgebunden.

Diese Konzepte werden von den meisten Japanern bewusst geteilt. In Fällen, in denen sie nicht beachtet oder befolgt werden, kann es vorkommen, dass über ihre Abwesenheit gesprochen wird, was indirekt zu einer Verstärkung derselben beiträgt (Sugimoto 2001). Diese Schlüsselelemente des *Nihonjinron* sind mehr auf die anderen als das Selbst fokussiert. Es kann zu einem großen Zuschreibungsirrtum kommen, wenn sie mit reinem Kollektivismus oder Nichtindividualismus gleichgesetzt werden (Takano/Osaka, 1999). Die Frage ist daher eher, was in einer Kultur oder Gesellschaft mehr geschätzt wird, da diese Werte in verbalen sowie nonverbalen Ausdrücken gespiegelt werden. In der japanischen Gesellschaft gilt: «Statt eine einzige soziale Realität anzuerkennen, gibt es eher eine Vielzahl an möglichen Perspektiven des Selbst sowie des sozialen Lebens. Interaktionen in der japanischen Gesellschaft fokussieren auf die richtige Auswahl aus zahlreichen Möglichkeiten. Das heißt, dass das, was man sagt oder tut, in den verschiedenen Situationen unterschiedlich sein wird, je nachdem wie man seine eigene Perspektive gegenüber dem jeweils sozial anderen definiert» (Bachnik 1986, S. 69).

Japaner empfinden den «direkten Anspruch des nackten Selbst» als kindisch (Hamaguchi 1985, S. 303). Herausstellung des Selbst wird eher als unreif denn als authentisch erlebt. Dieser Punkt wird auch von White und LeVine (1986, zitiert in Markus/Kitayama 1991, S. 58) in ihrer Beschreibung der Bedeutung von *sunao* geteilt und wiedergegeben: Ein Kind, das *sunao* ist, hat seine persönliche Selbstständigkeit nicht zugunsten der Kooperation zurückgestellt. Kooperation suggeriert nicht wie im Westen, dass das Selbst aufgegeben wird; es beinhaltet vielmehr, dass die Zusammenarbeit mit anderen der richtige Weg ist, um das Selbst auszudrücken und zu stärken.

Condon (1984) zeigt weiter, dass in der japanischen Kultur Loyalität und Gruppenorientierung einen hohen Stellenwert besitzen. Das bedeutet jedoch nicht, dass Japaner nicht individualistisch sind. Ihre Regeln sind einfach anders (Yamada 1997), besonders wenn es um den Ort, das Timing und die Situation geht, in denen es einem Individuum erlaubt ist, seine Gefühle zu zeigen oder ihnen auch freien Lauf zu lassen. Moosmüller (1997) gibt konkrete Beispiele des japanischen Verhaltens in Geschäftssituationen, das sich als vage, indirekt, kontrolliert, sich nicht in den Vordergrund spielend, sondern eher an der aktuellen Ingruppe orientiert zeigt. Diese Attribute zeigen, wie Japaner von Mitgliedern anderer Kulturen gesehen werden. Gleichzeitig kann es sein, dass Japaner sich teilweise selbst so sehen. Eine vergleichende Studie über deutsche und japanische Manager von Watanabe (2006) zeigt auf, dass japanische Manager ihre Meinungen sehr viel anders formulieren und sie diese am Ende ihres Beitrags einfügen, wohingegen zu Beginn auf andere oder den Vorredner sowie auf die aktuelle Situation eingegangen oder diese zusammenfassend dargestellt wird. Einige Autoren betonen, dass es für Japaner immer noch peinlich oder sogar ein Gesichtsverlust ist, wenn sie herausgehoben werden, sei es positiv oder negativ (Inoue 1977; Nakane 1967). In beiden Fällen werden sie nicht viel sagen, sondern sich auf ihre Ingruppe beziehen. Nach Sugimoto (2001) ist der Grund für dieses Verhalten jedoch eher darin zu sehen, dass sozialen Erwartungen entsprochen wird, um Ärger zu vermeiden. Welche Interpretation auch eher zutrifft, Tatsache ist, dass das sichtbare Verhalten dasselbe ist. Diese Analyse wird daher untersuchen, ob die beiden japanischen Fußballspieler, die durch ihre (Nicht)-Nominierung herausgestellt wurden, sich nach den oben beschriebenen Mustern verhalten haben beziehungsweise in den Medien so porträtiert wurden.

Im folgenden Analyseteil werden einerseits die Reaktion von jeweils japanischen und deutschen Fußballspielern und andererseits die Berichterstattung der jeweiligen Landesmedien über dieselben untersucht. Die Untersuchung konzentriert sich auf die verbalen Äußerungen der insgesamt sechs Spieler und die Berichte über sie in den Sportteilen der folgenden Zeitungen:

Deutschland: *Spiegel online*, *Kicker online*, *Frankfurter Allgemeine Zeitung*, *Tageszeitung*;

Japan: *sportsnavi*, *Sports Nippon Shimbunsha (SupoNichi)*, *Asahi Shimbun*, *Mainichi Shimbun* und *Nihon Keizai Shimbun* (Wirtschaftszeitung).

Japanische Medienberichterstattung über Reaktionen zweier japanischer Spieler

Als die Mitglieder der japanischen Nationalmannschaft für die Weltmeisterschaft 2006 bekannt gegeben wurden, fehlte der Name Tatsuhiko Kubo. Dies war bereits das zweite Mal (davor bei der Weltmeisterschaft 2002), dass er es nicht schaffte, obwohl fast jeder sicher war, dass er diesmal dabei sein würde (Kubo Rakusen 2006, S.1). Seine Reaktion auf der anschließenden Pressekonferenz wurde wie folgt dargestellt: «Es ist unglücklich. Einmal mehr wurde ich nicht gewählt. Ich hatte ein kleines Vorgefühl, dass dies passieren könnte, aber ich habe es nicht voll vorausgesehen. Ich wünsche mir, dass meine Mannschaftskameraden, die sehr viel trainiert und an vielen Spielen teilgenommen haben, ihr Bestes geben werden» (Kubo Rakusen 2006, S.1).

Wie aus der Auswahl der Zitate durch die Medien ersichtlich ist, gibt Kubo seiner Traurigkeit ohne irgendwelche Verbitterung Ausdruck. Dadurch, dass er sofort auf seine bisherigen Mannschaftskameraden eingeht und seiner Hoffnung Ausdruck gibt, dass sie ihr Bestes tun werden, bezieht er sich auf seine Ingruppe. Er fährt fort: «Diese letzten beiden Spiele waren etwas beunruhigend. Dieses Jahr werde ich 30 und es wird nicht leichter [...] Ich fühlte, wie sich meine Kondition von Tag zu Tag verbesserte [...] Aber da kann man nichts machen (shigata ga nai), da der Trainer seine eigene Meinung darüber hat [...] Wir werden bald ein Spiel haben, in dem ich mein Bestes für die Marinos geben will (Kubos Verein)» (Kubo Rakusen 2006, S.1). Kubo bringt seine Hoffnung, die er auf die Nominierung hatte, sehr neutral zum Ausdruck. Er gibt sehr schnell zu, dass seine Leistung in den letzten beiden Spielen nicht optimal war. Er weist auf sein Alter hin, was anzeigt, dass er gerne nominiert worden wäre, da es die letzte Chance für ihn sein könnte. Aber er zeigt diesen Wunsch nicht direkt, sondern deutet ihn nur an. Er bemerkt, dass er spürte, wie sich seine Kondition verbesserte, aber er betont diesen Punkt nicht, sondern gibt ihm eine fatalistische Wende – «shigata ga nai» (da kann man nichts machen). Er zeigt nur ganz leicht seine Verärgerung durch die Erwähnung, dass der Trainer eine andere Meinung über seine Kondition hat. Danach wechselt er sofort das Thema und bezieht sich auf seine andere Ingruppe (den Fußballverein Yokohama Marinos), für die er sein Bestes geben will, womit er seine Loyalität demonstriert.

Über eine interessante kleine Episode wurde von derselben Zeitung am selben Tag (16. Mai 2006) berichtet. Nach der Pressekonferenz wurde Kubo von seiner Frau und den zwei Töchtern (sieben- und einjährig) abgeholt. Die ältere Tochter kommentierte die Nachricht von der Nichtaufstellung ihres Vaters mit folgenden Worten: «Ich hasse Zico»[1]. Diese Äusserung zeigt, was einem Kind noch erlaubt ist zu sagen und einem Erwachsenen nicht mehr und bestätigt Hamaguchi (1985), dass «der direkte Wille des nackten Selbst» für kindisch angesehen wird. Es kann durchaus sein, dass Kubo dieselben Gefühle hatte, die seine Tochter zum Ausdruck brachte, aber er hat sie nicht so verbalisiert.

Seiichiroh Maki war der Spieler, dessen Aufstellung für die japanische Nationalmannschaft am wenigsten erwartet worden war («Daigyakuten no

Maki», 16. Mai 2006). Die erste Überraschung war seine Nominierung, und die zweite, dass er die Nummer 11 bekam. «Was, ich habe die Nummer 11?» Die Zeitung betonte, dass bisher nur berühmten Stürmern die Nummer 11 gegeben wurde. Demselben Nachrichtenblatt zufolge ging Makis Überraschung schnell in eine logische Schlussfolgerung über. «Die Nummer 11 bedeutet auch, dass ich mit Shunsuke Nakamura zusammenarbeiten darf.» Hier ist es notwendig zu erklären, dass im japanischen Fußball traditionell die Nummer 11 dem Stürmer gegeben wird und die Nummer 10 dem Spielmacher, der in diesem Fall Shunsuke Nakamura ist. Daher war es umso überraschender, dass einem jungen, unerfahrenen Spieler die Verantwortung des Tore-Erzielens übertragen wurde, da es die enge Zusammenarbeit mit dem Spielmacher Shunsuke Nakamura notwendig machte. In *sportsnavi.com* (23 Ninme no sapuraisu) (16. Mai, 2006) wurde Maki wie folgt zitiert: «Nur aufgestellt zu werden bedeutet nichts. Ich will mich voll geben, wenn ich spiele und ich will die Mannschaft motivieren, jedes Spiel zu gewinnen. Natürlich ist das Ziel, die Weltmeisterschaft zu gewinnen. Das ist das Mindeste, was man anvisieren sollte, wenn man das japanische Trikot überstreift. Es gibt andere Spieler, die wegen mir nicht nominiert wurden. Schon deswegen möchte ich eine befriedigende Leistung bringen, der ich mich nicht schämen muss.» Maki zeigt seine Freude, dass er gewählt wurde. Er bringt die Aufmerksamkeit schnell auf die Mannschaft als Ganzes und betont, was er für sie tun will. Er zeigt ebenfalls Respekt für den nicht aufgestellten Kubo, obwohl er seinen Namen nicht direkt ausspricht, und fürchtet die Scham (haji), falls seine Leistung nicht dem entsprechen sollte, was von ihm erwartet wird. In *SupoNichi* («Maki Sebango 11», 18. Mai 2006) wurden Makis Kommentare bezüglich seiner Nominierung wie folgt dargestellt: «Ich war überrascht, aber ruhig und nicht übermäßig aufgeregt. Viele Dinge gingen mir durch den Kopf, zum Beispiel, wie ich in den Spielen agieren soll und wie ich der Mannschaft zum Sieg verhelfen kann» (S. 1). Hier spielt er auch seine Freude herunter und betont eher seine Überraschung. Dies reflektiert den japanischen Wert der Bescheidenheit. Makis größte Sorge scheint zu sein, wie er am besten spielen und zum Erfolg der Mannschaft beitragen kann. Er führt weiter aus: «Die Weltmeisterschaft ist kein Ort zum Herumalbern. Das Ziel ist natürlich die Meisterschaft zu erringen. Nicht höflich und zurückhaltend, sondern aggressiv spielen, ist das, was ich will. Wenn ich mein Bestes geben kann, bin ich sicher, dass ich etwas erreichen kann. Ich denke, das ist der Grund, warum Zico mich gewählt hat» («Maki Sebango 11», 2006, S. 1). Maki betont den Ernst der Sache und konzentriert sich auf das, was er vorhat zu tun. Am Ende zeigt er eine kleine Spur von Selbstvertrauen.

Deutsche Medienberichterstattung über Reaktionen von vier deutschen Fußballspielern

Am 16. Mai 2006 berichtet *Spiegel online* über die Nichtnominierung von Kevin Kuranyi[2]. Da Kuranyi schon eine gewisse Weile für die deutsche Nationalmannschaft spielte und viele annahmen, dass er bei der WM 2006 eingesetzt werden würde, wurde die Nachricht von der Nichtnominierung als überraschend angesehen. Der Titel des Berichts des Onlinemagazins enthielt ein Zitat des unglücklichen Spielers: «Für mich ist eine Welt zusammengebrochen.» Kuranyi wurde über seine Nichtnominierung direkt vom Nationaltrainer informiert. Der Artikel zitiert Kuranyi weiter: «Immer wieder habe ich mir die Frage gestellt: Warum ausgerechnet ich?» Der Fußballer wird zitiert, dass er «sprachlos» sei, und weiter heißt es: «[...] ich bin zutiefst enttäuscht und werde nun einige schlaflose Nächte haben». Nachdem das Magazin das Eingeständnis Kuranyis wiedergibt, dass er durchaus «keine überragende Saison» gespielt habe, wird die sich anschließende Rechtfertigung des Spielers ebenfalls direkt wiedergegeben: «[...] aber ich habe zu Beginn der Trainerzeit von Jürgen Klinsmann Tore am Fließband erzielt».

Die deutschen Medienberichte zielen auf die klaren und direkten Äußerungen der persönlichen Enttäuschung Kuranyis ab. Sie geben keine Verweise auf das Nationalteam oder Teamkollegen. Kuranyi spricht offen aus, wie er fühlt und denkt, er verkündet sogar die Folgen seiner Enttäuschung – schlaflose Nächte. Ebenfalls offen und deutlich drückt Kuranyi seine Gegenposition zum Nationaltrainer aus. Obwohl Kuranyi einräumt, nicht die beste Saison gespielt zu haben, versucht er gleich anschließend, seine Leistungen zu rechtfertigen, indem er seine gute Form zu Beginn der Trainerzeit von Klinsmann herausstellt. Kuranyi äußert seine Überzeugung direkt, dass seine Nichtnominierung nicht gerechtfertigt sei («Warum ausgerechnet ich?»). Kuranyi bezieht seine verbalen Äußerungen einzig und allein auf sich und seine Leistungen, was im vorliegenden Fall als «der Sachverhalt» betrachtet werden kann, um den es geht. So jedenfalls sehen es die deutschen Medien.

Eine noch größere Überraschung war die Nominierung von David Odonkor. *Spiegel online* berichtet am 15. Mai über das unerwartete Ereignis der Nominierung des Fußballers, der vorher noch nie in der Nationalmannschaft gespielt hatte, mit folgendem Zitat Odonkors: «Ich freue mich riesig. Das ist für mich eine große Ehre und ein riesiger Ansporn. Ich denke, dass der Bundestrainer in der abgelaufenen Saison sehr aufmerksam das Auftreten der jungen Spieler aus dem eigenen Nachwuchs beim BVB [Odonkors Verein] registriert hat und dass es mir deshalb noch gelungen ist, in letzter Minute auf den WM-Zug aufzuspringen.» Aus den Zitaten geht deutlich hervor, wie klar und direkt der nominierte Fußballer seine Freude und seine

Glücksgefühle verbal ausdrückt. Der Medienbericht fokussiert auch hier darauf, was die Nominierung für Odonkor persönlich bedeutet. Auch hier finden sich keine Verweise auf seine Vereinsmannschaft, die Kameraden oder die Nationalmannschaft in gruppenorientierter Absicht. Obwohl Odonkor in der sprichwörtlich letzten Minute durch den Trainer Klinsmann informiert worden war, schreibt Odonkor die Nominierung dem eigenen Leistungsverdienst zu, und nicht glücklichen Umständen. So zumindest lassen es die deutschen Medien erscheinen.

Deutsche und japanische Medienberichte über Leadership zweier deutscher Torhüter

Die Begebenheit zwischen Oliver Kahn und Jens Lehmann erreichte hohe Öffentlichkeit durch entsprechende Medienberichte in beiden von uns untersuchten Kulturräumen. Wie kam es zu diesem bemerkenswerten Medieninteresse in Japan? Kahn ist in Japan sehr populär und genießt hohes Ansehen, das mit der WM 2002 in Japan und Korea begann, bei der er als Nationaltorwart der deutschen Mannschaft spielte. Auf die Gründe für Kahns große Popularität, die sich nicht zuletzt durch zahlreiche TV-Auftritte sowie als Testimonial in mehreren Werbespots (z. B. Bridgestone, Eneos, Shinki) im japanischen Fernsehen manifestiert, soll an dieser Stelle nicht näher eingegangen werden.

Laut deutschen Medienberichten vor der WM 2006 hofften sowohl Kahn als auch Lehmann auf die Nominierung als «Nummer 1». Nach der Bekanntgabe der Entscheidung des Trainers Klinsmann für Lehmann als Torwart Nummer 1 präsentierten die Medien die in den unmittelbar stattgefundenen Interviews direkt geäußerten und offen gezeigten Emotionen von Kahn und Lehmann. Lehmann («Ich bin sehr glücklich») verspricht, den Erwartungen gerecht zu werden: «Ich werde mich noch mehr reinhängen als ohnehin schon, um den Anforderungen bei der Weltmeisterschaft gerecht zu werden und alles daran setzen, um das Vertrauen des Trainers zu rechtfertigen» (*Spiegel online*, 7. April 2006).

Kahn dagegen drückt seine Enttäuschung aus, direkt und unmissverständlich: «Ich bin über die Entscheidung von Jürgen Klinsmann sehr überrascht und maßlos enttäuscht» (*Spiegel online*, 7. April 2006). Diese in den Medien dokumentierten Äußerungen entsprechen den oben besprochenen Werten insofern, als Ehrlichkeit und Offenheit in Deutschland als wichtiger erachtet werden als Bescheidenheit oder Gruppenorientierung. Zwei Tage später verkündete Kahn in einem Interview, dass er gewillt sei, das Nationalteam mit seinen Torhüterkompetenzen nun doch als «Nummer 2» zur WM zu begleiten. Explizit spricht Kahn von dem gemeinsamen Ziel eines positiven Ergebnisses: «Natürlich ist man enttäuscht, jeder, der bei der WM dabei ist, will auch spielen. Aber jetzt ist es wichtig, dass eine positive Grundstimmung entsteht, dafür ist das Ergebnis einfach zu wichtig» (*Spiegel online*, 10. April 2006). Die Tonalität des Artikels lässt darauf schließen, dass die Glaubwürdigkeit der Intention Kahns angezweifelt wird, hatte er sich doch noch wenige Tage zuvor als sehr enttäuscht präsentiert. So könnte man es wenigstens aus deutscher Sicht meinen.

Reflexion von Emotionen

Kommen wir nun zu jenem bemerkenswerten Ereignis, das so viel Aufmerksamkeit erregte. Kurz vor dem Elfmeterschießen am Ende des Spiels gegen Argentinien lief Kahn auf das Spielfeld zu Lehmann, der etwas abseits saß, «nahm seine Hand, umarmte ihn leicht von hinten und ermutigte ihn leise» (*Asahi Shimbun*, 1. Juli 2006, S. 5). Diese Tatsache wurde relativ ausgiebig und durchweg positiv in verschiedenen japanischen Medien dargestellt, so zum Beispiel in der *Asahi Shimbun* am 1. Juli 2006, *Mainichi Shimbun* am 1. Juli 2006, *Keizai Shimbun* am 2. Juli 2006. Der Bericht in der *Asahi Shimbun* (1. Juli 2006, S. 5) beschreibt Kahns Geste sehr detailliert, ebenso Lehmanns Reaktion: «Lehmann lächelte nickend zurück. Er würde sein Bestes auch für Kahn geben. Ist das nicht wie echte Freundschaft in einem Jugenddrama?»

Auch der Bericht in der *Mainichi Shimbun* beschreibt die Szene detailliert vom Zeitpunkt, an dem Kahn seine Bank verlässt, um zu Lehmann zu gehen, bis zum Moment, als Lehmann Kahn noch lange hinterhersieht, während dieser wieder zu seiner Bank am Spielfeldrand zurückkehrt. Sogar die *Keizai Shimbun* vom 2. Juli 2006, die in erster Linie auf Wirtschaftsthemen fokussiert ist, berichtet über die Begebenheit wie folgt: «Der Verteidigungsgott [Lehmann] lächelte zurück. Vor dem entscheidenden Elfmeterschießen sind die beiden Helden, die bisher nicht einmal mehr miteinander sprachen, eins geworden» (S. 18). Die japanischen Medien stellen das Ereignis in Übereinstimmung mit den japanischen kulturellen Werten dar, wobei die persönliche Beziehung zwischen den Interagierenden und die Teamorientierung betont werden. Kahn wird als ein Mensch präsentiert, der seine persönliche Situation und seinen Stolz zugunsten des Wohls der Mannschaft zurückgestellt hat. Vom japanischen Standpunkt aus betrachtet, hätte er nicht besser handeln können.

In der deutschen Presse verlief die Darstellung etwas abweichend. Unter dem Titel «Kahn machte Lehmann stark» berichtet *Spiegel online* am 4. Juli 2006: «Große Entwicklungen zeigen sich manchmal in kleinen Gesten. Keine Szene könnte den Zustand der deutschen Nationalmannschaft besser beschreiben als der Augenblick vor dem Elfmeterschießen, als Oliver Kahn zu seinem ewigen Kontrahenten Jens Lehmann ging, um ihm Glück zu wünschen.» Der ziemlich lang gehaltene Artikel jedoch wechselt relativ abrupt zur Beschreibung der Spielleistungen Lehmanns und anderer Nationalspieler. Am Ende des Artikels wird noch einmal auf die Authentizität der Geste Kahns eingegangen, die in früheren Berichten des Onlinemagazins infrage gestellt worden war. Nun wird dargelegt, dass, «wer jetzt noch Zweifel daran hatte, das sich im deutschen Lager eine verschworene Gemeinschaft gebildet hat, [...] nun eines Besseren belehrt [wurde]. Lehmann lief zu Kahn und umarmte ihn». Die Frage der Glaubwürdigkeit Kahns verfolgt auch die Intention des Artikels der FAZ vom 1. Juli 2006: «Ein Traum» (S. 37), in dem Joachim Löw [3] zitiert wird: «Kahn hat bewiesen, dass er ein hervorragender Sportsmann ist, als er Lehmann vor dem Elfmeterschießen viel Glück gewünscht hat.» Nur eine Tageszeitung der von uns für die Analyse betrachteten deutschen Medien bezeichnet Kahns Geste als «große Geste» und gleichzeitig als «glaubwürdig», was wiederum indirekt impliziert, dass die Authentizität vormals infrage gestellt worden war.

Fazit

Beim Vergleich der Berichte über die überraschenderweise nicht nominierten und nominierten Fußballer in Japan und Deutschland wird deutlich, wie die in den Medien dargestellten Kommunikationsstile die jeweiligen unterschiedlichen kulturellen Werte reflektieren.

In den Medienberichten beziehen sich die beiden japanischen Spieler in ihren Äußerungen auf andere, wie Mitspieler oder Mannschaft, wohingegen die deutschen Spieler nur auf ihre Gefühle und ihre eigene Leistung Bezug nehmen, direkt und ohne Abstriche. Der kommunikative Stil der Letzteren ist dem japanischen fast diametral entgegengesetzt. Die kulturellen Werte, nach denen die Spieler in den Medien ihrer jeweiligen Länder dargestellt werden, bestätigten die Ergebnisse von Bachnik (1986), Stahl (1999), Nees (2000) und Schroll-Machl (2002, 2003). Über die Torwartgeste wurde in den Medien beider Länder berichtet. Hier zeigt sich deutlich, dass die japanischen Medien, im Gegensatz zu den deutschen, die Darstellung dieses Ereignisses nach ihren kulturellen Werten gestalteten, an die Emotionen ihrer Leserschaft appellierten und die persönliche Beziehung der beiden Torhüter betonten.

Es wurde deutlich, dass die Mediendarstellungen mit den kulturellen Erwartungen ihrer jeweiligen Kultur auch dann übereinstimmen, wenn sie über Menschen aus einer anderen Kultur berichten.

Damit nicht genug. Neben der Selektion entscheiden die Medien auch über die Darstellungsform ihrer Inhalte, denn Medien selektieren nicht nur

Informationen, sondern bestimmen ganz bewusst auch die Art und Weise ihrer Darstellung (vgl. McQuail 2005). Dabei erfolgen sowohl Selektion als auch Darstellungsart entsprechend den Werten, Normen und Sichtweisen der Kultur, in der die Medien jeweils eingebettet sind, die sie wiederum weitergeben und dadurch wieder beeinflussen. Auch in der Analyse der Berichterstattung der Fußballerreaktionen wurde deutlich, dass die Selektion und Präsentationsform der Reaktionen den jeweiligen kulturellen Erwartungen beziehungsweise Werten entsprach.

Viele Medien transportieren insbesondere solche Informationen, die zu vorherrschenden Konzepten und Werten am besten passen und die sich für die jeweilige Situation am besten eignen. Nicht viele Medien machen sich die Mühe differenzierter und neuer Perspektiven. Selbst wenn sich im Zuge der Globalisierung Tendenzen zur Verständigung über die Kulturgrenzen hinweg zeigen, prägt das originäre kulturelle Umfeld maßgeblich. Dies wird im wirtschaftlichen Kontext besonders offensichtlich bei Geschäftsverhandlungen, der Erstellung von Werbekampagnen und der Frage, wie weit Werbung standardisiert werden kann, aber auch im persönlichen Umgang mit Mitarbeitenden und Kunden verschiedener Kulturen. Stets muss damit gerechnet werden, dass sich die verinnerlichten Werte der jeweiligen Kultur im Verhalten und damit auch im Kommunikationsstil äußern und vom eigenen Stil und von den eigenen Erwartungshaltungen abweichen können.

Anmerkungen

1 Zico: brasilianischer Trainer der japanischen Nationalmannschaft 2002–2006.

2 Kevin Kuranyis Vater wanderte aus Deutschland nach Brasilien aus, wo Kevin geboren wurde. Er wuchs zwar in Südamerika auf, spielte aber bereits als Jugendlicher in deutschen Vereinen.

3 Joachim Löw: Kotrainer der deutschen Nationalmannschaft 2004–2006.

Literatur

J. Assmann, *Das kulturelle Gedächtnis*. Verlag C. H. Beck: München 1992.

J. M. Bachnik «Time, space and person in Japanese relationships», in: J. Hendry, J. Webber (Hrsg.), *Interpreting Japanese society: Anthropological approaches*, Oxford University Press: New York 1986, S. 49–75.

J. Bolten, «Interkulturelle Wirtschaftskommunikation. Forschungsstand und Perspektiven eines neuen Fachgebietes», in: *Wirtschaftsdeutsch international. Zeitschrift für sprachliche und interkulturelle Wirtschaftskommunikation, 1*, 1999, S. 9–26.

F. Coulmas, *Die Kultur Japans*, München 2003.

J. C. Condon, *With respect to the Japanese*, Intercultural Press: Boston 1984.

«Daigyakuten no Maki» [Makis Coup], (16. Mai 2006), in: *Sports Nippon Shimbunsha*, S. 3.

«DFB-Elf bleibt vom Punkt ungeschlagen» (30. Juni 2006), in: *Kicker online*. Zugriff am 1. Dezember 2007, auf http://www.kicker.de/news/Fussball/wm/startseite/artikel/351972

T. Doi, *«Amae» no kouzou* [The structure of «amae»], Kobundo: Tokyo 1971.

«Doitsu, oni no shuwan» [Deutschlands teuflischer Abwehrarm], (1. Juli 2006), in: *Asahi Shimbun, Morning edition*, S. 5.

«Doitsu Tetsu no Oni» [Der deutsche Stahlteufel], (1. Juli 2007), in: *Nihon Keizai Shimbun*, S. 18.

C. Gluck, *Japan's Modern Myths*, Princeton University Press: Princeton 1985.

E. T. Hall, *The Silent Language*, Random House: New York 1959.

E. T. Hall, M. R. Hall, *Hidden Differences: How to communicate with the Germans*, Stern Press: Hamburg 1985.

E. Hamaguchi, «A contextual model of the Japanese: Toward a methodological innovation in Japan studies», in: *Journal of Japanese Studies*, 11, 1985, S. 289–321.

M. Horent, «Ein Traum», in: *Frankfurter Allgemeine Zeitung*, 150, 1. Juli 2006, S. 37.

T. Inoue, *«Sekentei» no kouzou* [Die Struktur des «sekentei»], NHK Books: Tokyo 1977.

«Kahn macht Lehmann stark» (30. Juni 2006), in: *Spiegel online*. Zugriff am 24. August 2007, auf http://www.spiegel.de/sport/Fussball/0,1518,424543,00.html

«Kubo Rakusen» [Kubo durchgefallen], (16. Mai 2006), in: *Sports Nippon Shimbunsha*, S. 1.

«Kuranyi-Reaktion» (16. Mai 2006), in: *Spiegel online*. Zugriff am 22. Mai 2006, auf http://www.spiegel.de/sport/Fussball/0,1518,druck-416411,00.html

«Maki Sebango 11» [Makis Trikotnummer 11], (18. Mai 2006), in: *Sports Nippon*, S. 1.

H. R. Markus, S. Kitayama, «Culture and the Self. Implications for Cognition, Emotion and Motivation», in: *Psychological Review*. 98, 1991, S. 224–253.

D. McQuail, *Mass Communication Theory*, Sage: London 2005.

A. Moosmüller, *Kulturen in Interaktion. Deutsche und US-amerikanische Firmenentsandte in Japan*, Waxmann: Münster et al. 1997.

C. Nakane, *Tateshakai no ningenkankei* [Zwischenmenschliche Beziehungen in einer vertikalen Gesellschaft], Kodansha: Tokyo 1967.

«Nationalmannschaft» (10. April 2006), in: *Spiegel online*. Zugriff am 19. August 2007, auf http://www.spiegel.de/sport/Fussball/0,1518,410769,00.html

G. Nees, *Germany – Unravelling an Enigma*, Intercultural Press: Boston 2000.

Reaktionen auf Klinsmanns Kader. (15. Mai 2006), in: *Spiegel online*. Zugriff am 22. Mai 2006, auf http://www.spiegel.de/sport/Fussball/0,1518,416237,00.html

«Reisei Reeman, ko-seefu renpatsu» [Abgeklärter Lehmann hält ständig], (1. Juli 2007), in: *Mainichi Shimbun, Evening edition*, S. 1.

M. Rosentritt, «Ganz groß gewonnen», in: *Tagesspiegel*, 150, 1. Juli 2006, S. 22.

S. Schroll-Machl, *Die Deutschen – Wir Deutsche*, Vandenhoeck & Ruprecht: Göttingen 2002.

S. Schroll-Machl, «Deutschland», in: A. Thomas, S. Kammhuber, S. Schroll-Machl (Hrsg.), *Handbuch Interkulturelle Kommunikation und Kooperation*, Bd. 2, Vandenhoeck & Ruprecht: Göttingen 2003.

G. K. Stahl, «Deutsch-japanische Managementkommunikation. Probleme und Gestaltungsmöglichkeiten», in: *Wirtschaftsdeutsch international. Zeitschrift für sprachliche und interkulturelle Wirtschaftskommunikation*, 1, 1999, S. 27–46.

Y. Sugimoto, *An Introduction to Japanese Society*. Cambridge University Press: Melbourne 2001.

Y. Takano, E. Osaka, «An unsupported common view: comparing Japan and the U. S. on individualism/collectivism», in: *Asian Journal of Social Psychology*, 2, 1999, S. 311-341.

«The keeper's smile», (4. Juli 2006), in: *Kicker online*. Zugriff am 1. Dezember 2007, auf http://www.kicker.de/news/Fußball/wm/startseite/artikel/352144

I. Varner, L. Beamer, *Intercultural Communication in the Global Workplace*, Irwin: Chicago 1995.

K. Watanabe, «Framing in Intercultural Business Discourse: Differences Between German and Japanese Managers», *Intercultural Communication Review*, 4, 2006, S. 81–96.

«WM-Torwart: Lehmann triumphiert, Kahn maßlos enttäuscht», (7. April 2006), in: *Spiegel online*. Zugriff am 19. August 2007, auf http://www.spiegel.de/sport/Fussball/0,1518,410282,00.html

H. Yamada, *Different Games, Different Rules. Why Americans and Japanese Misunderstand Each Other*, Oxford University Press: Oxford 1997.

Hitoshi Yamashita, «Soziale Relevanz der Höflichkeit», *Neue Beiträge zur Germanistik*, 2 (1), 2003, S. 104–118.

«23 Ninme no sapuraisu! Maki gyakuten W-hai» [Der überraschende 23ste Spieler! Makis WM Coup], (16. Mai 2006), in: *sportsnavi.com*. Zugriff am 19. Mai 2006, auf http://sportsnavi.yahoo.co.jp/soccer/wcup/06germany/headlines/20060516/

Wer wen wann in Indien wie führt

Waseem Hussain

Waseem Hussain

ist Geschäftsführer der Firma Marwas AG in Zürich. Er berät KMU und Großunternehmen, die den indischen Markt erfolgreicher bearbeiten wollen. Zudem leitet er interkulturelle Seminare zum Thema «Business in Indien» und ist freier Journalist für verschiedene Fachpublikationen im Bereich Personalführung und Management.

Wer wen führt, ist eine Frage, mit welcher der fremde Ankömmling in Indien unversehens konfrontiert ist. Er steigt am Flughafen in ein Taxi, und bald fragt ihn der Fahrer: «Woher kommen Sie? Sind Sie zum ersten Mal in Indien? In welches Hotel soll ich Sie bringen?» Und später in der unausweichlichen Konversation, die eigentlich ein Interview ist, will dieser noch wissen: «Wie viele Kinder haben Sie?» Damit hat der indische Taxifahrer ein Profil des ausländischen Gastes erstellt und weiß die Antwort auf seine Kernfrage: Führt der Gast den Chauffeur oder der Chauffeur den Gast?

Kommt der ausländische Gast aus einem bekannten, reichen westlichen Land, ist er zum ersten Mal in Indien, hat er eine Zimmerreservation in einem Fünfsternehotel und ist er unverheiratet und hat keine Kinder, dann ist er ein Kunde mit hohem Umsatzpotenzial. Denn in Indien, einem Land, das erst zaghaft anfängt, sich an festgeschriebene Preise zu gewöhnen, passt der geschäftstüchtige Bürger seine Preise an die Kaufkraft und Verhandlungsmacht seines Kunden an: Der ausländische, in Indien unbedarfte Fahrgast kann nicht beurteilen, welches der direkteste Weg zum Hotel ist. Er hat sicher genug Geld und lässt sich – weil er unverheiratet, kinderlos und somit dann für Inder relativ lebensunerfahren ist – vom ortskundigen Taxifahrer – ein lebens- und führungserfahrener Familienvater – wohl oder übel führen.

Gehört der Fahrgast dagegen zu jenen, die bereits mehrmals in Indien waren, während ihre Familie daheim in der Ferne auf sie wartet, weiß der Taxifahrer, dass er es mit einem Gast zu tun hat, den er nicht führen darf. Er fährt ihn auf direktem Weg zum Hotel und schaltet den Taxameter ein.

In einem Land, wo man ohne Scham oder Scheu abklärt, wie es um die Rangordnung steht, ist es kaum erstaunlich, dass führende Persönlichkeiten zum kulturellen Inventar gehören. Das sind Personen, die sich im Verlaufe der nationalen Geschichte durch Führung und Heldenhaftigkeit verdient gemacht haben und nun als leuchtende Vorbilder verehrt werden. Je nach Gelegenheit und Zweck werden sie zitiert, besungen und bemüht. Man findet ihre Statuen in den Straßen und Plätzen indischer Städte und Dörfer. Zahlreiche Spitäler, Schulen und Flughäfen sind nach ihnen benannt, während ihre Bilder in Restaurants, Tante-Emma-Läden und Büros gleich neben den Darstellungen hinduistischer Gottheiten hängen.

In der Tat hat Indien viele Führer hervorgebracht, die heute noch bewundert werden. Zu diesen zählt zum Beispiel Chandragupta Maurya (gestorben etwa 297 v. Chr.). Er herrschte fast über den gesamten indischen Subkontinent, indem er viele kleine und große Königreiche und Fürstentümer zu einem zusammenhängenden, großen Reich zusammenfasste. Sein engster Berater war Kautilya, von dem er das berühmte Werk Arthashastra verfassen ließ. Dieses Lehrbuch beschreibt und rechtfertigt Macht und Wohlstand. Weil den Inderinnen und Indern die Einheit ihrer Nation viel bedeutet, sehen sie sich von Maurya beerbt.

Ashoka (304–232 v. Chr.), Mauryas Enkelsohn, vergrößerte zunächst das Großreich durch weitere Eroberungen und ging dabei äußerst brutal und rücksichtslos vor. Doch das Leid und Elend, das er durch seine Eroberungen verursachte, warf Ashoka in eine Sinnkrise. Er konvertierte zum Buddhismus und verzichtete auf weitere Eroberungen. Stattdessen widmete sich Kaiser Ashoka nun der Friedensförderung und der sozialen Wohlfahrt. Er verbot die Kriegsführung und verlangte von seinen Untertanen, auf jede Gewaltanwendung zu verzichten und empfahl ihnen, sich vegetarisch zu ernähren. Viele Inder sehen in Ashoka ein Beispiel dafür, dass der Weg der Gewaltfreiheit keineswegs Verzicht oder Erfolglosigkeit bedeutet, sondern im Gegenteil dem Menschen zu Achtung und Ruhm verhelfen kann.

Ein weiterer, angesehener Herrscher war Mogulkaiser Akbar der Große (1555–1606). Er hatte verstanden, dass über Indien nur herrschen kann, wer die Vielfalt und Komplexität seiner Einwohner achtet. Er schaffte politische und wirtschaftliche Privilegien ab, die auf Religionszugehörigkeit beruhten und ermutigte seine Untertanen, über kommunale Grenzen hinweg zu heiraten. Er tat dies selber, indem er sich mit einer Hindu-Frau vermählen ließ. Daher gilt Akbar als pragmatischer Herrscher.

Mohandas Karamchand Gandhi (1869–1948), um ein weiteres Beispiel zu nennen, war nicht nur Anführer der politischen Unabhängigkeit Indiens, sondern vor allem der mentalen Befreiung des Menschen. Gandhi propagierte die zutiefst spirituelle Erkenntnis, dass der Mensch seine materiellen Schwächen in spirituelle mentale Stärke umwandeln muss, um frei und unabhängig zu sein. Er entwarf Gandhi Satyagraha, eine Strategie der Gewaltlosigkeit. Der Mensch sollte lernen, Schmerz und Leid auf sich zu nehmen, um so aus einem Gegner einen Verbündeten zu machen. Gandhi war überzeugt, dass Gewalt stets noch mehr Gewalt nach sich zieht. Daher empfahl er, statt einem Gegner zu drohen, an dessen Herz und Gewissen zu appellieren. Gandhi gilt in Indien auch heute noch als Staatsheiliger, weil er Indien (gemeinsam mit anderen Persönlichkeiten) in die Freiheit von den europäischen Kolonialmächten führte. Sein Geburtstag wird als Nationalfeiertag begangen.

Was diese vier beispielhaften indischen Führungspersönlichkeiten verbindet ist, dass sie gewisse Kernelemente des indischen Glaubenssystems in sich vereinen. Dem indischen Menschen gelten sie daher nicht nur durch ihre Taten als heldenhaft, sondern vor allem dank den spirituellen Werten, die sie verkörpern: Maurya schuf Einheit und Harmonie, was als die höchste Tugend in der indischen Philosophie bezeichnet werden kann. Ashoka steht für den Weg der Gewaltlosigkeit. Auch Akbar schuf Harmonie, indem er kommunale Grenzen überwand. Gandhi steht für Grundwerte wie Wahrheit, Gewaltfreiheit, Erleuchtung und Befreiung.

Werte historischer Führungspersönlichkeiten gelten noch immer

Auch im modernen Indien sind diese und ähnliche Werte aus der Philosophie und der spirituellen Lehre lebendig. Sie sind Teil der zeitgenössischen Kultur Indiens, wo mehr als eine Milliarde Menschen auf eine Kultur- und Mentalitätsgeschichte zurückblickt, die über 5000 Jahre alt ist. Ihr spirituelles Erbe wurde durch keine historischen Umwälzungen grundlegend verändert oder durch Schocks nachhaltig aufgewühlt. Es hat keine Revolution stattgefunden. Das kollektive Gedächtnis Europas dagegen erinnert sich an die Errungenschaften von Reformation, Aufklärung und Französischer Revolution. Die beiden Weltkriege bedrohten den europäischen Menschen zwar mit einem Rückfall in barbarische Zeiten, doch auch daraus hat er seine Lehren gezogen. Der Begriff der Führung ist seither mit Generalverdacht belegt, vor allem in der deutschen Sprache. Wie dankbar ist man für den englischen Begriff Leadership! Die Kultivierung der Volksrechte, die in der Schweiz durch die direkte Demokratie verstärkt wurden, haben vor allem aus dem deutschsprachigen Europäer einen Menschen gemacht, der hinter vorgehaltener Hand führt: unauffällig und unaufdringlich. Er drängt weder sich noch seine Meinung noch seinen Willen anderen auf. Er versucht, mit gekonnten Worten zu überzeugen und zu motivieren. Wann immer jemand offensiver führt, weist er dies als ungebührliches Machtstreben zurück und prangert es nötigenfalls an. Wenn dann auch noch Gott ins Feld geführt wird, reagiert der deutschsprachige Europäer misstrauisch, wenn nicht sogar wütend. Zu sehr ist er von den religiösen Institutionen enttäuscht.

Der indische Alltag jedoch ist bevölkert mit heiligen Kühen, Bettelmönchen, Tempeln, Moscheen und Kirchen, Seite an Seite mit Shoppingcentern, modernsten Flughäfen, gläsernen Geschäftshäusern und sterilen Mikrochip-Fabriken. Indien lebt mühelos mit einer schier unüberschaubaren Welt von Göttinnen und Göttern, Geld und Luxus, Armut und Wohlstand. Der indische Mensch pflegt einen direkten Draht zu seinen Lieblingsgottheiten und sucht bei ihnen Zuflucht, Trost und Führung.

Die Art und Weise, wie Chef und Mitarbeiter zusammenarbeiten und kommunizieren, leitet sich von spirituellen Kernelementen der indischen Kultur ab. In der antiken indischen Tradition stellte man sich vor, dass ein irdisches Leben in vier Lebensabschnitte mit jeweils eigenen Zielen und Aufgaben unterteilt sei. Man ging davon aus, dass man etwa 84 Jahre alt wird, sodass jeder Lebensabschnitt rund 21 Jahre dauert. Mit dieser Unterteilung versuchte der Mensch, seinem Alter und seiner Lebenserfahrung entsprechend sein Selbst zu verwirklichen. Das Selbst war in seiner Seele. Der Körper diente der Seele, damit diese sich im Weltlichen spirituell so weit entwickelt, dass sie erleuchtet wird. Selbstverwirklichung bedeutet für den indischen Menschen, dass er durch Yoga, Meditation und allgemein durch ein Leben auf dem «rechten Weg» seine Seele vom Kreislauf der Wiedergeburt befreit, sodass sie ins Nirwana übertreten kann.

Vier Lebensabschnitte erfordern vier Führungsstile

Im ersten Lebensabschnitt, dem Schülerbewusstsein, sieht man sich als lernender Mensch. Man ist emotional, geistig und körperlich keusch und unerfahren. Eltern, Großfamilie, Freunde der Familie, Lehrerinnen und Lehrer sowie Priester lehren diesen jungen Menschen Übung und Disziplin und zeigen ihm auf, wie spirituelles, gesellschaftliches und familiäres Leben harmonisch zusammenwirken. Dieser junge Mensch erfährt von seinen Begleitern, dass ihm sowohl Wissen als auch Erfahrung fehlen, um eigenständige Entscheidungen fällen zu können. Daraus lernt er, dass Autorität etwas ist, das er bei Menschen suchen muss, die nicht mehr im Bewusstsein des Schülers leben, sondern fortgeschritten sind. Er versucht sich an ihnen zu orientieren, hört auf sie und lässt sich von ihnen führen. Von diesen Führungspersonen will der Schüler auf den «rechten Weg» zur Verwirklichung seines Selbst gebracht werden.

Dass man jungen Menschen bewusst macht, wie wichtig es ist zu beobachten, zu lernen, sich Wissen anzueignen und zu üben ist nichts, wodurch Indien sich vom Rest der Welt unterscheidet. Der Unterschied liegt in einem gesellschaftlichen Vertrag: «Du bist noch ein Schüler. Wenn du jetzt geduldig, bescheiden und demütig annimmst, dass es immer jemanden gibt, der dir sagt, was du im Leben zu tun hast und wie, glückt dir der Übertritt in dein nächstes Bewusstsein.»

Im zweiten Lebensabschnitt dreht sich alles um das Verheiratetsein. Man ist mit den weltlichen und materiellen Dingen beschäftigt, zeugt und gebärt Kinder, ernährt sie, zieht sie auf und macht sie lebenstüchtig. Das Bewusstsein des verheirateten Menschen bedeutet, dass man Verantwortung übernimmt und junge Menschen in ein Leben auf dem «rechten Weg» führt. Man teilt mit ihnen sein Wissen, Wohlergehen und seinen Wohlstand. Man sammelt Führungserfahrung. Und auch hier gibt es einen Vertrag: «Jetzt bist du wissend und hast etwas zu sagen. Dein Geist und dein Körper sind nicht mehr keusch. Du hast erfahren, wie Leben entsteht. Zeige den jungen, unverheirateten, unerfahrenen Menschen um dich herum, dass auch ihr Warten sich lohnt. Sei dir aber bewusst, dass auch du Ja sagen musst zu deinen neuen Aufgaben. Sieh dir deine Elterngeneration an. Sieh, wie zufrieden sie mit sich selbst sein können. Einst waren sie junge, unverheiratete, unerfahrene Schüler. Dann waren sie wie du und erwachten zu einem neuen Bewusstsein. Lass also auch du dich führen und sei demütig. Deine Führer erwarten dich bereits.»

Im Bewusstsein der verheirateten Person besteht keine Kluft zwischen den eigenen weltlichen Neigungen und den Pflichten, die man zu erfüllen hat. Zum Beispiel lebt man einerseits seine Sexualität aus, weil dies für eine gesunde, harmonische Entwicklung von Seele und Körper notwendig ist. Anderseits dient man seinem Ehepartner im gemeinsamen Liebesleben, damit dieser dasselbe für seine eigene Seele tun kann. Das Kamasutra dient unter anderem dazu, dass diese Kombination von Notwendigkeit und Liebesdienst lustvoll sein darf.

Der dritte Lebensabschnitt ist jener, in dem der Mensch seine weltlichen und materiellen Pflichten erfüllt hat und sich vermehrt den spirituellen Seiten des Daseins zuwendet. Er tritt ins Bewusstsein des Rückzugs vom Materiellen ein. Die Kinder sind durch eigene Heirat ausgeflogen. Nun meditiert der Mensch mehr, betet und verfolgt aufmerksam, was in seinem Innenleben vorgeht. Er tritt bewusst mit seiner Seele in Verbindung. In diesem Abschnitt koppelt er sich aber keineswegs von den materiellen Dingen ab. Vielmehr genießt er weniger Dinge, diese jedoch mit mehr Muße und Wertschätzung. Gleichzeitig überprüft er, ob seine Gefühle, Gedanken und Handlungen in Einklang mit dem Göttlichen stehen.

Die früheren beiden gesellschaftlichen Verträge werden hier durch einen neuen abgelöst: «Nun hast du vieles erreicht. Du hast das Leben weitergegeben, hast die unendlich vielen materiellen Möglichkeiten genutzt, die dir geboten wurden, damit du das Wesentliche vom Unwesentlichen unterscheiden kannst. Diene jetzt den Jüngeren, damit auch sie ohne Hast und Eile ihr materielles Selbst verwirklichen können. Sieh aber auch nach vorn. Sieh jene, die alt und weise werden. Erkenne das Ansehen, das sie bei allen genießen, wie sehr sie verehrt und geachtet werden! Auch du wirst einmal so sein. Jetzt aber sei bescheiden und großzügig.»

Am Übergang zum vierten Lebensabschnitt wird dem Menschen klar, dass das irdische Dasein seines Körpers endlich ist. Vielleicht wird er krank und gebrechlich oder einfach altersmüde. Nun lebt er im Bewusstsein, in dem er das weltliche Leben widerruft. Er zieht sich zurück, wird langsamer und ruhiger und übt sich mehr und mehr in spiritueller Tätigkeit. In Gesellschaft jüngerer Personen tritt er als weiser, lebenserfahrener Mensch auf. Jene, die in den drei vorangehenden Abschnitten leben, achten ihn.

Im vierten Lebensabschnitt tritt ein neuer Vertrag in Kraft: «Diene allen jüngeren Menschen als leuchtendes Beispiel dafür, wie ein irdisches Leben gelingen kann. Biete deine Führung an, aber dränge dich nicht auf.

Nutze die Gelegenheit, mit dir, deinem Dasein, deiner Berufung und deiner wichtigen Winzigkeit im Universum ins Reine zu kommen. Wenn dein Körper stirbt und Gott mit dir zufrieden ist, wird deine Seele erleuchtet und muss nicht mehr wiedergeboren werden. Sie tritt ins Nirwana über. Wenn du in jüngeren Jahren aber wichtige Lehren übersehen oder ausgelassen hast, kommt deine Seele wieder und durchläuft erneut die vier Lebensabschnitte.»

Das traditionelle Menschenbild der vier Lebensabschnitte wirkt auch in der Gegenwart. Es zeigt sich zum Beispiel da, wo Inder und Westeuropäer zusammenarbeiten: Ein westeuropäischer Projektleiter fragt sein indisches Teammitglied: «Kannst du diese Arbeit bitte bis nächsten Dienstagabend fertigstellen?» Worauf der indische Kollege – ein smarter, junger Ingenieur mit hervorragendem Hochschulabschluss – antwortet: «No problem.» Der Projektleiter ist zufrieden. Denn sein westeuropäisches Ohr übersetzt die indische Antwort wörtlich und geht davon aus, dass der indische Kollege ebenso gut schlicht und einfach Ja hätte sagen können. Am Donnerstag, also bereits zwei Tage nach dem vermeintlich vereinbarten Termin, wundert sich der Projektleiter, dass sein indischer Kollege weder die beendete Arbeit noch eine Verspätungsmeldung geschickt hat. Er fragt freundlich nach. Auch diesmal erhält er dieselbe Antwort, aber der Tonfall des indischen Kollegen deutet darauf hin, dass der Satz noch nicht zu Ende ist: «No, there is no problem ...» «Aber?», will der Projektleiter nun genauer wissen und hört am anderen Ende der Telefonleitung den Satz: «Es ist nur so, dass mein Chef auf Geschäftsreise ist.» Der Projektleiter ist verdutzt und verärgert, verkneift sich eine Schelte und sagt noch, bevor er aufhängt: «Okay, kein Problem.»

Natürlich ist der westeuropäische Projektleiter frustriert. Er hat einmal gelernt, Teammitglieder so zu führen, dass es ihn selber gar nicht bräuchte, ausser um unangenehme Entscheidungen zu fällen und das Team vor dem Management abzuschirmen. Jedes Teammitglied führt sich selbst, handelt eigenverantwortlich und bringt das für die Arbeit nötige Wissen mit. Wenn man sich nicht gerade für die alle zehn Tage stattfindende Projektsitzung trifft, ist der Projektleiter ein Teammitglied wie jedes andere auch. Daher geht der Projektleiter davon aus, dass auch sein indisches Teammitglied sich sofort und ohne nachzufragen melden würde, gäbe es irgendwo ein Problem.

Doch der indische Kollege – jung, unverheiratet und im Schülerbewusstsein – empfindet den partizipativen Stil seines Projektleiters als Führungsschwäche: Ein angeblicher Chef, der sogar seine tiefste Entschlossenheit oder seinen Ärger immer nur mit einem freundlichen Gesicht zeigt, kann nichts anderes sein als ein einfaches Teammitglied: jung, unerfahren und ohne Autorität. Deswegen wartet das indische Teammitglied darauf, dass sein zwar strenger, aber wohlwollender Chef – eine verheiratete Person und Vater oder Mutter von zwei Kindern – von seiner Reise zurückkehrt und ihm den Weg durch Leben, Arbeit und Karriere weist. Oder ihm ganz einfach sagt: «Du kannst die betreffende Arbeit erledigen. Aber frag deinen Projektleiter in der Schweiz, wie du sie erledigen sollst. Und halte den Termin ein!» (vgl. Interview mit Regina Kuzmina, S. 103).

Schüler, verheiratete Person, Rückzug vom Materiellen, Widerruf des Weltlichen: In der indischen Vorstellung erhält der Mensch Lernaufgaben, Erfahrungen und Erkenntnisse, die der Reifung seines Selbst im gegenwärtigen Leben dienen. Es erscheint nicht nur unnötig, sondern auch nicht zielführend, einen Menschen mit Dingen zu konfrontieren, für welche die Zeit noch gar nicht gekommen ist. Dies mag einerseits die Freiheit des Einzelnen einschränken, selbstbestimmt zu arbeiten und zu leben. Anderseits erspart es ihm den Druck, in Themen und Tätigkeiten kompetent und verantwortlich zu sein, über die er noch nicht genügend Bescheid weiß. Die traditionelle Art und Weise, indische Mitarbeiter zu führen, zielt zwar darauf ab, Arbeit zu delegieren. Das Weitergeben und Einfordern von Verantwortung und Rechenschaft dagegen sind Dinge, für die man sich deutlich länger Zeit lässt als in Westeuropa.

Zeitempfinden ist relativ

In Indien ist Zeit ohnehin in schier unerschöpflichem Maße vorhanden. Der indische Mensch lernt von Kindesbeinen an, dass es das letzte Ziel seiner Seele ist, einen Bewusstseinszustand wie Brahman zu erlangen. Brahman entspricht in der hinduistischen Philosophie der höchsten Gottesvorstellung. Sie ist die kosmische Weltenseele, form- und zeitlos, ohne Anfang und Ende, der Urgrund allen Seins. Sie ist absolute Harmonie. Dem indischen Kind wird auf den Lebensweg mitgegeben, dass es in allem, was es fühlt, denkt und tut, nach Harmonie streben soll. Seine Seele ist aus spiritueller Sicht eigentlich identisch mit Brahman, muss dies aber durch viele irdische Leben erleben. Dafür stehen ihr theoretisch rund 311 Billionen Jahre zur Verfügung. Ein Zeitbudget, das kulturübergreifendes Projektmanagement zu einer echten Herausforderung machen kann! Projekte müssen oft in kleinere Arbeitspakete und in kürzere Zeitabschnitte unterteilt werden, damit das Projekt nicht wie ein abstraktes, in seiner Größe unendliches und daher unerreichbares Ziel erscheint.

Außerdem lernt das indische Kind, dass jedes seiner Gefühle, jeder Gedanke und jede Handlung unweigerlich etwas bewirken, und zwar im gegenwärtigen oder in einem späteren Leben. Zum Beispiel stellt man sich vor, dass negative Gefühle für eine andere Person sich negativ für denjenigen auswirken werden, der diese Gefühle jetzt gerade hat. Dasselbe gilt für Gedanken und Handlungen, wobei Gefühle die stärkste Wirkung haben, Gedanken die zweitstärkste und Handlungen die am wenigsten starke. Das heißt, dass der indische Mensch versucht, möglichst nur positive Energie und positiv besetzte Begegnungen und Beziehungen zu schaffen. Er strebt nach Harmonie im Hier und Jetzt, damit seiner Seele in späteren Wiedergeburten Harmonie zuteil wird.

Verbindlichkeiten finden

Die Kunst, indische Mitarbeiter zu führen, besteht oft darin, es ihnen mit Suggestionen zu ermöglichen, mit einem Ja zu antworten. Nicht: «Wo liegt das Problem?», denn hier verlangt man vom indischen Mitarbeiter, dass er auf etwas Unharmonisches hinweist. Als Ausweg würde er versuchen, vom Problem abzulenken («no problem»). Aber: «Nicht wahr, hier stoßen wir auf ein Problem, das wir gemeinsam lösen sollten.» Hier kann gerade der junge, unverheiratete indische Mitarbeiter antworten: «Ja, Sie haben recht», und damit Harmonie zwischen sich und dem Vorgesetzten schaffen. Denn es ist ihm die Möglichkeit gegeben, auf etwas Gemeinsames, etwas Verbindendes hinzuweisen.

Um Harmonie durch gesellschaftliche und spirituelle Ordnung geht es theoretisch (und theologisch) auch im Kastensystem. Es ist zweifelsohne eines der am häufigsten diskutierten Themen über die indische Gesellschaft und Kultur. Obwohl die vier Hauptkasten (Brahmanen, Kshatriyas, Vaishyas, Shudras) ursprünglich die Entwicklung und das Reifen einer Seele beschreiben, hat der Mensch ihre Lehre zu einem Instrument gemacht, mit dem er einer selbst ernannten Elite eine Machtfülle verleiht, mittels derer diese Elite jene, die in den tieferen Kasten sind, dominieren kann. Wie bei den vier Lebensabschnitten gilt auch hier: jedem Segment die ihr entsprechenden Aufgaben, Rollen und Pflichten; alles zu seiner Zeit; nichts überstürzen, die universelle Vorsehung nicht herausfordern, die gesellschaftliche Ordnung nicht durcheinanderbringen, sonst könnte einen das Glück verwehrt werden.

Das Kastensystem wird zwar allgemein dem hinduistischen Glauben zugeordnet. Doch es ist größer, denn es ist Teil der indischen Kultur, die alle Glaubensgemeinschaften umfasst. So ist es möglich, dass auch indische Muslime und Christen davon überzeugt sind, dass manche Menschengruppen in ihrer Glaubensgemeinschaft zu einer höheren Kaste gehören, andere dagegen zu tieferen Kasten.

Die Vorstellung der vier Lebensabschnitte und der vier Kasten unterstreicht den hierarchischen Führungsstil, den man in den meisten indischen Firmen heute noch beobachten kann. In einer Gesellschaft, die sich hierarchisch organisiert und sich nach diesen Strukturen verhält, folgen Vorgesetzte und Untergebene denselben Grundsätzen. Führen und folgen, sich über- und unterordnen ist normal, notwendig und zweckdienlich. Der Mitarbeiter meidet es, dem Chef zu widersprechen, sonst könnte der Chef sein Gesicht verlieren. Das hätte zur Folge, dass der Mitarbeiter das Wohlwollen seines Chefs verliert, der aber seine wichtigste Orientierungsfigur im Beruf ist.

Indische Mitarbeiter neigen oft dazu, sich diesem hierarchischen System nicht nur anzupassen, sondern sich sogar überanzupassen. Dies wird von westeuropäischen Geschäftsleuten zuweilen als «yes culture» beschrieben. Es wird zwar zu allem Ja gesagt, doch die darauffolgenden Handlungen stehen dazu nicht in Einklang.

Wenn eine Anweisung oder gar ein Befehl von oben weiter unten mit einem willfährigen Ja erwidert wird, entwickelt sich leicht eine gegenseitige Abhängigkeit. Der Mitarbeiter macht sich, sein Weiterkommen, sein Ansehen und seinen Selbstwert vom Wohlwollen des Chefs abhängig, der Chef seinen Status, seine Autorität und mithin seine Macht von der Loyalität seiner Mitarbeiter.

Oft hört man, dass die vielen Arbeitsplätze, die in den wissensbasierten Branchen in Indien geschaffen werden, den indischen Führungsstil verändern. Indien sei längst nicht mehr so hierarchisch wie noch vor wenigen Jahren und gleiche sich bezüglich Führung und Management mehr und mehr dem Westen an. Wenn jedoch die Anzahl Menschen, die laut indischer Regierung in diesen Branchen arbeitet, tatsächlich nur 5 Prozent oder 23,5 Millionen der insgesamt 470 Millionen Erwerbstätigen ausmacht, kann von einem grundlegenden Wandel keine Rede sein.

Und dennoch: Indiens selbsterklärtes Ziel ist es, eine der führenden Nationen der Welt zu werden. Ein Ziel, das genauso in den vedischen Schriften – der Grundlage der indischen Philosophie und des Glaubenssystems – verankert ist wie die spirituellen Kernelemente. Wird Indien in seinem Versuch, nach außen Führung zu übernehmen, im Innern seine Prinzipien ändern? Wird dort in Zukunft weniger hierarchisch geführt und gefolgt werden? – Darauf kann man zwar nur spekulativ antworten. Wer wen führt, bleibt aber die entscheidende Frage.

Interpretation westlicher Führungspraktiken aus indischer Perspektive

Prashant P. Khambaswadkar

Prashant P. Khambaswadkar

ist Gründer und Präsident des «Universal Management Forum» (UMF) und CEO von Universal Business Solutions Pvt. Ltd., einem One-Stop HR Shop mit Sitz im indischen Mumbai. Er war unter anderem HR Manager bei Tata Steel Ltd. und zuletzt HR-Leiter bei Johnson & Johnson in Indien. Prashant P. Khambaswadkar ist in verschiedenen indischen Organisationen aktiv, um Synergieeffekte zwischen HR-Experten zu fördern.

Ungeachtet der Branche hängt Führungsfähigkeit nach indischer Tradition in erster Linie von der Erfahrung ab und nur in geringerem Maße von Fachwissen. Der aus Mumbai stammende Autor des folgenden Kapitels erzählt anhand eigens erlebter beispielhafter Geschichten und aus seiner ganz persönlichen Sicht, wie er die europäische Führung wahrnimmt. Er selbst nennt seine Beispiele «Beweis für die rigiden Verhaltensmuster unter den Mitarbeitenden des deutschen Unternehmens, der britischen Standardlife oder auch der Vertreter von Ratan Tata und seinem Imperium, der indischen Tata Sons oder HDFC».

Indien ist bekanntlich die größte Demokratie der Welt und blickt auf eine reiche Geschichte zurück, die von zahlreichen Invasionen aus den verschiedensten Erdteilen geprägt ist. Darüber hinaus hat Indien aber auch viele Menschen aus anderen Kulturen aufgenommen und umsorgt. Dieser weltoffenen Grundeinstellung hat das Land sein Wirtschaftswachstum in den sechs Jahrzehnten seit Erlangung der Unabhängigkeit zu verdanken. Indien dürfte einer der wenigen Staaten sein, der den bilateralen Handel mit den verschiedensten Ländern begrüßte und aktiv förderte. Dies ebnete multinationalen Unternehmen (Multinational Companies, MNC) den Weg, sich auf dem indischen Markt zu etablieren. Unter diesen MNC haben viele europäische Unternehmen wie Mercedes-Benz, Volkswagen, Siemens, Crompton Greaves, Larsen & Toubro, Ergo, A&A, Standardlife und Prudential einen bedeutenden Beitrag geleistet.

Interessant ist, wie sich die Führungsmuster dieser Organisationen englischen und europäischen Ursprungs beim Kontakt mit indischen Unternehmen unterscheiden. Die Unterschiede in der Mitarbeiterführung sind auf die Kultur zurückzuführen, in der sich diese herausbildet haben. Ich habe versucht, einige amüsante, seriöse und aus meiner Sicht erstaunliche Beispiele zusammenzustellen, die sich aus der Zusammenarbeit mit Berufsleuten aus England und dem europäischen Kontinent ergeben haben.

Rekrutierungsfragen

HDFC, ein bedeutender Anbieter auf dem indischen Hypothekenmarkt, ist mit Standardlife aus Edinburg (Schottland) ein Joint Venture eingegangen, um die erste private Lebensversicherungsgesellschaft zu gründen. Ich wurde zum Leiter Human Resources ernannt. Bereits die erste Woche nach meinem Eintritt verschaffte mir einen Einblick in die Kultur und Arbeitsgewohnheiten in Großbritannien. Zusammen mit meinem Kollegen Dr. Nicholas Taket, Leiter der Bereiche Finance, Underwriting und Medical, interviewte ich Kandidaten, die sich für die Stelle des Chief Medical Officer beworben hatten. Meine Eingangsfrage an den ersten Kandidaten irritierte meinen Partner, Dr. Taket, dermaßen, dass er geradewegs den Raum verließ und mich aufforderte, ihm zu folgen. Seine plötzliche Reaktion kam völlig überraschend für mich. Auch der ohnehin schon nervöse Kandidat war verblüfft über Dr. Takets Reaktion, dessen blasses Gesicht inzwischen hochrot angelaufen war. Nachdem ich mich höflich beim Kandidaten entschuldigt hatte, mit der Bitte zu warten, stand ich vor dem über einen Meter neunzig großen Mr. Taket, der mich aus seinen blauen Augen wütend anblitzte und mich mit donnernder Stimme anherrschte: «Wie können Sie es wagen, den Kandidaten über seinen familiären Hintergrund zu befragen? Das verstößt gegen das Gesetz und endet möglicherweise vor Gericht!» Oh nein, antwortete ich erleichtert, und es dauerte fast eine Stunde, bis ich Dr. Taket, zusammen mit unserem Geschäftsführer, überzeugt hatte, dass, obwohl es in Großbritannien dem Gesetz und der Gewohnheit entspricht, die familiären Hintergründe nicht zu erwähnen, diese Frage in Indien nicht nur legal sei, sondern auch gern gehört werde. Die indische Kultur mit ihren 30 verschiedenen Sprachen, Kasten, Glaubensbekenntnissen, Religionen und so weiter unterscheidet sich von Staat zu Staat (insgesamt 30 größere Staaten). Inder sprechen mit Stolz über ihre familiären Hintergründe.

Deutsches Bier

Während meiner Zeit bei TISCO (dem indischen Stahlgiganten), im Volksmund auch als Tata Steel bezeichnet, sah ich mich mit einer schwierigen Situation konfrontiert, die zu einer fast zweistündigen Arbeitsunterbrechung führte. Ein Streik konnte nur knapp vermieden werden. Die Folge waren massive Produktionsverluste. Wir hatten gerade einen neuen Hochofen in Auftrag gegeben, der von einem deutschen Unternehmen produziert werden sollte. Während der Arbeit in der heißen Montagehalle öffneten die deutschen Techniker ein paar bereitgestellte Bierflaschen. Kaum hatten sie die Flaschen angesetzt, kamen nach und nach die Arbeiter der Schicht herbei, allesamt Inder, und trauten ihren Augen nicht – die Deutschen tranken während der Arbeit tatsächlich Bier. Kurz darauf war auch der Gewerkschaftsvertreter zur Stelle, sah dieses für deutsche Arbeiter normale Verhalten und rief: «Arbeit stoppen, Arbeit stoppen!» Ich wurde herbeigerufen, da ich für die Arbeitsbeziehungen im Werk verantwortlich war. Der indische Gewerkschaftsvertreter fragte mich: «Ist das etwa Ihre Tata-Stahlkultur? Wenn Sie schon den Europäern gestatten, während der Arbeit Bier zu trinken, warum nicht auch uns?» Darauf musste ich ihnen die europäische Kultur und die Klimabedingungen erklären und erwähnte unter anderem, dass Bier für Europäer wie Wasser für Inder sei.

Chinesischer Formalismus

Während seiner Tätigkeit beim berühmten US-Konzern Johnson & Johnson reiste einer unserer indischen Direktoren nach Japan und China, um dortige Geschäftsmodelle zu untersuchen und Synergien herzustellen. Als er vor Ort die verschiedenen Healthcare-Produktelinien unter die Lupe nahm (das Werk befand sich in China, alle Mitarbeitenden waren Chinesen, standen allerdings auf der Lohnliste von J & J), zeigte sich unser an die flexible und offene indische Kultur gewöhnte Manager erstaunt über die stärker betonte Professionalität im Fernen Osten. Als er sich im weiteren Verlauf seiner Besichtigung auf der rechten Seite der Fabrikhalle genauer umsehen wollte, wurde er sogleich von einem Arbeiter aufgehalten. Erschrocken fragte er, warum ihm der Zutritt verwehrt werde, worauf ihm der untersetzte, aber kräftige Arbeiter entgegnete: «Auf Ihrem Fabrikbesuchsblatt steht nichts von einer Besichtigung dieses Bereichs, deshalb müssen sie woanders weiterfahren.»

Einen Inder überrascht an der fernöstlichen Arbeitskultur die Tatsache, dass Arbeiter nicht zwangsläufig von ihren Vorgesetzten beaufsichtigt werden. Sie arbeiten sehr gewissenhaft und legen keine Arbeitspause ein, solange die vorliegende Aufgabe nicht erledigt ist.

Multikulturelles Dinner

Man stelle sich ein Geschäftsessen vor mit einem Amerikaner, einem Briten, einem Franzosen, einer Schweizerin, einem Chinesen und zwei Indern. Das Gespräch drehte sich um Klima, Politik und Wirtschaft im jeweiligen Land. Der Chinese verhielt sich am diszipliniertesten, aß am wenigsten und meldete sich selten zu Wort. Die Vertreterin aus der Schweiz war ausgesprochen zuvorkommend und kultiviert. Das Wort führten hauptsächlich der Inder (mein Chef) und der Amerikaner, der vom Hauptsitz von Johnson & Johnson in New Brunswick ins indische Mumbai gereist war. Nachdem der Gast aus Amerika unzählige Fragen beantwortet hatte, meinte er: «Sie alle wissen viel mehr über Amerika, als die Amerikaner selbst.» Darin spiegelte sich das ungezwungene und offene Wesen der Amerikaner, die unabhängig und professionell zugleich sind und sich nicht ins Leben anderer einmischen. Das ist ein Gegensatz zur indischen und südostasiatischen Kultur.

Konsistenz bei allen Kulturen

Verschiedene Kontinente, verschiedene Führungsstile, verschiedene Kulturen. Das gemeinsame Element dieser Intercultural-Leadership-Facetten ist, dass sie sich trotz ihrer unterschiedlichen Geschichte, die sich über viele Jahrzehnte auswirkte, durch Konsistenz auszeichnen. Die genannten Beispiele sind ein Beweis für die rigiden Verhaltensmuster unter den Mitarbeitenden des deutschen Unternehmens, der britischen Standardlife oder auch der Vertreter von Ratan Tata und seinem Imperium, der indischen Tata Sons oder HDFC. Sie alle gehören großartigen Organisationen an, die über viele Jahre aufgebaut wurden. Und genau das macht ihre Kulturen, die sie so überzeugt vertreten, zum Erfolgsrezept. Sie alle widerspiegeln ein ähnliches Maß an Innovationskraft und an Kunden- sowie Mitarbeiterorientierung. Dieses Phänomen kann als «Einigkeit durch Vielfalt» bezeichnet werden.

Die fragwürdige Relevanz des Kopftuchs türkischer Geschäftsfrauen

Erol User

Erol User

ist türkischer Großunternehmer, unter anderem CEO von Super-online, und Eigentümer des Fußballklubs Fenerbahce Istanbul. Er ist zudem international politisch aktiv. So hat er gemeinsam mit der Harvard University das sogenannte Abraham-Projekt gestartet, das zum Dialog mit allen abrahamitischen Religionen aufruft. Er ist skeptisch, was die Chancen eines EU-Beitritts für die Türkei betrifft. Seinen Landsleuten in Westeuropa gibt er den Ratschlag: «Wenn man in einem Land lebt, muss man sich der Kultur dieses Landes anpassen und nicht auf offenen Plätzen mit dem Turban oder einem Kopftuch herumlaufen. Man braucht nicht die eigene Religion zu demonstrieren, denn die Religion ist etwas, was man privat mit Gott zusammen macht. Somit wäre ein Kopftuch Show-Material.»

Jede türkische «Privatfrau» kann ihren persönlichen Glauben in der Kleidung zum Ausdruck bringen, denn es gibt in der Türkischen Republik keine Gesetze, welche die weibliche Kleidung allgemein regeln. Gemäß Kopftuchverbot ist es Frauen zurzeit sogar untersagt, in öffentlichen Gebäuden, staatlich geförderten Universitäten und anderen säkularen Einrichtungen ein Kopftuch zu tragen. Und dennoch: Im Februar 2008 hatte sich das Parlament mit 411 zu 103 Stimmen gegen das Kopftuchverbot ausgesprochen und denjenigen Frauen, die an einer Universität studieren, das Tragen eines Kopftuchs gestattet. Und am 6. Juni 2008 bestätigte das Oberste Gericht mit 9 zu 2 Stimmen den Beschluss, wonach es Frauen definitiv verboten ist, in staatlichen Institutionen ein Kopftuch zu tragen. Haben diese widersprüchlichen Meinungen überhaupt einen Einfluss auf die Leadership von Türkinnen?

In der Türkischen Republik gehören weibliche Führungsrollen und Bekleidungsregeln heute zweifellos zu den umstrittensten Themen. Angesichts einer Bevölkerung, die zu 99 Prozent aus Muslimen besteht, lässt sich nicht leugnen, dass der Islam im öffentlichen und privaten Bereich des Landes eine bedeutende Rolle spielt. Obwohl die religiöse Homogenität vielen Türkinnen und Türken am Herzen liegt, sei daran erinnert, dass die Türkische Republik seit 1923, zunächst unter der Führung von Mustafa Kemal Atatürk, an einer säkularen, demokratischen Staatsform festgehalten halt. Probleme wirft vor allem die Frage nach der «geeigneten» Stellung des Islam im gesellschaftlichen, wirtschaftlichen und sozialen Milieu auf. In den letzten Jahren kam es in der Türkei wiederholt zu öffentlichen Streitigkeiten über die Rolle des Islam in der Gesellschaft, insbesondere in Bezug auf die Achtung der Frau und die Bekleidung. Bemerkenswert ist, dass diese beiden Fragen nicht isoliert betrachtet werden können und faktisch weitreichende Folgen für die interkulturelle Führung der Türkei haben.

Im Islam wird erwartet, dass Frauen bescheiden auftreten. Der weibliche Körper kann bei Männern Verlangen wecken, weshalb Frauen in vielen islamischen Ländern aufgerufen sind, sich so zu kleiden, dass sie die Begierde eines Mannes nicht «provozieren». Dies kann verschiedene Formen annehmen, darunter auch extreme Auffassungen wie jene der Taliban in Afghanistan, wo die Burka den Körper der Frau vollständig bedeckt.

Weniger extreme Versionen sind in Ländern wie der Türkei und im Libanon zu finden, die keine weiblichen Bekleidungsvorschriften kennen und der Frau grundsätzlich die Entscheidung überlassen, wie sie sich in den Augen des Islam am besten präsentiert. In diesen Ländern scheint der soziale Druck durch die Familie den größten Einfluss auf die Kleidung einer Frau zu haben. Die Gründe für die Regelung der weiblichen Bekleidung und des Verhaltens sind vielfältig. Nach heutiger Auffassung diente sie ursprünglich dazu, die Frauen vor Männern zu schützen. Eine Auffassung, die in vielen, überwiegend islamischen Ländern noch heute Bedeutung hat. Dies belegt der jüngste Fall von Zilla Huma Usman, der pakistanischen Frauenrechtsaktivistin und Sozialministerin der Provinz Punjab, die von Mohammed Sawar erschossen wurde. Der Fanatiker war der Ansicht, dass das Kopftuch ihr Haar nicht ausreichend bedecke und dass Frauen nicht in die Politik gehörten. Wie in vielen Ländern müssen Frauen in der Türkei bei der Entscheidung über Bekleidung und Verhalten gesellschaftliche Normen berücksichtigen, die auf einer Mischung aus Politik, Religion und Tradition beruhen.

Wenn wir die Rolle der Frau in der türkischen Gesellschaft betrachten, sollten wir dies durch ein kulturelles Prisma tun. Themen wie Bildung, Wirtschaft und Tradition haben in jeder Gesellschaft großen Einfluss auf die Geschlechterrollen. Dabei sei jedoch daran erinnert, dass im Ottomanischen Reich, also dem politischen System, das der Türkischen Republik voranging, die Stellung der «Sultana» als Mutter des Sultans zu den mächtigsten im ganzen Reich gehörte. Sie übte beträchtlichen Einfluss auf die Entscheidungen der Regierung aus. Auch für das Streben nach Unabhängigkeit und für die Entwicklung des modernen türkischen Staates war die Partizipation der Frau wichtig. In der republikanischen Bewegung gab es zahlreiche führende Frauen, und auch Mustafa Kemal Atatürk war bestrebt, die Rolle der Frauen in der türkischen Gesellschaft deutlich aufzuwerten, indem er ihnen das Wahlrecht gewährte und sogar die erste Frau ans Oberste Gericht ernannte. Der Entscheid war bahnbrechend, denn es gab damals kein anderes Land, in dem eine Frau im obersten Gericht saß. Außerdem wurden Frauen bezüglich Sorgerecht, Erbschaft und Scheidung Männern gleichgestellt.

Wenn wir den Anteil der Frauen in der Politik und in Führungspositionen unter modernen Gesichtspunkten betrachten, ist es interessant festzustellen, dass die Türkei bereits eine Staatschefin hatte. Tansu Ciller bekleidete als Mitglied der Partei des Rechten Weges (DYP) zwischen 1993 und 1996 das Amt der Premierministerin. Frau Ciller war aber keineswegs nur eine politische Symbolfigur der Frauen, sondern brachte viele bedeutende Reformen auf den Weg, darunter die technische Modernisierung der türkischen Streitkräfte und die Unterzeichnung der Zollunion zwischen der Türkei und der EU. Außerdem vermochte sie die USA und die EU davon zu überzeugen, die PKK in die Liste ausländischer Terroristenorganisationen aufzunehmen. Frau Ciller, die ihr Amt schließlich unter unerfreulichen Umständen aufgab, wurde später Außenministerin der Türkei.

Obwohl Frau Cillers Beispiel sicher nicht repräsentativ ist für Frauen in der Türkei, zeigt es doch, dass die türkische Bevölkerung der Führungsrolle von Frauen gegenüber offen ist und diese befürwortet. Verglichen mit anderen westlichen Ländern wie den Vereinigten Staaten erscheint die Türkei gar fortschrittlicher, wenn es um die Anerkennung von Frauen in Führungspositionen geht. Laut einer Statistik der European Stability Initiative

(ESI) zu den Wahlen vom 22. Juli im Jahr 2008 «stieg der Anteil der Frauen im Parlament von 4,2 Prozent auf 9,1 Prozent, das heißt von 24 auf 50 Sitze. Von diesen entfallen 30 auf die AKP, 10 auf die CHP und 2 auf die MHP; hinzu kommen 8 Unabhängige, die von der (prokurdischen) Partei der demokratischen Gesellschaft (DTP) unterstützt werden». Im Vorfeld dieser Wahlen hatten Frauen in der türkischen Politik zunehmend an Boden gewonnen. Vielleicht kann dieser Urnengang auch als Beweis dafür dienen, dass die türkische Gesellschaft der Führungsrolle von Frauen positiv gegenübersteht.

Es sei auch daran erinnert, dass sich diese Führungsrolle nicht allein auf die Politik bezieht. Auch im türkischen Unternehmenssektor finden sich Frauen in Führungspositionen. Den Vorsitz des größten Unternehmerverbandes des Landes, der Türkischen Vereinigung von Industriellen und Geschäftsleuten (TUSIAD), führt mit Arzuhan Yalcindag eine Frau. Bei der Akbank, einer der wichtigsten Holdinggesellschaften der Türkei und mit einer Börsenkapitalisierung von 22,5 Milliarden US-Dollar die größte Bank an der Istanbuler Börse (BORSA), amtet Susan Sabanci Dincer als CEO. Diese aktuellen und früheren Beispiele von Frauen in einflussreichen Führungspositionen zeigen, dass die Führungsrolle von Frauen in der Türkei schon seit geraumer Zeit von Bedeutung ist.

Obwohl Frauen eindeutig das Potenzial besitzen, der türkischen Gesellschaft zusätzliche Dynamik zu verleihen, ist ebenso offensichtlich, dass noch viel zu tun bleibt. Das zeigt sich bei einem genaueren Blick auf die weibliche Alphabetisierung. Laut der Statistikbehörde Türkiye Istatistik Kurumu liegt die Alphabetisierungsrate der Frauen in der Türkei bei 81 Prozent. Dies entspricht einem deutlichen Zuwachs gegenüber 55 Prozent im Jahr 1980 und ist ein Beweis für die Anstrengungen, welche die Türkei zur Bekämpfung des weiblichen Analphabetismus unternommen hat. Dennoch landet die Türkei laut European Stability Initiative im Global Gender Gap Index 2006 unter 115 Ländern auf dem bedenklichen 106. Platz. Der Index analysiert die Unterschiede zwischen Frauen und Männern in Bezug auf ihre wirtschaftliche Stellung. Mit diesem Wert liegt die Türkei noch hinter Ländern wie Äthiopien und Burkina Faso. Problematisch ist zudem, dass der Anteil an der erwerbstätigen Bevölkerung extrem ungleich ist: 67 Prozent der Männer sind erwerbstätig gegenüber 12 Prozent Frauen. Zudem beträgt der Hausfrauenanteil 69 Prozent. Trotz dieser bedrückenden Zahlen sei darauf hingewiesen, dass die Arbeitslosigkeit in der Türkei gemäß Turkey Economy Watch relativ hoch ist und im Dezember 2007 fast 13 Prozent betrug. Interessanterweise waren 75 Prozent der arbeitslosen Personen Männer, sodass Frauen einen kleineren Teil der arbeitslosen Bevölkerung ausmachen.

Außerdem stellen wir fest, dass die Geburtenrate in der Türkei zurückgeht. Laut Index Mundi weist die Türkei für 2008 einen Wert von 16,1 pro

1000 auf, während diese Zahl im Jahr 2000 noch bei 19 pro 1000 lag. Dies entspricht einem deutlichen Rückgang von fast 20 Prozent innerhalb weniger als einer Generation. Das bedeutet wiederum, dass viele Frauen das Kinderkriegen verschieben und sich für andere Lebensbelange entscheiden – etwa eine längere Ausbildungszeit oder die Aufnahme einer Erwerbstätigkeit.

Obwohl viele Statistiken über Frauen nachdenklich stimmen, müssen sie in einem langfristigen Zusammenhang gesehen werden. Größere gesellschaftliche und wirtschaftliche Trends zeichnen sich über lange Zeiträume ab. Die Türkei hat zuletzt beträchtliche Fortschritte erzielt, doch angesichts der Tatsache, dass die Kinderbetreuung in der Türkei traditionell den Frauen zufällt, lassen sich diese Daten leicht erklären. Hervorzuheben ist, dass die Türkei jene Barrieren niedergerissen hat, welche die Partizipation der Frau auf allen Ebenen der Gesellschaft verhinderten. Heute müssen Frauen selbst darüber entscheiden, welche Rollen sie im Leben übernehmen wollen.

Die zentrale Frage bezüglich Bekleidungsregeln dreht sich in der Türkei um den sogenannten Basort, das Kopftuch. Aber wie schon erwähnt, gibt es im Islam viele unterschiedliche Auffassungen hinsichtlich einer angemessenen Bekleidung. Zu den verschiedenen Bekleidungstypen gehört ein einfaches, nicht islamisches Tuch, das den Kopf der Frauen bedeckt, aber nicht eng gebunden wird. Dieses wird normalerweise als Respektsbekundung beim Betreten von Friedhöfen, Moscheen oder allenfalls aufgrund persönlicher Vorliebe getragen. Wichtig an dieser schlichten Bedeckung ist, dass sie nicht eng gebunden wird, keine religiöse Bedeutung hat und einfach nur als Kopfschmuck dient. Bei einer Frau, die ein solches loses Tuch trägt, sind andere Körperstellen normalerweise nicht bedeckt. Die nächste Stufe, der strengere Basort, bildet in der Türkei den eigentlichen Zankapfel. Dieser bezeichnet ein Kopftuch, das an den Seiten eng anliegt und nur das Gesicht frei lässt. Zum Basort wird gewöhnlich unauffällige Kleidung getragen, die Beine, Arme und Füße bedeckt und nur die Hände frei lässt. Diese Art der Kopfbedeckung wird von den Gattinnen von Premierminister Abdullah Gül und Präsident Recep Tayip Erdogan, Hyrunnissa beziehungsweise Emine, bevorzugt. Sie ist traditionell mit einer Form des politischen Islam verbunden, die weniger fortschrittliche Ideen über die Rolle der Frau in der Gesellschaft verkörpert. Nach Angaben der BBC tragen nur 11 Prozent aller Türkinnen den vollen Tschador, der den ganzen weiblichen Körper bedeckt und nur die Augen frei lässt.

Nach dem Koran, dem heiligen Buch des Islam, sollen sich Frauen bescheiden kleiden und dementsprechend verhalten. Einige Gruppen in der Türkei haben dies so interpretiert, dass Frauen ihr Haar vollständig bedecken sollen, um auf diese Weise dem Islam zu huldigen und ihrer Familie Ehre zu erweisen. Es muss jedoch betont werden, dass das Tragen eines Kopftuchs türkischen Frauen freigestellt ist. Im Gegensatz zu anderen Ländern des Mittleren Ostens und der arabischen Region existieren in der Türkei weder Gesetze, die ein strenges Bekleidungssystem vorschreiben, noch Einrichtungen wie die «Bekleidungspolizei».

In der Türkei ist also von einer vollständigen Abwesenheit eines Bekleidungskodex für Frauen auszugehen. Obwohl jede Frau ihren persönlichen Glauben in der Kleidung zum Ausdruck bringen kann, gibt es in der Türkischen Republik keine Gesetze, welche die weibliche Kleidung regeln. Die regierende AK-Partei hat dem Land einige politische Turbulenzen rund um die Bedeutung des Kopftuchs für die nationale Identität beschert. Gemäß Kopftuchverbot ist es Frauen zurzeit untersagt, in öffentlichen Gebäuden, staatlich geförderten Universitäten und anderen säkularen Einrichtungen ein Kopftuch zu tragen.

Noch im Februar 2008 hatte sich das Parlament mit 411 zu 103 Stimmen gegen das Kopftuchverbot ausgesprochen und Frauen, die an einer Universität studieren, das Tragen eines Kopftuchs gestattet. Doch am 6. Juni 2008 bestätigte das Oberste Gericht mit 9 zu 2 Stimmen den Beschluss, wonach es Frauen definitiv verboten ist, in staatlichen Institutionen ein Kopftuch zu tragen. Während im privaten Sektor eigene Bekleidungsregeln für weibliche Angestellte erlassen werden dürfen, ist das Kopftuch in staatlichen Einrichtungen streng verboten. Hier zeigt sich einmal mehr der säkulare Charakter der Republik. Weil das Kopftuch im Allgemeinen mit dem Islam identifiziert wird, wurde es dauerhaft verboten. Bemerkenswert ist übrigens, dass inzwischen auch das Militär begonnen hat, die äußere Erscheinung zu reglementieren. Allerdings sind davon nur Männer betroffen, denen es untersagt ist, einen Bart, Schnurrbart oder andere Gesichtsbehaarung zu tragen, da diese als Symbole des Islam gelten. Trotz allem haben in den letzten Jahren zahlreiche Studentinnen versucht, die Vorschriften an öffentlichen Universitäten infrage zu stellen, indem sie im Basort zu Vorlesungen und Seminaren erschienen. Das ist zwar ein klarer Verstoß gegen das Gesetz, doch viele dieser jungen Frauen argumentieren, dass das Kopftuchverbot ihre Bürgerrechte, darunter das Recht auf freie Meinungsäußerung, verletze.

Die AK-Partei, die dem Islam wohlwollend gegenübersteht, war bisher nicht darauf erpicht, eine Entscheidung zu erzwingen. In dieser mangelnden Durchsetzung liegt die Ursache des Problems, denn für die Regierung spielt die Angelegenheit offenbar eine untergeordnete Rolle, da sie die Bekleidungsregeln im Hintergrund unterstützt. Interessant ist, dass die Regierungspartei, die im Parlament über eine Mehrheit verfügt, zu den Verfechtern der Reform gehörte, mit der das Kopftuchverbot gelockert werden sollte. Das Thema wurde auch von zahlreichen Säkularisten, darunter Generalstabschef Yasar Buyukanit, aufgegriffen. Sie sehen darin einen Versuch der AK-Partei, schrittweise Verfassungsänderungen durchzusetzen und eine islamische Agenda zu verfolgen, wie es der Überzeugung der AK-Partei entspricht.

Es ist diese Vermischung des Islam mit der Politik, die viele Türkinnen und Türken beunruhigt, denn sie verstößt gegen einen Grundsatz der Verfassung – ein Dokument, das von vielen verehrt wird und als eigentliches Fundament des Landes gilt. Frauen wie Hyrunnissa Gül sind mit ihrem Kopftuch in den internationalen Medien zu einem erkennbaren Symbol der Türkei geworden, und viele streng säkular gesinnte Türken fürchten, dass dies eine Büchse der Pandora religiöser Ungewissheit öffnen könnte.

Nach der eingehenden Diskussion der weiblichen Führungsrolle und Bekleidungsregeln in der Türkei drängt sich nun die Frage auf, wie sich diese beiden Fragestellungen auf die interkulturelle Führung eines Landes wie der Türkei auswirken. Bei einem Bevölkerungsanteil von 99 Prozent Muslimen hat die islamische Religion in der Türkei eine lange Tradition. Dennoch gibt es im Land auch eine spürbare Akzeptanz für Menschen anderer Kulturen und Religionen. Die Türkei war Ausländern gegenüber schon immer offen eingestellt und weist mit einer Bevölkerung aus Armeniern, Juden, Kurden und sogar Griechen eine hohe kulturelle Vielfalt auf. Wenn es um Nichttürken geht, fehlt es Türkinnen und Türken nicht an Akzeptanz. Diese Akzeptanz geht allerdings bei einer großen Bevölkerungsmehrheit mit dem festen Glauben an säkulare Prinzipien einher. Sie sind wichtige Bestandteile der Verfassung und des Bildungssystems.

Obwohl es also richtig ist, dass Türken andere Überzeugungen akzeptieren, scheint eine Grenze zu existieren, wenn es um die gesetzliche Verankerung von religiös motiviertem Verhalten geht. Dies zeigt sich einmal mehr beim Thema Kopftuch und bei säkularen Einrichtungen. Aufgrund der engen Verbundenheit der Türkei mit der säkularen Demokratie ruft jedes Verhalten, das auch nur entfernt an Religion erinnert, in der türkischen Bevölkerung Reaktionen hervor. Für die gegenwärtige Administration mit ihren gemäßigt islamischen Tendenzen bedeutet dies einen schwierigen Balanceakt. Das liegt hauptsächlich daran, dass sie einerseits gewählt wurde, um weniger strenge Gesetze bezüglich der Religion zu unterstützen, aber andererseits nicht in der Lage ist, Verfassungsänderungen durchzusetzen, ohne in der Öffentlichkeit ein gewaltiges Echo auszulösen. Allem Anschein nach drängt sich also ein Kompromiss auf, der die Verfassung nicht verletzt und dennoch die Mehrheit der Bevölkerung zufriedenstellt.

Die Hauptschwierigkeit besteht für die Türkei darin, die verschiedenen Gruppen zusammenzubringen. Angesichts der ethnischen und religiösen Vielfalt der Türkei wird klar, dass jede Entscheidung in der Führungs- und Bekleidungsdebatte mindestens einer Gruppe missfallen wird. Mit einem streng säkularen Ansatz würde die Türkei zahlreiche religiöse Führungspersönlichkeiten isolieren. Gleichzeitig dürfte jeder Kompromiss in Form einer größeren religiösen Akzeptanz bei überzeugten Säkularisten und Militärs auf erbitterten Widerstand stoßen. Die derzeitige Administration, die den Premierminister, den Präsidenten und die Parlamentsmehrheit stellt, verliert als Folge ihrer oftmals engstirnigen und religiös motivierten Beschlüsse in der Öffentlichkeit rasch an Unterstützung. Hierzu gehört neben der Lockerung des Kopftuchverbots auch die Erhöhung der Zahl von Imam-Hatip-Schulen. Dabei handelt es sich um staatlich reglementierte Schulen, an denen eine offiziell abgesegnete Form des Islam unterrichtet wird. Aus diesen Gründen tut sich die Regierung schwer, als geschlossene Einheit zusammenzuarbeiten, weil immer wieder versucht wird, den Islam in einen politischen Kontext zu setzen.

Der türkische Durchschnittsbürger sieht sich vor die schwierige Entscheidung gestellt, seine oder ihre religiösen Überzeugungen mit den Vorstellungen einer säkularen und modernen Türkei in Einklang zu bringen. Es scheint, als hätte das unterschiedliche Ausmaß religiöser Partizipation zu interkulturellen Unterschieden geführt. Vereinfacht gesagt, stehen sich die Regierung auf der einen und die Säkularisten auf der anderen Seite gegenüber, während der Durchschnittstürke irgendwo in der Mitte nach Orientierung sucht, um diese beiden Positionen miteinander zu versöhnen. Erschwert wird die Situation zudem durch die Tatsache, dass die Regierung langfristig keine Einheit bildet, weil die Parteien alle vier Jahre wechseln können und entsprechend versuchen, ihre eigene Agenda umzusetzen. Da eine Entscheidung über die religiöse Identität des Landes nicht abzusehen ist, dürfte die Türkei weiterhin mit Problemen wie jenem einer angemessenen Rolle der Frauen und der Bekleidung im öffentlichen Raum zu kämpfen haben.

Abschließend bleibt festzuhalten, dass die Türkische Republik vor wichtigen Aufgaben steht. Während es für die Bekleidungsregeln und die weibliche Führungsrolle aus säkularer Sicht scheinbar einfache Lösungen gibt, sieht der Durchschnittsbürger diese Fragestellungen weniger klar. Darüber hinaus ist in der Bevölkerung eine deutliche Spaltung erkennbar bei der Frage, welches Verhalten für Frauen und für die türkische Identität als Ganzes akzeptabel ist. Angesichts der langen Tradition der politischen, wirtschaftlichen und gesellschaftlichen Partizipation der Frau ist unbestritten, dass Frauen in der türkischen Gesellschaft eine vitale Rolle spielen. In zahlreichen bedeutenden Sektoren scheinen Frauen zudem in eine aktivere Rolle hineinzuwachsen. Als Einwand lässt sich anführen, dass gewisse Kreise der Gesellschaft versuchen, diese Rolle in Bezug auf die Religion zu manipulieren oder zu formen. Weil die Wahrnehmung allzu oft die Realität beeinflusst und umgekehrt, fällt die Wahl eines persönlichen Glaubenssystems und einer Regierung, welche die eigenen Vorstellungen am besten vertritt, äußerst schwer. Über all dem thront die Frage der interkulturellen Führung und was die Türkei unternimmt, um die Gesamtheit ihrer Stimmbürger und Stimmbürgerinnen in einen politischen Prozess einzubinden, der immer wieder von Unregelmäßigkeiten gekennzeichnet ist.

Teil 4

Konkrete Umsetzung interkultureller Führung

Interkulturelle Leadership als Unternehmenskultur: Awareness Coaching als Basis mit Messbarkeitsfaktor

Andrea Bugari

Andrea Bugari

arbeitet für Lore International Institute (Europe), eine Gruppengesellschaft von Korn/Ferry's Leadership and Talent Consulting, und berät internationale Firmen bezüglich Talent Management, Kaderausbildung und Organisationsentwicklung. Zudem unterrichtete sie als Gastdozentin an verschiedenen MBA und Universitätsprogrammen in den USA, England und der Schweiz. Die gebürtige Schweizerin ist seit neun Jahren in London tätig.

Firmenchefs denken bei interkultureller Kompetenz primär daran, wie ihre Führungskräfte in konkreten Interaktionen wirkungsvoller werden. Wenn sie aber interkulturelle Leadership nachhaltig aufbauen wollen, dann muss Entwicklung auch auf der Teamebene und auf der organisatorischen Ebene erfolgen. Dieser Beitrag aus der Praxis stellt fünf Ansatzpunkte vor, wie Unternehmen interkulturelle Leadership langfristig entwickeln können, um eine wettbewerbsfähige Unternehmenskultur zu schaffen.

Viele Firmen, die im internationalen Rahmen tätig sind, tun sich mit der Entwicklung von interkultureller Führungskompetenz noch schwer. Vielleicht gibt es irgendwo im Management Development Curriculum ein interkulturelles Trainingsprogramm, aber diese Kurse haben oft nur niedere Teilnehmerraten und bringen häufig auch nicht die gewünschten Resultate. Diese Schwierigkeiten haben oft mit zwei Defiziten zu tun: mangelndes Know-how und mangelndes Know-why. Bezüglich Know-why wird das «Warum» der interkulturellen Kompetenzentwicklung vom Management oft angezweifelt, vor allem in Firmen, die sich in der Vergangenheit mit einem Exportansatz in der Welt ausgebreitet haben. Die Frage nach interkultureller Kompetenz wird hier oft auf die Frage reduziert, wer sich wem anpassen muss, und für einige Firmen ist es ganz klar, dass das die «anderen» sind.

Mangelndes Know-how bezieht sich auf zwei Probleme: das Format und die Inhalte der interkulturellen Ausbildung. Interkulturelle Kompetenz wird oft noch in isolierten Trainingsprogrammen «gelehrt», die nicht interaktiv genug sind und kaum einen Bezug zum Geschäftsalltag haben. Und die Inhalte von interkulturellen Firmenprogrammen sind oft oberflächlich und beschränken sich auf Wissensvermittlung über andere Kulturen, statt verhaltensorientierte Fähigkeiten mitzuentwickeln. Lernhilfen sind dann zum Beispiel Listen mit akzeptierten und nicht akzeptierten Verhaltensweisen in spezifischen Kulturen, die aber oft Stereotype reproduzieren und bereits überholt sind, wenn sie aus dem Drucker kommen. «Um auszudrücken, dass etwas Gesagtes geheim bleiben sollte, reibt man sich in England die Nase», kann man da zum Beispiel in Trainingsunterlagen lesen.

In den letzten zehn Jahren wurden in diesem Bereich Fortschritte erzielt, weil sich Trainingsmanager stärker durch ganzheitlichere und forschungsbezogene interkulturelle Ansätze inspirieren ließen. Beispiele sind Konzepte, welche die unbewussten «Treiber» von interkulturellem Verhalten beleuchten und Managern beibringen, wie sie diese erkennen und damit umgehen können (kulturelle Dimensionen, Hofstede 2001; Trompenaars/Hampden-Turner 1998; Hall 1990). Weitere nützliche Ansätze schaffen Kompetenzmodelle mit umfassenden Verhaltensanweisungen (etwa Goldsmith et al., 2003, mit «Global Leadership») oder Leadership-Profile, die sich aus psychologischem, sozialem und intellektuellem Kapital zusammensetzen (Javidan et al., 2007, mit «Global Mindset»). Diese Ansätze arbeiten auch mit Beurteilungsinstrumenten (Assessments), welche die Entwicklungsplanung der Auszubildenden anleiten und den Erfolg von Trainingsinterventionen zumindest auf individueller Ebene messen können.

Allerdings schaffen auch Ausbildungsprogramme, die diese dynamischen und wissenschaftlich fundierten Konzepte benützen, das Problem der mangelhaften Umsetzung des Gelernten im Geschäftsalltag und damit die Anbindung der interkulturellen Leadership an Geschäftsresultate kaum aus dem Weg. Das Grundproblem dahinter ist der weitverbreitete individualistische Ansatz in der interkulturellen Leadership-Entwicklung. Firmenchefs denken bei interkultureller Kompetenz oft nur daran, wie ihre Führungskräfte in konkreten Interaktionen wirkungsvoller werden. Wenn sie aber interkulturelle Leadership nachhaltig aufbauen wollen, dann muss Entwicklung auch auf der Teamebene (Wie helfen Führungskräfte ihren Teams, eine wirkungsvolle interkulturelle Teamkultur zu entwickeln?) und auf der organisatorischen Ebene (Wie schaffen unsere Führungskräfte eine Unternehmensstruktur und -kultur, in der positive Interkulturalität und Leadership überhaupt möglich sind?) erfolgen.

Im Folgenden werden fünf Erfolgsfaktoren vorgestellt, wie Firmen interkulturelle Leadership entwickeln können.

1. Erfolgsfaktor: interkulturelle Leadership an die Business-Strategie binden

Strategische Integration heißt, dass alles, was in einer Firma geschieht, auf die Geschäftsstrategie bezogen werden kann: jedes einzelne Projekt, jede Zieldefinition der Mitarbeitenden, jedes Ausbildungsprogramm. Die wichtigste Frage, die es zu beantworten gilt, wenn Firmen interkulturelle Leadership erfolgreich lancieren wollen, ist denn auch: Was ist der strategische Antreiber?

Die Antwort hängt mit der internationalen Geschäftsstrategie zusammen. Firmen, die nur Waren exportieren und dazu vielleicht mit einer lokalen Verkaufsstelle im Ausland zusammenarbeiten, brauchen weniger interkulturelle Fähigkeiten als Firmen, die auch Produkte, Methoden, Wissen und Arbeitskräfte weltweit austauschen wollen. Allerdings gibt es sogar bei rein nationalen Firmen einen Grundbedarf an interkultureller Kompetenz, da sich kulturelle Vielfalt in der lokalen Belegschaft durch die Öffnungen im internationalen Arbeitsmarkt noch weiter verstärkt.

In globalen Firmen gibt es darüber hinaus verschiedene strategische Herausforderungen, die interkulturelle Kompetenz verlangen. Zum Beispiel gilt es, die richtige Balance zwischen einheitlicher Firmenstrategie und lokaler Anpassung zu finden. Dabei können sich Führungsteams nicht damit zufrieden geben, irgendwo in einem Sitzungszimmer eine einmalige Entscheidung zu fällen. Das Ausbalancieren der beiden Erfordernisse ist ein kontinuierlicher Verhandlungsprozess zwischen lokalen Leitungsteams und konzernweiter Führung. Als weitere strategische Herausforderungen mit «interkultureller Ladung» müssen Führungskräfte die Zusammenarbeit in der globalen (Matrix-)Organisation effektiv strukturieren und den Fluss von Wissen, Methoden und Erfahrungen zwischen Regionen und Funktionen sicherstellen.

Wie diese Herausforderungen konkret angegangen werden, ist eine Frage der interkulturellen Identität einer Firma, und die Arbeit daran kann eine gute Gelegenheit abgeben, interkulturelle Kompetenz in Führungsteams zu entwickeln (s. auch Erfolgsfaktor 5). Das kann zum Beispiel im Rahmen einer Serie von Führungskräfteseminaren erfolgen, wo Business Leader sowohl an Fragen der internationalen Geschäftsstrategie arbeiten als auch einen inhaltlichen Input bezüglich Kultur erhalten. Themen wären zum Beispiel: Was ist Kultur? Wie beeinflusst Kultur das Verhalten unserer Kunden und Mitarbeiter? Wie gestalten wir einen positiven Umgang mit Kultur als Wettbewerbsvorteil? Welche der vielen Strategieansätze, die sich auf dem Weg zur Internationalisierung anbieten, wenden wir an? usw.

Die Frage nach der strategischen Bedeutung von interkultureller Leadership stellt sich auch im Sinne von konkreten Return-of-Investment-Überlegungen. Können wir den Einfluss von interkultureller Kompetenzentwicklung auf Geschäftsresultate messen? Die Antwort ist Ja, aber das Messen im wissenschaftlichen Sinn würde einen riesigen Aufwand bedeuten. Wissenschaftliche Evaluationsprogramme sind firmenpolitisch oft gar nicht möglich, da sie mit mehreren Untersuchungs- und Vergleichsgruppen arbeiten müssten, und zwar vor, unmittelbar nach, und dann wieder in regelmäßigen Zeitintervallen nach der Intervention. Zudem müsste auch vorausgesagt und kontrolliert werden können, wie sich interne Variabeln (z. B. Veränderungen in der Führungsstruktur) und externe Geschehnisse (z. B. Medienberichterstattung über religiösen Fundamentalismus) auf den Entwicklungserfolg auswirken.

Dennoch gibt es Wege, in einer Firma auch «Zahlen» zu benützen, um einen gemeinsamen Sinn für die strategische Relevanz von interkultureller Kompetenz zu entwickeln. Eine gute Methode ist zum Beispiel, Geschäftsprobleme zu diagnostizieren, die aufgrund eines Mangels an interkultureller Kompetenz entstanden sind (oder entstehen könnten). Die Resultate können in einem Business Case zusammengefasst werden, der es erlaubt, mögliche Szenarien aufgrund von verschiedenen nummerischen Annahmen durchzurechnen.

Eine Kundenfirma in der internationalen Fahrzeugindustrie postulierte zum Beispiel in ihrem Business Case, dass ein Mangel an interkultureller

Kompetenz die folgenden negativen Folgen für die Zielerreichung des Unternehmens hat: mangelhafter Informationsaustausch innerhalb von multifunktionalen und multiregionalen Teams (mehrere Beispiele davon waren vorhanden). Dienst nach Vorschrift: Verhalten der lokalen Belegschaft in einer Tochtergesellschaft (sie akzeptieren ihren «kulturfremden» Manager nicht). In zwei spezifischen Fällen verfrühtes Abbrechen von beruflichen Auslandsaufenthalten aufgrund von Konflikten und persönlicher Überlastung.

Dann werden Hypothesen aufgestellt, wie viel diese Probleme die Firma kosten und welche Verbesserung man von der interkulturellen Entwicklungsintervention für jedes dieser Probleme erwarten darf. Ob die entsprechenden Grundannahmen plausibel sind und Verbesserungen dann tatsächlich erfolgen, kann durch Fragebogen oder Interviews mit Managern überprüft werden.

So wurde im oben erwähnten Beispiel angenommen, dass Kommunikationsprobleme jedes Teammitglied pro Woche mindestens eine Stunde produktiver Zeit kosten (je nach Szenario könnten es auch zwei, drei oder vier Stunden sein) und dass dieser Leerlauf durch die Entwicklungsintervention überwunden werden kann. Eine Arbeitsstunde in diesem Zusammenhang kostet – wieder eine Grundannahme – 200 Euro. Das ergibt bei einem Team von 20 Leuten 4000 Euro pro Woche, die verloren/eingespart werden.

Die rechnerischen Überlegungen sind vor allem in Firmen mit einer analytischen Unternehmenskultur hilfreich. Sie sollten aber auch durch Narratives ergänzt werden (eine gute Geschichte, z. B. im firmeninternen Newsletter, sagt oft mehr aus als Zahlen). Wichtig ist es auch, dass diese Prozesse nicht nur in der Personalabteilung stattfinden, sondern dass die Business Stakeholder einbezogen werden.

Um zu zeigen, wie man einen Business Case bildet, haben wir hier dargestellt, was eine spezifische Firma *verlieren* kann, wenn es mit interkultureller Zusammenarbeit nicht klappt. Dasselbe Verfahren können Firmen natürlich auch anwenden, um abzuschätzen, was sie durch interkulturelle Kompetenz gewinnen können (z. B. neue Kundensegmente usw.).

2. Erfolgsfaktor: die Definition von «Führungskompetenz» selber interkulturell hinterfragen

Wenn sich Firmen einmal einig sind, dass/warum sie interkulturelle Führungskompetenz entwickeln müssen, kommt als Nächstes die Frage, wie diese definiert wird, und wer sie definiert. Viele Firmen machen den Fehler, ihren Leadership-Ansatz vom Hauptsitz aus zu entwickeln und anschließend weltweit in die Organisation hinauszutragen. Ein solches Vorgehen verursacht lokal oft Widerstände und verhindert Lernpotenziale auch im Headquarter.

Andere Kulturen – diejenigen der lokalen Geschäftssitze – hätten bezüglich Führung auch etwas zu bieten, aber die Chance, das Führungsrepertoire der Gesamtorganisation durch den Einbezug verschiedener kultureller Ansätze zu erweitern, wird oft verpasst. Ein Beispiel sind Feedback-Techniken: Was heutzutage in vielen Ausbildungsgängen für Führungskräfte gelehrt wird, sind direkte Feedback-Techniken, die Feedback in die folgende Struktur gießen: 1) Konkrete Beschreibung der Situation. 2) Erörterung der Auswirkung dieses Verhaltens. 3) Anweisung für die Zukunft oder – in einem Coaching-Ansatz – Fragen, wie nun mit der geschaffenen Situation umgegangen werden soll.

Dieser Feedback-Ansatz ist in vielen Situationen nützlich, aber er ist auch extrem kontextunspezifisch (Hall 1990), individualistisch, direkt und affektiv neutral – kurz gesagt: Es ist ein westlich-angelsächsischer Ansatz. Sowohl harmonieorientierte, indirektere, kontextspezifische Kulturen (wie z. B. viele asiatische Kulturen) als auch affektiv weniger neutrale Kulturen (wie z. B. Mittelmeerkulturen) haben damit oft Mühe.

Die Antwort vieler westlich-angelsächsischer Firmen auf diese Situation basiert auf einem Defizitansatz: *Den «anderen» fehlt etwas, und sie brauchen Training und noch mehr Training, bis sie unseren Ansatz verstehen und anwenden können.* Eine effektivere Antwort käme von einem Bereicherungsansatz: *Lasst uns einmal schauen, wie andere Kulturen Feedback geben – oder wenn sie kein Feedback geben, wie sie die Mitarbeitenden fördern und motivieren.* Dann können diese zusätzlichen Techniken ins Führungsrepertoire der Firma eingebracht werden, das dann sowohl direkte und indirekte, affektiv neutrale und emotional engagierte, individualistische und mehr kollektive (das ganze Team betreffende) Methoden umfasst.

Ein solch breites Repertoire ist nicht erst in interkulturellen Situationen nützlich, sondern kann auch «zu Hause» angewandt werden, um Mitarbeitende mit unterschiedlichen Bedürfnissen wirksam zu führen. Die Frage ist dann nicht mehr: Was ist die eine richtige Führungsmethode? Sondern: Was braucht dieser spezifische Mitarbeiter von seinem Chef, um motiviert zu bleiben, zu lernen, kurz- und langfristig die beste Leistung zu erbringen und innerhalb des Firmenkontextes erfolgreich zu sein?

Interkulturelle Führungskompetenz ist also immer situationsabhängig: Es geht darum, ein breites Führungsrepertoire auf die individuellen Bedürfnisse des Gegenübers zuzuschneiden. Improvisationsgabe (das schnelle Lesen einer Situation und die Reaktion darauf) ist eine wichtige interkulturelle Führungskompetenz. Dies bringt aber wiederum eine besondere Herausforderung mit sich: Kulturen, die Stabilität schätzen und Führungsautorität aufgrund von persönlicher Integrität verleihen, mögen mit diesem «Chamäleonstil» Mühe haben.

Unterschiedliche Vorlieben für Führungsstile zeigen sich auch bezüglich Einflussstrategien. Eine Studie von Lore International Institute (Bacon 2008), die 360° Assessment-Daten für 15 000 Manager in 45 Ländern auswertet, zeigt, dass zwar «logisches Überzeugen» und «Beziehungen schaffen» fast überall auf der Welt die am stärksten verbreiteten Einflussmethoden sind, dass es aber auch kulturelle Unterschiede gibt. Im Durchschnitt wenden zum Beispiel Schweizer Manager logisches Überzeugen signifikant stärker an als die globale Vergleichsgruppe, benützen aber Beziehungen, Netzwerke und den Hinweis auf Autorität weniger oft.

Ganz anders in China, wo diese Einflussstrategien stark über dem globalen Durchschnitt liegen. In Hongkong sind zudem «konsultative Einflussmethoden» (dem Gegenüber mit Fragen weiterhelfen, statt nur die eigene Position zu verteidigen) sehr stark verbreitet. Was heißt das nun für die Entwicklung interkultureller Kompetenz? Für Schweizer Manager ist es gut zu wissen, dass sie in China unter Umständen mit ihrem Stil nicht weiterkommen. Zudem können sie in Begegnungen mit chinesischen Kollegen auch ihr eigenes Verhaltensrepertoire erweitern und es dann «zu Hause» anwenden, wenn es passt.

Kann man «es» in der interkulturellen Führung denn überhaupt richtig machen, vor allem, wenn immer häufiger nicht nur Vertreter von zwei, sondern von mehreren Kulturen am Tisch sitzen? Die Chancen stehen sicher besser, wenn Fragen nach dem «richtigen» Führungsansatz nicht nur vom HR-Team im Headquarter debattiert werden, sondern wenn Linemanager und HR in verschiedenen Geschäftsstellen einbezogen werden.

3. Erfolgsfaktor: interkulturelle Kompetenz in Performance Management einbauen

Um interkulturelle Führungskompetenz nicht nur auszubilden, sondern deren Anwendung im Geschäftsalltag wirkungsvoll zu fördern, müssen Firmen die entsprechenden Kompetenzen im Performance-Management-Prozess verankern. Interkulturelle Leadership kann im Kompetenzmodell oder anderen firmeninternen Anforderungsprofilen sichtbar gemacht und durch Verhaltensindikatoren definiert werden. Das erhöht die Chance, dass sie im Selektionsprozess, in der Ausbildung und in der Bewertung und Beförderung von Mitarbeitenden angemessen gewichtet wird. Kompetenzmodelle können durch drei Mechanismen «interkulturalisiert» werden:

a) Interkulturelle Führungsfähigkeit als zusätzlichen, eigenständigen Kompetenzbereich aufnehmen. Eine internationale Firma im Finanzbereich hat interkulturelle Führungsfähigkeit zum Beispiel folgendermaßen definiert (und sie dann mit tiefer gehenden Verhaltensindikatoren zusätzlich umschrieben):

- *Ist sich kulturellen Unterschieden bewusst und managt sie erfolgreich.*
- *Erstellt ein Wissensrepertoire über andere – für den Geschäftsbereich relevante – Kulturen, Kommunikations- und Verhaltensstile und wendet diese Information als Führungsinstrument auch an.*
- *Leitet andere dazu an, interkulturelle Kompetenzen zu entwickelt und im Geschäftsalltag anzuwenden.*
- *Bringt eine kulturelle Perspektive in alle Business-Entscheidungen.*

b) Bestehende Kompetenzen «globalisieren». Dabei wird jede Kompetenz daraufhin untersucht, ob sich bei ihrer Anwendung im interkulturellen Kontext besondere Anforderungen ergeben. Verhaltensindikatoren werden dann, wo nötig, ergänzt.
Die oben erwähnte Kundenfirma definierte zum Beispiel die Kompetenz *Kommuniziert Ziele und Strategien* mit dem folgenden Verhaltensindikator: *Artikuliert übergeordnete Zielsetzungen und Prioritäten in einer klaren und überzeugenden Weise.* Die globalisierte Variante lautete dann: *Artikuliert übergeordnete Zielsetzungen und Prioritäten in einer professionellen Art, die im jeweiligen Kontext wirkungsvoll ist.* Damit wurde dem Umstand Rechnung getragen, dass die «direkte und überzeugende» Ausdrucksweise in indirekteren Kulturen als zu harsch angesehen werden kann, vor allem, wenn sie von «Ausländern» – internationalen Managern – kommt.

c) Mehrere «lokale Varianten» des konzernweiten Kompetenzmodells erstellen, die spezifische Verhaltensindikatoren innerhalb einer bestimmten Kultur beschreiben. Diese Modelle werden dann auch oft in der Ausbildung von Expatriates und Geschäftsreisenden angewandt. In einem konzernweiten, amerikanisch geprägten Modell wurde die Kompetenz *offene und klare Kommunikation* mit dem folgenden Verhaltensindikator beschrieben: *Mitarbeiter hört aufmerksam zu, ohne zu unterbrechen.* In der französischen Variante wurde das *ohne zu unterbrechen* gestrichen, da die Franzosen der Ansicht waren, dass Unterbrechungen durchaus «aktives Zuhören» demonstrieren können. Sie waren der Ansicht, dass durch Unterbrechungen gezeigt werden kann, dass man «verstanden hat» und dass der Gesprächspartner den Punkt nicht weiter ausführen muss.

In vielen Firmen sind Kompetenzmodelle «unantastbar», da sie mit viel Aufwand erstellt und seither nicht mehr aktualisiert worden sind. In anderen fristen sie ein Schubladendasein, ohne im Geschäftsalltag wirklich zur Anwendung zu kommen. Die Arbeit an der «Interkulturalisierung» kann hier frischen Wind bringen, mag aber auch interne Widerstände wecken. Deshalb ist es auch hier wichtig, dass die Human-Resource-Abteilung den Prozess nicht allein durchführt, sondern Manager und Belegschaft einbezieht. Ein guter Mechanismus dazu sind lokale Workshops, in denen Teams von internationalen und lokalen Mitarbeitern Verhaltensindikatoren erarbeiten. Solche Verfahren erhöhen nicht nur die Chance der zukünftigen Anwendung des überarbeiteten Kompetenzmodells, sondern sind, richtig moderiert, ihrerseits bereits eine wirkungsvolle Intervention für die Entwicklung von interkulturellem Bewusstsein und von Kompetenz.

4. Erfolgsfaktor: Führungskräfte in intakten Teams ausbilden

Wie wir gesehen haben, gibt es kaum situationsunspezifische interkulturelle Kompetenzen. Eine Situation richtig zu lesen und darauf zu reagieren, ist eine wichtige Kompetenz internationaler Führungskräfte. In Ergänzung dieses reaktiven Ansatzes gibt es aber auch *kreative* interkulturelle Kompetenz: Was in der interkulturellen Zusammenarbeit als richtig gilt, kann im Team «erschaffen» und unter den Beteiligten ausgehandelt werden.

Zum Beispiel gibt es keine generelle, «interkulturell korrekte» Art und Weise, eine Sitzung zu leiten. Die Funktion von Sitzungen, die Notwendigkeit einer detaillierten Agenda, die Bedeutung von Brainstorming versus Expertenpräsentationen, die richtige Balance zwischen Aufgaben- und Prozessorientierung variieren stark zwischen Kulturen. Das gilt nicht nur für ethnische Kulturen, sondern auch für Branchen- und Berufskulturen. Die tägliche Redaktionskonferenz einer Zeitung mag ganz anderen Regeln folgen als das Projektmeeting in einer Bank.

Teammitglieder mit unterschiedlichen kulturellen Hintergründen müssen deshalb festlegen, wie für sie eine effektive Sitzung abläuft. Teams schaffen eine Drittkultur (meine Kultur, deine Kultur, *unsere* Kultur), in der positiv bewertete Verhaltensweisen mehr oder weniger explizit definiert werden. Wege, diese Drittkulturen zu schaffen, sind vielfältig, und es ist wichtig, einen Methodenmix zu wählen, der den unterschiedlichen Stil der Teammitglieder reflektiert. Direkte Diskussionsmethoden entsprechen eher Kulturen mit geringer Kontextabhängigkeit (Hall 1990). Fragen wie *Was ist ein gutes Teammitglied? Was ist der Zweck unserer Zusammenkünfte? Wie werden Entscheidungen gefällt?* werden offen diskutiert. Eine gute Übung ist es auch, Firmenleitbilder und -werte als Ausgangspunkt zu nehmen und zu diskutieren, wie sie sich im Alltagsverhalten der Teammitglieder manifestieren. Eine indirektere Methode ist beispielsweise Storytelling; erwünschte Verhaltensweisen im Team werden durch reale oder metaphorische Geschichten umschrieben. Aufgrund dieser Gespräche und Geschichten kann dann eine Teamcharta erstellt werden, die positiv bewertete Verhaltensweisen beschreibt.

Für diese Prozesse Raum zu schaffen und sie moderieren zu können, ist eine wichtige interkulturelle Führungskompetenz. Ein gutes Umfeld, diese Fähigkeit zu erlernen, ist das eigene exekutive Team. Führungskräfte in intakten Teams auszubilden, hat mehrere Vorteile: Erstens lernen die Führungskräfte «by doing», wie man im Team mit Spannungen umgeht und angemessene Verhaltensweisen aushandeln kann. Zweitens lernen sie zu unterscheiden, ob ein Teamproblem mit kulturellen Unterschieden zu tun hat oder damit, dass Ziele, Prozesse und Rollenverteilungen nicht klar sind. Drittens ist es für eine globale Firma unerlässlich, dass die obersten Führungskräfte Rollenvorbilder für interkulturelle Zusammenarbeit abgeben können. Wenn es in den oberen Etagen mit der Zusammenarbeit nicht klappt, werden es die unteren Ränge gar nicht erst versuchen, selber positiv mit kultureller Vielfalt umzugehen.

5. Erfolgsfaktor: interkulturelle Ausbildung in den Führungsalltag integrieren

Ein Großteil der interkulturellen Ausbildung in Firmen erfolgt nach wie vor in Trainingsprogrammen. Das mag den Vorteil haben, dass im geschützten Rahmen spannungsgeladene Szenen durchgespielt werden können. Allerdings ist es oft schwierig, das Gelernte aus dieser künstlichen Situation in den Arbeitsalltag zu übertragen.

Wie bei allen Ausbildungsprogrammen kann die Nachhaltigkeit mit verstärkter Vor- und Nachbereitung erhöht werden. Wichtig ist dabei, die Manager der Trainingsteilnehmer einzubeziehen und ihnen zu zeigen, wie sie Vorbereitungsgespräche führen können, in denen die Entwicklungsziele der Teilnehmenden erarbeitet werden. Zudem sind Nachfolgeveranstaltungen unabdingbar, in denen die Teilnehmenden nach einigen Wochen in persona oder online zusammenkommen, um ihre Erfahrungen auszutauschen.

Vor allem auf der Führungsebene ist zudem ein Action-Learning-Ansatz oft wirkungsvoller als isolierte Trainingsprogramme. Dabei arbeiten Führungskräfte an konkreten Fragestellungen im internationalen Business-Kontext (z. B. Was ist unsere internationale Business-Strategie? Welche Barrieren stehen uns im Weg, um diese Strategie umzusetzen?) und reflektieren gleichzeitig über die Qualität ihrer interkulturellen Zusammenarbeit. Ein Großteil dieser Arbeit muss nicht in separaten Trainingsprogrammen erfolgen, sondern kann während normalen Geschäftssitzungen stattfinden.

Action-Learning-Programme sollten zwischen den Ausbildungsmodulen mit Kleingruppenarbeit ergänzt werden, welche die Teilnehmer selber moderieren. Auch Coaching spielt in diesem Rahmen eine wichtige Rolle, da hier offener über die Hintergründe von Spannungen gesprochen werden kann als in Trainingssituationen. In einer Kundenfirma gab es beispielsweise das Problem, dass sich französische Jungmanager, die als High Potentials in internationalen Teams eingesetzt wurden, kaum an Diskussionen beteiligten. Dieses Verhalten wurde den Franzosen als «Arroganz» ausgelegt und im

Team mehrmals angesprochen, aber es kam weder zu einer Klärung noch zu Verhaltensänderungen. Erst in den Gesprächen mit einem externen Coach offenbarten die Jungmanager, dass sie Mühe hätten, ein Statement zu machen, wenn sie nichts «Hochintelligentes» zu sagen hätten. Diese Haltung war durch die Sozialisation an den Hautes Écoles – französischen Eliteuniversitäten – geprägt. Sie konnte erst überwunden werden, als die Gecoachten einsahen, dass die Funktion der «Debatte» innerhalb der Firmenkultur eine ganz andere war, als sie es sich vom akademischen Kontext her gewöhnt waren. Zudem wurde ihnen bewusst, dass es für ihre Karriere in dieser amerikanisch geprägten Firmenkultur wichtiger war, dass man sie kontinuierlich «sehen und hören» konnte, als dass jedes einzelne ihrer Voten nobelpreiswürdig war.

Berufliche Auslandsaufenthalte wären eine der besten Entwicklungsmethoden interkultureller Führungskompetenz, aber viele Firmen machen noch zu wenig aus dieser Gelegenheit. Sie wählen Expatriates oft sehr zufällig und nur aufgrund technischer Kompetenz aus, statt Auslandsaufenthalte in den Rahmen einer internationalen Talententwicklungsstrategie zu stellen. Zudem erhalten Expatriates selten eine gute interkulturelle Ausbildung und Betreuung, die ihnen hilft, Gelerntes bewusst wahrzunehmen, in anderen Situationen anzuwenden und ihren Kolleginnen und Kollegen im Sinne von Wissensmanagement zur Verfügung zu stellen. Auch hier könnte Coaching eine wichtige Rolle spielen, da es ideale Voraussetzungen bietet, Lernerlebnisse zu reflektieren und im zukünftigen Verhaltensrepertoire zu verankern.

Ein weiteres Problem ist die Rückkehr der Manager nach dem Auslandsaufenthalt. Viele Firmen lassen ihre Mitarbeitenden nach Ablauf des internationalen Assignments bezüglich Betreuung im Regen stehen und bieten ihnen Rollen an, die ihren reichen Erfahrungshintergrund nicht widerspiegeln. Als Folge verlassen viele Repatriates ihre Firma innerhalb eines Jahres nach der Heimkehr aus dem Ausland – entsprechende Studien erwähnen Kündigungsraten von 25 Prozent (Black/Gregersen 1999). Wichtige interkulturelle Führungskompetenz geht dabei verloren – und die Konkurrenz, die gut ausgebildete internationale Manager «erbt», lacht sich ins Fäustchen. Auch hier braucht es mehr strategisches Denken im Sinne von Nachfolgeplanung, mehr Betreuung und mehr Coaching auch nach dem Auslandsaufenthalt.

Zusammenfassung

Um erfolgreich zu sein, kann die Entwicklung interkultureller Leadership nicht einfach durch «ein weiteres Trainingsprogramm» erfolgen, sondern sie muss in den Rahmen einer internationalen Talent-Management-Strategie gestellt werden, die ihrerseits wieder in der Geschäftsstrategie verankert ist. Interkulturelle Leadership heißt, dass eine Führungskraft interkulturelle Begegnungen erfolgreich zu gestalten weiß. Dazu sind Selbst- und Fremderkenntnis, Offenheit, Improvisationsgabe und die Fähigkeit, ein breites Verhaltensrepertoire flexibel anzuwenden, ohne an Integrität zu verlieren, unabdingbar. Zudem brauchen interkulturelle Leader aber auch die Fähigkeit, heterogene Teams bei ihrer Entwicklung zu unterstützen und Organisationen zu schaffen, in denen die Anwendung interkultureller Kompetenz im Geschäftsalltag in der Struktur und der Kultur der Firma verwurzelt ist.

Strukturell ist es zum Beispiel nicht sinnvoll, interkulturelle Kompetenzen zu entwickeln und interkulturelle Zusammenarbeit zu verlangen, dann aber diejenigen Mitarbeitenden finanziell zu belohnen und zu befördern, die sich im interkulturellen Kontext rüpelhaft verhalten. Human-Resource-Praktiken im Rahmen von Performance Management müssen dementsprechend angepasst werden, und Business Leader sollten diese Arbeit nicht HR-Mitarbeitenden alleine überlassen.

Kulturell geht es für Führungskräfte darum, in ihrer Firma eine Atmosphäre zu schaffen, in der ein positiver Umgang mit (kultureller) Vielfalt als Wettbewerbsvorteil wahrgenommen wird und in der sich die Mitarbeitenden eingeladen fühlen, sich täglich für eine wirkungsvolle Zusammenarbeit über kulturelle Grenzen hinweg einzusetzen. Dazu braucht es vor allem zwei Voraussetzungen: Führungskräfte müssen eine sichere Antwort auf die Frage haben, warum interkulturelle Kompetenz in ihrer Firma nötig ist. Und sie müssen – wie immer in der guten Führung – mit gutem Beispiel vorangehen können.

Literatur

T. Bacon, *Cultural Difference in Influence, Research Brief from Lore International Institute*, Durango 2008.

J. Black, H. Gregersen, «The Right Way to Manage Expats», in: *Harvard Business Review*, März–April 1999, S. 1–8.

E. T. Hall, M. R. Hall, *Understanding Cultural Differences*, Intercultural Press: Yarmouth 1990.

G. Hofstede, *Lokales Denken, Globales Handeln, Interkulturelle Zusammenarbeit und Globales Management*, Beck Wirtschaftsberater im DTV: München 2001.

M. Goldsmith, C. L. Greenberg, A. Robertson, M. Hu-Chan, *Global Leadership, the Next Generation*, Financial Times Prentice Hall: Upper Sadler River 2003.

M. Javidan, R. Steers, A. H. Michael, *The Global Mindset, Advances in international Management*, vol. 19, Elsevier: San Diego 2007

F. Trompenaars, C. Hampden-Turner, *Riding the Waves of Culture, Understanding Diversity in Global Business*, McGraw-Hill: New York 1998.

Der dritte Raum: transkulturelle Teamentwicklung

Barbara Greutter

Barbara Greutter

absolvierte ein Studium der Handelswissenschaften an der Wirtschaftsuniversität Wien und ein Postgraduate Studium zu Intercultural Competencies an der Donau-Universität Krems. Sie bekleidete verschiedene Führungspositionen bei Roche und Starbucks im internationalen Human Resource Management im deutschsprachigen Europa sowie in Spanien und England.

Interkulturelle Kompetenzen sind zwar eine gute Basis für die Führung multikultureller Teams, sie sind aber nur in einem erweiterten Rahmen effektiv. Deshalb sollten Führungskräfte zusätzlich Teamentwicklungsmethoden einsetzen, um den sogenannten dritten Raum zu bestimmen. Dieser dritte Raum steht für die Normen, die Werte und für das Wirklichkeitsverständnis, das für die jeweilige Teamarbeit Gültigkeit haben soll. Der dritte Raum wird jenseits der unterschiedlichen kulturellen Normen der Kulturen der einzelnen Teammitglieder definiert. Wer sich auf die Herausforderungen, vor allem auf die Ambiguität im Rahmen der Interkulturalität einlassen kann, wird als Führungskraft dazu beitragen, dass Synergien entstehen, die vor allem dort wichtig sind, wo es um Kreativität und Innovation geht.

Ein gemischt-kulturelles Team zu führen bedeutet, Mitarbeitenden mit unterschiedlichen Verhaltensnormen, Wertvorstellungen und Interpretationsmustern zur effektiven Zusammenarbeit zu bewegen und ein gemeinsames Ziel zu erreichen. Durch den Gebrauch von Englisch und durch gewisse Konventionen im internationalen Geschäftsleben ist eine gemeinsame Kommunikationsbasis geschaffen. Doch wenn es um Wertevorstellungen geht, ergeben sich die Herausforderungen. Dies betrifft Fragen, die in einem Team wesentlich sind: Wie werden Entscheidungen getroffen? Was bedeutet Teamerfolg? Wie geht das Team mit Hierarchie und Machtstrukturen um? Wie weit darf sich der Einzelne über die Gruppe stellen, und wie werden alle Teammitglieder eingebunden?

Durch die Interaktion der Teammitglieder aus unterschiedlichen Kulturen «gilt» keine der einzelnen Kulturen für sich, sondern es entsteht etwas Neues, ein Raum zwischen den Kulturen. In diesem «dritten Raum» wird die eigene Kultur verlassen, aber keine fremde Kultur vollständig aufgesucht. Dieser Raum der «Transkulturation», diese neue Kultur, ist nicht einheitlich und folgt in unterschiedlichen Situationen verschiedenartigen Mustern. So können zum Beispiel auch zwei verschiedene Teams, die beide jeweils aus einem Amerikaner, zwei Deutschen, zwei Italienern und drei Franzosen bestehen, einer unterschiedlichen Logik folgen. Der dritte Raum ist das Ergebnis aus Interaktionen und stellt eine ausgehandelte Vermischung kulturellen Verhaltens unterschiedlicher Herkunft dar (vgl.Thomas 2003, S.46; Bolten 2003, S.18).

Aufgabe der Führungskraft ist es, diesen dritten Raum für die interkulturelle Zusammenarbeit aktiv zu gestalten, um so die Synergien zu nutzen, die sich aus der gemischt-kulturellen Zusammenarbeit ergeben. Zum einen benötigt die Führungskraft interkulturelle Kompetenzen wie Selbstreflexion, Metakommunikation, Ambiguitätstoleranz sowie Konstruktneutralität und muss sicherstellen, dass auch die Teammitglieder diese wesentlichen Fähigkeiten haben. Zum anderen sind gezielte Maßnahmen auf der individuellen

Ebene, auf der Beziehungsebene und auf der Teamebene wichtig, um den Teamprozess zu optimieren.

Konstruktneutralität

Durch kulturelle Prägungen, aber auch durch andere Prägungen im Laufe der Erziehung und Sozialisation haben wir bestimmte Annahmen darüber, was wahr, was richtig und was falsch ist. Wir können hier auch von der «inneren Landkarte» sprechen, die unser Handeln und unsere Interpretation verschiedener Wahrnehmungen maßgeblich prägt (vgl. Fischer 2007, S. 164 ff.).

Durch die Begegnung mit Angehörigen anderer Kulturen werden diese Grundannahmen, die in der eigenen Identitätsbildung wesentlich sind, erschüttert, denn erst durch den Kontakt mit dem «Fremden» werden die eigenen Selbstverständlichkeiten sichtbar.

Milton Bennett (vgl. Bennett 1986 und Bennett 1993) zeigt in seinem «Developmental Model of Intercultural Sensitivity» (DMIS) einen Prozess auf, der von einem ethnozentrischen Weltbild, in dem nur die innere Landkarte der eigenen Kultur als richtig angesehen wird, über ein Stadium der Adaption führt, in dem die Sichtweise einer anderen Kultur übernommen wird (wobei in diesem Stadium oft auch die eigene Kultur gering geschätzt wird). Das höchste Stadium des «Ethnorelativismus» ist ein Weltbild, das die Unterschiedlichkeiten als selbstverständlich sieht und in dem sich die Person in jeweils unterschiedliche Sichtweisen hineinversetzen kann (Integration). Während Bennetts Modell vielfach kritisiert wurde, weil es einerseits einen linearen Prozess zugrunde legt und andererseits nahezu die Aufhebung der eigenen Identität in den Raum stellt, trifft es doch den Kern interkulturellen Verständnisses: das Bewusstsein dafür, dass nicht einzig und allein eine Sicht der Dinge gilt, sondern dass unterschiedliche Personen unterschiedliche «innere Landkarten» haben, die ihr Verhalten und ihre Kommunikation prägen (vgl. Christa Uehlinger, Seite 28 in diesem Band).

Konstruktneutralität beruht auf dieser Erkenntnis und bedeutet Offenheit gegenüber dem Weltbild des anderen, ohne dieses notwendigerweise für richtig zu erklären oder selbst zu übernehmen. Die Tatsache, dass das Verhalten und die Entscheidungen der Teamkollegen durch unterschiedliche Wirklichkeitsauffassungen geprägt sind, führt allerdings zu Herausforderungen, denn interdependente Entscheidungen (in Abwesenheit direkter Kommunikation) haben nur dann Aussicht auf Erfolg, wenn sie auf gemeinsamen Annahmen über die Situation beruhen (vgl. Watzlawick 2003, S. 109). Die Kompetenz der Konstruktneutralität erfordert von Teammitgliedern ein hohes Maß an Neugier und die Fähigkeit, die richtigen Fragen zu stellen, um die Logik des Verhaltens und der Entscheidungen der Teamkollegen zu ergründen.

Metakommunikation

Metakommunikation ist eng mit Konstruktneutralität verbunden, denn Metakommunikation bedeutet, die eigene innere Landkarte dem Gegenüber zu erklären. Metakommunikation ist die Kommunikation über Kommunikation, das heißt die Fähigkeit der Teammitglieder, sich darüber auszutauschen, was sie gesagt haben oder sagen wollten und was sie wiederum verstanden haben (vgl. Bolten 2003, S. 86).

Kommunikation ist in interkulturellen Begegnungen sehr komplex, und die Wahrscheinlichkeit von Missverständnissen ist durch die unterschiedlichen Interpretationsmuster der Interaktionsteilnehmer höher als in monokulturellen Kontexten, in denen die Teammitglieder ein größeres kollektives Wissen mitbringen.

Vor allem dort, wo Ironie, Zynismus oder übertriebene Höflichkeit ins Spiel kommen, sind die Interpretationsspielräume groß, weshalb diese Kommunikationsformen in interkulturellen Begegnungen eher zu vermeiden sind.

In gemischt-kulturellen Teams ist ein hohes Maß an Sensibilität über die Wirkung der eigenen Kommunikation wichtig, aber auch ein Bewusstmachen der Wahrnehmungsfilter, die sich beim Empfang einer Nachricht einschalten. Von Kultur zu Kultur unterschiedliche Wertvorstellungen, Glaubenssätze, Vorurteile und Tabus können solche Wahrnehmungsfilter sein.

Ambiguitätstoleranz

Während die Metakommunikation das Ziel verfolgt, mehr Klarheit darüber zu geben oder zu erhalten, was «eigentlich» gesagt werden sollte, ist es wichtig, sich daran zu erinnern, dass diese Klarheit oft nicht erreichbar ist, weil vieles – vor allem wenn es um Kultur geht – im Unbewussten abläuft (vgl. Gabriele Schendl-Gallhofer, S. 267 f. in diesem Band).

Selbst nach intensiver Auseinandersetzung mit den Wertvorstellungen und Normen der Angehörigen anderer Kulturen wird immer ein Rest an Unklarheit und Ambiguität bleiben, bei dem das Verhalten des Gegenübers nicht nachvollziehbar scheint, sich eine Situation nicht erklären lässt oder auch die eigenen Wertvorstellungen und die eigene Identität vor dem Hintergrund des Fremden stark verunsichert werden[1].

Ambiguitätstoleranz bezeichnet die Fähigkeit, das Spannungsverhältnis zwischen unvereinbaren Gegensätzen und Mehrdeutigkeiten aushalten zu können (vgl. Bolten 2003, S. 85; Bolten 2003b, S. 375). Das bringt für die Teammitglieder mit sich, dass sie ihre eigene Komfortzone verlassen, ohne aber ihre Identität zu verleugnen, wenn es darum geht, mit unterschiedlichsten Persönlichkeiten im Team effektiv zusammenzuarbeiten oder auch Entscheidungen zu treffen und vorausschauend zu handeln, auch wenn die Situation im Team nicht eindeutig ist.

Gemischt-kulturelle Teams haben einerseits hohe Synergiepotenziale, da sie die verschiedenen Sichtweisen von Angehörigen unterschiedlicher Kulturen verbinden. Andererseits bringt dies auch mit sich, dass der Gesamtüberblick nicht immer gewährleistet ist. Eine hohe Flexibilität und Anpassungsfähigkeit der Teammitglieder ist erforderlich, um mit dieser Ambiguität konstruktiv umzugehen und Konflikte gering zu halten.

Teamentwicklung zur Gestaltung des dritten Raums

Die Tatsache, dass jedes Teammitglied kulturbedingt (aber auch bedingt durch andere psychologische Prägungen) die Welt aus unterschiedlichen Blickwinkeln betrachtet, wirft die Frage auf, wie die Führungskraft ein Team dazu bewegen kann, gemeinsam an einer Sache zu arbeiten und ein Ziel zu erreichen. Gegenseitiges Verstehen und interkulturelle Sensibilität der einzelnen Teammitglieder sind zwar eine gute Basis, reichen aber für die effektive Teamarbeit nicht aus. In Teams ist es notwendig, das Handeln aller Teammitglieder aufeinander abzustimmen. Führungskräfte müssen daher die unterschiedlichen Perspektiven und deren Divergenzen koordinieren (vgl. Fischer 2007, S. 168 ff.). Es muss neben der individuellen Perspektive eine gemeinsame überindividuelle Teamperspektive geben. Der dritte Raum der gemeinsam geteilten Normen und Werte muss im Interesse der Teameffektivität aktiv gestaltet werden und sollte nicht «zufällig entstehen».

Teamentwicklungsmaßnahmen können helfen, eine gemeinsame Wirklichkeit zu konstruieren und die Spielregeln für das Team zu definieren. Die Frage, die für den Erfolg eines gemischt-kulturellen Teams maßgeblich ist, lautet: Wie viel Unterschiedlichkeit ist möglich, und wie viel Gemeinsamkeit ist nötig, um eine Aufgabe im Team zu lösen? (Krejci/Clement 2008, S. 39).

Die gemeinsame Definition dessen, wie das Team sich selbst sieht und was das Team erfolgreich macht, ist die «Teamcharter». Diese Teamcharter ist das Ergebnis des Verhandlungs- beziehungsweise Moderationsprozesses in der Teamentwicklung, also ein Abbild des oben angesprochenen dritten Raums. Je nachdem, ob in einem Team bereits ein eskalierter Konflikt besteht oder nicht, kann entweder die Führungskraft selbst die Teamcharter gemeinsam mit dem Team erstellen, oder es kann die Hilfe eines externen Beraters hinzugezogen werden, um mit der Führungskraft und dem Team die Eckpfeiler der Teamzusammenarbeit festzuschreiben.

Folgendes Modell ist ein Beispiel, das zur Moderation des Teamprozesses und für die Struktur der Teamcharter genutzt werden kann (in Anlehnung an Interaction Associates)[2]:

Wenn diese fünf Eckpfeiler definiert sind und von allen Teammitgliedern gleichermaßen getragen werden, kann das Team effektiv arbeiten. Das ist natürlich leichter gesagt als getan. Wie bei allen Organisationsentwicklungsmaßnahmen ist auch hier der Prozess teilweise wichtiger als das Ergebnis, denn es erfordert die Zustimmung und das gleiche Verständnis aller Teammitglieder zu all diesen Inhalten. Es ist ein sorgfältiger Moderationsprozess nötig, der die interkulturellen Besonderheiten berücksichtigt. Der Moderator muss die Teammitglieder dazu anregen, ihre eigenen, als selbstverständlich erachteten Verhaltensweisen durch eine interkulturelle Brille zu reflektieren. Zur Bewusstseinsbildung aller Beteiligten kann in diesem Zusammenhang ein Awareness Training zu interkulturellen Themen ein guter Zwischenschritt in diesem Prozess sein.

Die Sprache, in der die moderierten Meetings des Teamentwicklungsprozesses stattfinden, ist nicht unerheblich, denn das Ziel von allseitiger Zustimmung und einheitlichem Verständnis ist schwerer zu erreichen, wenn viele der Beteiligten eine Fremdsprache sprechen. «Fremdsprachenbenutzern wird es kaum gelingen, über eine dem ‹native speaker› entsprechende sprachliche Kompetenz zu verfügen. Da der übliche Fremdsprachenunterricht nur selten auf den kulturellen Hintergrund von Wortwahl und unterschiedlichen paraverbalen Regelungen eingeht, sind Missverständnisse geradezu vorprogrammiert» (Losche 2003, S. 48). Auch der Gebrauch von Englisch, oft als Lingua franca bezeichnet, birgt diese Gefahren, denn selbst bei guten Sprachkenntnissen wird die Sprache von Nicht-Muttersprachlern oft mit ihrem jeweiligen eigenen kulturellen Hintergrund benutzt (d. h. eine «kulturelle Übersetzung» findet nicht statt).

Da viele gemischt-kulturelle Teams darüber hinaus virtuell zusammenarbeiten, das heißt an unterschiedlichen Orten oder zu unterschiedlichen Zeiten, können sich zusätzliche Schwierigkeiten im Prozess ergeben, wenn ein Face-to-face-Kontakt nicht möglich ist. Doch auch bei virtuellen Teams, in denen Konflikte häufig nicht so schnell an die Oberfläche treten, da die persönlichen Kontakte seltener sind, empfiehlt sich die Erstellung einer Teamcharter. Vor allem da im virtuellen Team das Spannungsfeld zwischen Selbstständigkeit der Teammitglieder und den Anforderungen an Kooperationsfähigkeit ungleich höher ist, müssen die Eckpfeiler der Teamzusammenarbeit, die gemeinsamen Normen und Annahmen, umso klarer sein (vgl. Petra Köppel, S. 246f. in diesem Band).

Auf Basis dieser Ausführungen lässt sich sagen, dass die Moderation eines Teamprozesses im interkulturellen Umfeld nicht zu unterschätzen ist und daher einen Moderator erfordert, der beide Disziplinen beherrscht: Teamentwicklung und Interkulturelle Kompetenz. Weder reicht es aus, die beteiligten Kulturen und deren besondere Eigenschaften und Verhaltensmuster zu kennen, noch trägt es der Komplexität des Teamentwicklungsprozesses Rechnung, diesen wie jedes andere Projekt im nationalen Kontext zu betrachten (vgl. Clement/Nemeczek 2000, S. 68f.).

Zusammenfassend lässt sich sagen, dass für die Führung eines gemischt-kulturellen Teams interkulturelle Kompetenzen zwar eine gute Basis sind, diese aber alleine nicht ausreichen. Die Führungskraft muss zusätzlich Teamentwicklungsmethoden einsetzen, um den dritten Raum zu definieren, das heißt die Normen, Werte und das Wirklichkeitsverständnis, die für die Teamarbeit Gültigkeit haben, und zwar jenseits der unterschiedlichen kulturellen Normen der jeweiligen Kulturen einzelner Teammitglieder. Wer sich auf die Herausforderungen, vor allem auf die Ambiguität im Rahmen der Interkulturalität einlassen kann, wird das Arbeiten im gemischt-kulturellen Team als Freude erleben und als Führungskraft dazu beitragen, dass Synergien entstehen, die vor allem dort wichtig sind, wo es um Kreativität und Innovation geht.

Anmerkungen

1 «Identitätsbildung» ist einem fortwährenden Wandel unterworfen, ist Vermittlung zwischen Individuum und Gesellschaft. Identität ist kein Persönlichkeitsmerkmal, das, einmal erreicht, unveränderlich ist, sondern eine Haltung, die in jeder Interaktionssituation neu gewonnen und behauptet werden muss (Losche 2003, S. 19), vgl. Daniela Palumbo, Seite 55 in diesem Band.

2 Interaction Associates ist ein internationales Beratungsunternehmen mit Hauptsitz in den USA. Dieses Unternehmen hat sich auf Teamentwicklungs- und Organisationsentwicklungsmaßnahmen spezialisiert und zahlreiche Modelle für die Praxis entwickelt.

Literatur

Milton J. Bennett, «A developmental approach to training for intercultural sensitivity», in: *International Journal of Intercultural Relations* 10 (2), 1986, S. 179–195.

Milton J. Bennett, «Towards ethnorelativism: A developmental model of intercultural sensitivity», in: Paige (Ed.), *Education for the intercultural experience*, Intercultural Press: Yarmouth 1993.

Jürgen Bolten, *Interkulturelle Kompetenz*, Landeszentrale für politische Bildung Thüringen: Erfurt 2003.

Jürgen Bolten, Claus Ehrhardt (Hrsg.), *Interkulturelle Kommunikation, Texte und Übungen zum interkulturellen Handeln*, Verlag Wissenschaft und Praxis: Sternenfels 2003b.

Ute Clement, Bettina Nemeczek, «Mythos Kultur. Erfahrungen in einer transnationalen Projektberatung», in: *OrganisationsEntwicklung 4_00. Zeitschrift für Unternehmensentwicklung und Change Management*. Verlagsgruppe Handelsblatt: München (2000).

Hans Rudi Fischer, «Der fremde Blick auf das Eigene. Arbeiten mit der Kooperationslandkarte im Teamcoaching», in: Nino Tomaschek (Hrsg.), *Perspektiven systemischer Entwicklung und Beratung von Organisationen*, Verlag für systemische Forschung, Auer: Heidelberg 2007, S. 157–182.

Gerhard Krejci, Ute Clement, «Beratung virtueller Teams im interkulturellen Kontext – ein Bericht aus der Praxis» in: *Gruppendynamik & Organisationsberatung – GD 1*, 2008, S. 36–49.

Helga Losche, *Interkulturelle Kommunikation*, ZIEL – Zentrum für interdisziplinäres erfahrungsorientiertes Lernen GmbH: Augsburg 2003.

Alexander Thomas, «Das Eigene, das Fremde, das Interkulturelle», in: Alexander Thomas, Eva-Ulrike Kinast, Sylvia Schroll-Machl, *Handbuch Interkulturelle Kommunikation und Kooperation*, Bd. 1: Grundlagen und Praxisfelder, Vandenhoeck & Ruprecht: Göttingen 2003, S. 44–59.

Paul Watzlawick, *Wie wirklich ist die Wirklichkeit?*, 2. Aufl., Piper Verlag: München 2003.

Virtuelle Führung internationaler Teams: Die Krux liegt in der Kommunikation und im Vertrauen

Petra Köppel

Petra Köppel

leitete die Initiative «Synergie durch Vielfalt» der Bertelsmann Stiftung und berät zu internationaler Organisations- und Personalentwicklung, Kooperationskompetenz, Integration nach M&As, Diversity Management und virtuellen Teams. Sie lehrt darüber hinaus als Gastdozentin an der Chulalongkorn University in Bangkok.

Die Führung virtueller Teams nur mithilfe von E-Mail und Telefonaten übersieht, dass der rein sachbezogene Austausch nicht ausreicht, um ein erfolgreiches Team aufzubauen und eine gemeinsame Aufgabe zu bewältigen. Zudem treten die gängigen interkulturellen Konflikte auf: Missverständnisse, Ethnozentrismus und Stereotype, nur werden sie durch fehlende physische Präsenz noch verstärkt. Doch durch ein neues Führungsverständnis, das Anweisung, Kontrolle und disziplinarische Macht ablegt, kann den Konflikten entgegengewirkt werden.

«How do you manage people whom you do not see?
The simple answer is, by trusting them.»
Charles Handy 1995

Zunehmend verzichten Unternehmen auf kostspielige und aufwendige Auslandsentsendungen und ermöglichen den Kollegen eine virtuelle Zusammenarbeit an ihren jeweiligen Standorten. Das heißt, Kommunikation und Kooperation finden über E-Mail, Telefon, Videokonferenzen und Groupware statt. Diese neuen Technologien ersetzen zwar meist nicht komplett, aber im hohen Grade den physischen Austausch.

Techniker und Manager glauben zwar, dass die Technik dies problemlos ermöglicht; die Erfahrung zeigt jedoch, dass für die erfolgreiche Kooperation das menschliche Miteinander eine zentrale Rolle spielt. Diese Rolle wurde im Aufbau und der Führung von Teams bisher stark vernachlässigt, was für das hohe Scheitern virtueller Projekte verantwortlich zeichnet. Die Reduktion der Kommunikation auf einen rein sachbezogenen Austausch übersieht, dass Aufgaben wie gemeinsame Produktentwicklung nur bei einem gewissen Grad an Vertrauen erledigt werden können. Und dafür müssen sich die Teammitglieder persönlich kennenlernen und eine gemeinsame Beziehung aufbauen (Kandola 2006).

Die neuen Anforderungen betreffen am stärksten die Teamleiter der virtuellen Projekte: Versiert und erfolgreich mit den gängigen Methoden der Führung, müssen sie virtuelle Arbeitsgruppen übernehmen, in denen sie jedoch bald realisieren, dass Anweisung, Kontrolle und disziplinarische Macht nicht funktionieren. Sie müssen einen neuen Führungsstil erlernen – entweder durch schmerzvolle Erfahrung oder, sinnvoller und effektiver, durch explizite Vorbereitung in der Führungskräfteentwicklung. Im neuen Führungsverständnis sollte ein breites Repertoire an Verhaltensweisen angelegt werden, das der hohen Flexibilität und Internationalität des Umfelds Rechnung trägt.

Der Notwendigkeit dieser Transformation sind sich die meisten Entscheidungsträger noch nicht bewusst. Sie führen relativ naiv virtuelle Teams ein, ohne die entsprechenden Rahmenbedingungen zu schaffen. Dann leiden virtuelle Teams unter hoher Ineffektivität und müssen entweder aufgelöst oder doch wieder an einem Standort zusammengeführt werden. Die gängigen Konflikte der interkulturellen und virtuellen Art werden im Folgenden vorgestellt. Um diese soweit wie möglich einzudämmen, werden anschließend Vorschläge unterbreitet, wie die Rolle der Führung und ihre Instrumente verändert werden können.

Den nachfolgenden Aussagen liegen die Ergebnisse einer Studie (Köppel 2007) zugrunde, die in realen Arbeitsgruppen unter anderem bei in Deutschland ansässigen Firmen wie Siemens, Infineon Technologies, SAP, ABB und Bosch stattfand.

Missverständnisse, Ethnozentrismus und Stereotype

Ein Konflikt entsteht im Zusammenwirken von Akteuren (Individuen, Gruppen, Organisationen usw.), und zwar dann, wenn in irgendeinem Bereich der Interaktion (Denken, Vorstellen, Wahrnehmen, Fühlen, Wollen) Unvereinbarkeiten in der Art auftreten, dass sich einer der Akteure durch einen anderen beeinträchtigt sieht (Glasl 2002). Interkulturelle Konflikte haben ihre Ursache in der wahrgenommenen Unvereinbarkeit von kulturellen Unterschieden. Virtuelle Konflikte treten auf, wenn die physische Kopräsenz fehlt. Auch traditionelle Teams müssen sich bestimmten Konflikten stellen, wie Interessen-, Rollen-, Macht- und Statuskonflikten, Kommunikationsfehlern oder unklaren Prozessen. Diese werden in multikulturellen virtuellen Teams aber noch potenziert.

Die gängigen interkulturellen Konflikte in Arbeitsgruppen sind dieselben wie in allen interkulturellen Situationen: 1. Missverständnisse, 2. Ethnozentrismus und 3. Stereotype.

Die unzähligen, aus Praxis und Literatur bekannten interkulturellen Missverständnisse lassen sich in folgende Komponenten aufschlüsseln: An erster Stelle treten Enkodierungsfehler beziehungsweise Kodierungsfehler auf: Ein Kollege intendiert mit seiner Handlung ein Ziel, das der Partner jedoch aufgrund der Entschlüsselung mit seinem eigenen kulturellen Code nicht richtig interpretiert. So kommt es zu den banalen Missverständnissen, von denen jeder international tätige Manager berichten kann.

Zusätzlich haben die Kollegen aus den verschiedenen kulturellen Räumen unterschiedliche Erwartungen an Führung, Teamarbeit und Arbeitsweisen und verhalten sich entsprechend anders. Das Verhalten wird insbesondere dann als Verletzung verstanden und negativ bewertet, wenn die Abweichung von Mitgliedern gezeigt wird, die nicht der sogenannten Ingroup, also der eigenen kulturellen Gruppe angehören. Zusätzlich ist sich der Akteur des kulturellen Einflusses gar nicht bewusst: Kulturelle Andersartigkeit wird stattdessen als persönliche Inkompetenz, Nachlässigkeit oder gar Böswilligkeit wahrgenommen.

Grundsätzlich neigt jeder Mensch dazu, eine andersartige Verhaltens- und Arbeitsweise als weniger angemessen als die eigene zu beurteilen. Aufgrund eines natürlichen Ethnozentrismus gehen Menschen davon aus, dass ihre eigene Weise die richtige ist. In Arbeitsgruppen ist daher häufig zu beobachten, dass der Teamleiter oder bestimmte Mitglieder versuchen, ihre Ansichten mit Macht durchzudrücken.

Darüber hinaus folgen Menschen im Allgemeinen vorgefertigten Bildern von den Angehörigen anderer Kulturen (Stereotype), die durch besagten Ethnozentrismus meist eher negativ geprägt sind. Werden diese Stereotype in die Zusammenarbeit getragen, können sie schwerlich zugunsten eines neutralen oder positiven Bilds aufgelöst werden, was für eine konstruktive Kooperation nötig wäre.

Kommunikations- und Vertrauensmangel als zentraler Konfliktherd

Der zentrale Konfliktherd in virtuellen Teams besteht darin, dass zwar technisch die Möglichkeit zum Austausch gegeben, die Kommunikation aber unzureichend und fehlerhaft ist. Dies hat einfache strukturelle Ursachen wie unterschiedliche Zeitzonen oder technische Defekte, die zu Verzögerung oder Unerreichbarkeit führen. Nicht zu vergessen sind der relative Mehraufwand bei der Nutzung von E-Mail oder Groupware im Vergleich zu einem unmittelbaren Gespräch sowie Sprachdefizite in der gemeinsamen Sprache, meist Englisch. Beides lässt manch einen Mitarbeiter davor zurückschrecken, überhaupt in Kontakt mit seinem ausländischen Partner zu treten. Außerdem gibt die elektronische oder fremdsprachliche Kommunikation oft Anlass für Missverständnisse.

Eine noch wichtigere Quelle von Missverständnissen ist der Mangel an Informationen zur Person oder zu deren Arbeitsumfeld. Mitarbeiter geben Kontextwissen in Telefonkonferenzen, E-Mails oder Software absichtlich (weil zu persönlich oder heikel) oder unabsichtlich (weil unbewusst verankert oder nur visuell erfahrbar) nicht weiter. Wenn sie sich noch nie gesehen haben, fehlen ihnen die Grundlagen, um sich voneinander ein Bild zu machen. Dieses Bild bezieht sich nicht nur auf das Aussehen, sondern auch auf Kenntnisse zu Arbeitsweise, Fachwissen und kulturellem Hintergrund – Informationen, die absolut entscheidend sind für die Arbeitsorganisation und den Aufbau von Vertrauen. Das hat Missverständnisse, Fehlarbeiten, Redundanzen zur Folge und verlangt einen besonderen Klärungsaufwand – alles Aspekte, welche die Aufgabenerledigung erschweren, verzögern und häufig qualitativ beeinträchtigen. Ganz abgesehen davon, dass Mitarbeitende ab einem gewissen Konfliktgrad frustriert sind und ihr Commitment zu Aufgabe und Team verringern.

Unter diesen Umständen ist zudem der Aufbau von Vertrauen vehement gestört und Mitarbeitenden in einem virtuellen Team fällt es schwer, ein Wirgefühl zu entwickeln (Blackburn et al. 2003): Sie kennen sich nicht, sie haben keinen persönlichen Bezug zueinander, und es fehlen ihnen die üblichen Aktivitäten der Teamentwicklung, wie konstituierende Treffen (die Kosten für ein gemeinsames Kick-off werden selten getragen), klärende Gespräche mit allen Beteiligten über Ziele, Prozesse und Rollen (Telefonkonferenzen eignen sich für diesen langen und intensiven Austausch kaum) und gemeinsames Arbeiten, in denen sich manches implizit regelt, da man sich beobachtet oder unmittelbar nachfragt (in diesem unsicheren Stadium greifen Mitarbeitende nicht zum Telefonhörer). Virtuelle Kollegen bauen infolgedessen keinen gemeinsamen Bezug und kein geteiltes Verständnis auf. Das wäre aber umso notwendiger, da die Mitglieder in virtuellen Teams paradoxerweise weit mehr Unterschiede aufweisen als face-to-face: Sie arbeiten an verschiedenen Standorten, in unterschiedlichen Unternehmenseinheiten, -abteilungen und -funktionen und nicht zuletzt in unterschiedlichen kulturellen Umfeldern. Außerdem verfolgen Unternehmenseinheiten eigene Interessen, und Mitarbeitende aus beispielsweise Deutschland oder der Schweiz könnten gerade in Krisenzeiten Ängste um ihre Arbeitsplätze hegen. Daher könnten sie dazu neigen, Ablehnung beim Einbezug von Kollegen aus Niedriglohnländern zu entwickeln.

Zusammengenommen führen diese Faktoren eher zu einer Aufspaltung in Subgruppen und einem Gegeneinander als zu einem Miteinander (Polzer et al. 2006).

Die Führung muss mit schwierigsten Umständen zurechtkommen: Ihr obliegt die äußerst intensive und aufwendige Koordination, gemeinsame Prozesse aufzusetzen, sämtliche Beteiligten ausreichend zu informieren und selbst alle relevanten Informationen über das Geschehen an den Standorten einzuholen. Zu leicht entgehen dem Gruppenleiter entscheidende Aspekte. Ständig ist er mit der Klärung von Konflikten beschäftigt, die sehr schnell eskalieren können. Kleinteilige Aufgabenzuweisung und Kontrolle ist ihm gar nicht möglich. Eigentlich müsste er sich in dieser Lage auf seine Mitarbeitenden ganz besonders verlassen können. Doch gerade das dafür notwendige Vertrauen fehlt. Das ist ein Dilemma, aus dem er sich nur befreien kann, wenn er seine Mitarbeiter zum Aufbau von Eigenständigkeit und Verantwortung anleitet, sich selbst von der Rolle des Anweisers verabschiedet und diese Form des «empowerments» auch trotz der unterschiedlichen Erwartungen an Führung seiner kulturell diversen Mitarbeiter aufbaut. Leider scheitern viele Führungskräfte an dieser Herausforderung.

Der Teufelskreis von virtuellen und interkulturellen Konflikten

In multikulturellen Teams besteht ein hoher verbaler und nonverbaler Kommunikationsbedarf. Man will sich beobachten, um sich kennenzulernen, Gemeinsamkeiten zu entdecken, Vertrauenswürdigkeit einzuschätzen, Aufgaben gemeinsam zu bewältigen und ein Teamgefühl zu entwickeln. Diese Möglichkeiten fehlen zumindest teilweise, wenn die Arbeitsgruppe zur Kommunikation über Medien gezwungen ist. Der Entdeckung kultureller Unterschiede kommt kein Raum zu, sodass sie zwar vorhanden sind und latent auf die Arbeits- und Kommunikationsweisen der Mitglieder wirken, aber nicht bewusst und offen angepackt werden können. So erhöhen sich Missverständnisse und falsche Beschuldigungen; die ohnehin erschwerte Kommunikation wird noch ineffektiver, und die Mitglieder sind der Möglichkeit der Klärung beraubt: kein unmittelbares Nachhaken bei asynchronen und kein erhöhter Aufwand bei textbasierten Medien, keine informellen Gespräche zur Bereinigung von Unklarheiten, keine Besprechung von kritischen Themen, bevor sie zu Konflikten eskalieren. Erschwerend kommt hinzu, dass eine wichtige Komponente für das Vertrauen die Zugehörigkeit zur eigenen Gruppe ist. Diese Ingroup definiert sich durch eine gemeinsame Kultur. Sind die Gruppen an verschiedenen internationalen Standorten verteilt, wird Nationalkultur als Abgrenzungsmerkmal konstruiert, egal welche faktischen Unterschiede tatsächlich vorliegen. Der Aufbau eines Wirgefühls, die Einigung auf ein gemeinsames Ziel und die gemeinsame Bearbeitung der Aufgabe werden damit hochgradig erschwert, wenn nicht gar unmöglich gemacht.

Multikulturelle Teams haben das Potenzial, erfolgreicher zu sein als homogene Teams, da sie einen erweiterten Vorrat an Kenntnissen, Perspektiven und Arbeitsweisen besitzen, den sie insbesondere für kreative Aufgaben nutzen können. Auch das Lernen voneinander, die kulturspezifische Arbeitsteilung und nicht zuletzt die Bedienung verschiedener Märkte und Kunden sind wesentliche interkulturelle Synergien. Diese basieren jedoch auf gegenseitigem informellem Austausch und auf Vertrauen, was gerade in virtuellen Teams weniger gegeben ist.

Meist sind virtuelle Teams als Projekt aufgegleist und Ausdruck matrixartiger Organisation, in welcher der Teamleiter keine disziplinarische Macht besitzt. Zudem funktionieren die Instrumente der direkten Anweisung und Kontrolle über die geografische Distanz hinweg nicht. Dieses Dilemma muss in einem neuen Führungsverständnis gelöst werden, das auf den drei Säulen Prozessgestaltung, Selbstführung und Teamentwicklung ruht.

Prozessgestaltung: mehr Koordination

Der Stellenwert von Koordination wächst. Das bedingen zunächst die geografische Distanz und der Einsatz der Medien. Zudem erfordert das Management von (kultureller) Diversität zusätzliche Kapazitäten, damit Konflikte vermieden oder zumindest zielführend gehandhabt werden und Synergien entstehen können. Andererseits erhöht sich die Relevanz von Koordination, weil sie die Kontrolle ersetzt. Das bedeutet primär vermehrte Führung durch Ziele: Verhaltensorientierte Führung muss durch ergebnisorientierte Führung ersetzt werden. Deshalb ist die anfängliche Definition und Abstimmung von Teamzielen noch wichtiger als bei einem traditionellen Team, denn deren Klärung wird während der Arbeit durch den medialen Kommunikationsaufwand zusätzlich erschwert.

Die Erfüllung von Zielen sollte dadurch gestützt werden, dass von Anfang an klare Prozesse eingeführt werden, die als Handlungsrichtlinie für die verstreuten Mitglieder dienen. Nach Picot et al. (2003) ist die Führungskraft ein «Architekt» für Prozesse. Mit diesem Substitut werden Teile der ehemals einzelnen Direktiven an die Mitarbeitenden ersetzt. Gruppenregeln für die Wahl der Medien, Umgang mit Deadlines und Problemen sind aufzustellen. Aufgabe des Teamleiters ist, auf die Einhaltung der Prozesse zu achten, regelmäßig Feedback zu geben und für eine zeitliche Synchronisation der Aktivitäten zu sorgen (Kayworth/Leidner 2000).

Selbstführung und «team empowerment»

Durch diese Regeln soll Selbststeuerung durch das Team zugelassen und ermöglicht werden. Das aber bedeutet eine neue Herausforderung an Kompetenzen und Führungsverständnis. Die Führungskraft muss einen Teil ihrer Verantwortung ihren Mitarbeitern überlassen: Ihr obliegt zwar die Initiative zur Koordination, doch kann sie nicht mehr selbst vollständig steuern, sondern ist hierbei auf den Einsatz ihrer Mitarbeiter angewiesen. Der Teamleiter muss sich in der Rolle des Coachs finden, der berät, unterstützt und alle Mitglieder regelmäßig und ausreichend informiert. Die Führungskräfte aus der Studie nennen dies «partnerschaftliche» oder «lose» Führung. Grundlage dieses Führungskonzepts ist Vertrauen. Die Führungskraft muss darauf vertrauen, dass die Mitarbeitenden die Aufgaben in ihrem Sinne behandeln und ihre Teilaufgaben erwartungsgemäß erfüllen.

Wenngleich die traditionelle Führungsfunktion Kontrolle in virtuellen Arbeitsgruppen teilweise durch Koordination ersetzt wird, bleibt doch eine inputbasierte Kontrolle bestehen und wird ergänzt durch die Selbststeuerung der Mitarbeitenden. Das heißt, dass die Führungskraft einerseits durch die

Aufstellung von Prozessen die eigenständige Aufgabenbewältigung ermöglicht und anderseits über positive Arbeitserfahrung ein hohes affektives Commitment bei den Teammitgliedern entwickelt.

Die Übertragung von Verantwortung an das Team wird auch als «team empowerment» bezeichnet, indem der Gruppenleiter den Mitarbeitern sowohl Vertrauen als auch Verantwortung überträgt. Die Teammitglieder werden dadurch motiviert und in ihren Fähigkeiten bestärkt (Kirkman et al. 2004). Sie zeigen Eigeninitiative bei Planung, Ausführung, Leistungsüberwachung und Verbesserung. Eine besondere Herausforderung ist der Vertrauensvorschuss, den der Teamleiter gewähren muss – trotz mangelnder Bekanntschaft, geografischer Distanz und Zugehörigkeit zu verschiedenen Unternehmenseinheiten und Kulturen.

Das fast Unmögliche: Teamentwicklung

Das Schwierigste in virtuellen Teams ist, dass die Mitglieder sich als Team fühlen. Der aktiven Teamentwicklung muss sich daher der Gruppenleiter in besonderem Maße widmen: Die Mitglieder müssen Raum bekommen, um sich kennenzulernen, sich zu vertrauen und Verbundenheit zum Team und zur Aufgabe entwickeln zu können. Daher steht im Vordergrund, dass der Teamleiter Raum für persönlichen Austausch anbietet beziehungsweise den Austausch aktiv anstößt – sei es über Dienstreisen, gemeinsame Projekte oder den Einbezug von Small Talk und privaten Themen in das Gespräch bei Video- und Telefonkonferenzen oder E-Mails. Darüber hinaus ist ständige Motivation nötig, damit insbesondere isoliert arbeitende Mitglieder sich nicht abwenden. Die Führungskraft sollte sich also auch immer wieder explizit an den einzelnen Mitarbeiter wenden, um ihn zu informieren und einzubinden. In den nachfolgenden Vorschlägen wird konkret aufgezeigt, was der Gruppenleiter tun kann (vgl. auch Konradt/Köppel 2008).

Stimmen die Voraussetzungen?

Bevor an die Gestaltung der Zusammenarbeit gedacht werden kann, sind zunächst die Voraussetzungen zu schaffen, die zu einer effektiven Zusammenarbeit im Team verhelfen. Daher sollten die Entscheidungsträger im Vorfeld der Teambildung folgende Punkte abwägen:

1. Ist der Aufgabeninhalt für ein virtuelles multikulturelles Team geeignet? Dies trifft bei kreativen, internationalen und marktorientierten Aufgaben zu; hoch standardisierte Routineaufgaben eignen sich nicht.

2. Erfordert die Aufgabe hohe Interdependenz? Wenn die Einzelaufgaben eng verzahnt sind und eine intensive Abstimmung zwischen den Beteiligten erfordern, ist von einem virtuellen Team aufgrund der Kommunikationsschwierigkeiten abzuraten.
3. Welche Synergiepotenziale sind besonders relevant? Mit welchem Konfliktpotenzial ist zu rechnen? Diese Fragen sollten antizipiert werden, um Konflikten vorzubeugen und Synergien aktiv zu fördern. Vor allem sollten die Entscheidungsträger einen realistischen Zeitplan aufstellen, der berücksichtigt, dass virtuelle multikulturelle Teams eine längere Zeit und einen höheren Aufwand auf sich ziehen, um effektiv zu werden (Herczeg et al. 2000).
4. Mit welchen Ressourcen sind die Teams zu versorgen? In das Budget sind neben der Ausstattung mit einer Bandbreite von Medien auf jeden Fall Dienstreisen und persönliche Treffen einzukalkulieren, um Teamentwicklung zu ermöglichen. Außerdem sind externe Unterstützung vonseiten der Personalabteilung oder Trainings auf Teamebene und für einzelne Mitarbeiter anzubieten – speziell zu Beginn, aber auch in den kritischen Teamphasen.
5. Welcher Teamleiter und welche Teammitglieder eignen sich? Auf kommunikative Kompetenz, Medienkompetenz und interkulturelle Kompetenz (die nicht gleichzusetzen ist mit internationaler Erfahrung, die sich auch negativ manifestieren kann) ist generell zu achten. Die Führungskraft tut sich umso leichter, je moderner ihr Führungsverständnis im obigen Sinne ist.
6. Wie sollten die Teammitglieder kulturell zusammengesetzt sein? Sicherlich sollten bei einer marktorientierten Aufgabe Personen aus dem Zielmarkt vertreten sein. Darüber hinaus ist weniger darauf zu achten, dass aus speziellen Kulturen Mitglieder vertreten sind, sondern dass eine gleichmäßige Verteilung vorliegt: Weder sollten eine Mehrheit oder die Stammhausmitglieder dominieren noch sollte ein bipolares Team (mit zwei gleich großen kulturellen Subgruppen) geschaffen werden.

Checkliste zur Prozessgestaltung

Nach dem Startschuss ist es nun am Gruppenleiter, den Prozess zu gestalten, das heißt Ziele, Regeln und Aufgaben zu klären:

- *Zielvorgabe*
  Mit den Auftraggebern ist zu klären, welche Erwartungen an das Gruppenergebnis gestellt werden. Dabei sind die Outputs und Termine möglichst genau zu spezifizieren.

- *Planungsinitiative*
  Zwar obliegt der Führungskraft die Prozessgestaltung, doch bedeutet dies eher, initiativ zu wirken als tatsächlich alle Entscheidungen vorzugeben. Schließlich liegt die Sachkompetenz für die Aufgaben bei den Experten, das heißt den Teammitgliedern, und nur eine gemeinsame Abstimmung bewirkt das notwendige Commitment bei den Mitgliedern. Deshalb sollte die externe Zielvorgabe auch mit den Mitgliedern geteilt und unter Einbezug der verschiedenen Interessen und Kenntnisse, welche die Entsandten der verschiedenen Unternehmensbereiche mitbringen, operationalisiert werden.

- *Kick-off*
  Die Notwendigkeit, zu Beginn Ziele, Aufgaben, Rollen und Meilensteine zu klären, besteht für virtuelle Teams in erhöhtem Maße. Zu häufig wird auf ein erstes gemeinsames Treffen aller Teammitglieder verzichtet, weil die aufwendige Logistik und die hohen Kosten gescheut werden. Praxis und Forschung sind sich jedoch einig, dass dies auf keinen Fall geschehen sollte (Kirkman et al. 2004). Neben den prozessualen Aspekten bietet es den Teammitgliedern eine der wenigen Möglichkeiten, sich persönlich kennenzulernen, Vertrauen aufzubauen und zu beginnen, sich als Team zu fühlen. Ein Kick-off-Treffen hat eine nicht zu unterschätzende Symbolkraft und wirkt weit in die zukünftige Zusammenarbeit hinein.

- *Regeln*
  Regeln zur Zusammenarbeit und zum Austausch sollten im Kick-off vereinbart werden. Die Beteiligten sollten definieren, welche (kulturellen) Unterschiede sie konstruktiv für die Aufgabenerledigung nutzen können (z. B. spezielle Arbeitsweisen, Netzwerke, Kompetenzen) und welche Gemeinsamkeiten sie insbesondere zur Regelung der Kooperation benötigen. So sollten sie unter anderem abstimmen, welche Medien für welche Information genutzt werden, in welchen Intervallen über welches Thema kommuniziert wird und welche Schritte bei Unklarheiten zu unternehmen sind.

- *Prozessüberwachung*
  Die Planungsergebnisse und Regeln sind zu dokumentieren. Der Führungskraft obliegt es im weiteren Verlauf, darauf zu achten, dass sie selbst und die Teammitglieder die Regeln einhalten. Manche Schritte brauchen eine weitere Spezifikation oder Anpassung an veränderte Umstände. Auch hier sollte der Teamleiter von zentralen Vorgaben absehen und die jeweiligen Verantwortlichen im Team dazu auffordern, Vorschläge zu unterbreiten und umzusetzen. Wenn Teammitglieder vom Plan oder der Regel abweichen, muss die Führungskraft im jewei-

ligen Einzelfall die Hintergründe eruieren und den Betreffenden wieder integrieren. Der Teamleiter kann nur über Motivation das Teammitglied zur Erledigung seiner Aufgaben bringen; Machtausübung ohne disziplinarische Befugnis würde zu Rückzug des Mitarbeiters führen.

- *Regelmäßiger Austausch*
  Weil die Kommunikation die entscheidende Schwachstelle virtueller Teams ist, sollte der Gruppenleiter Austauschmöglichkeiten zeitlich und medial genau benennen und eröffnen, sowohl zur weiteren Prozessgestaltung und zum inhaltlichen Austausch als auch zur informellen Beziehungspflege. Bilaterale Telefongespräche mit den einzelnen Teammitgliedern so häufig wie möglich, wöchentliche Telefon- oder Videokonferenzen für das Gesamtteam und Face-to-face-Treffen zu bestimmten Meilensteinen sind die wesentlichen Elemente.

Guidelines zur Selbstführung der Mitarbeiter

Die Selbstführung der Mitarbeitenden ist in den vorgenannten Punkten bereits angelegt. Die Prozesse geben ihnen die Grundlage für ein eigenständiges und doch kooperatives Arbeiten. Zur Vermittlung der dafür notwendigen Kompetenzen kann der Teamleiter folgendermaßen aktiv werden:

- *Verantwortung*
  Durch die Zuweisung von Aufgaben und Rollen im Team sind möglichst klare Zuständigkeiten und Verantwortungen zu definieren. Der Teamleiter sollte überprüfen, ob die Mitglieder sie ausreichend verstanden haben und im jeweiligen lokalen Umfeld einhalten können. Hierzu muss er sich mit den lokalen Verantwortlichen, das heißt mit dem zuständigen disziplinarischen Vorgesetzten oder den übergeordneten Instanzen abstimmen, damit diese dem Teammitglied ausreichend Zeit für die Projektarbeit und den uneingeschränkten Zugang zu den notwendigen Medien gewähren.

- *Anreizsystem*
  Soweit wie möglich sind Anreize, insbesondere monetärer Art, für die erfolgreiche Bewältigung der virtuellen Aufgabe vorzusehen. So kann dieser Beitrag in der individuellen Zielvereinbarung aufgenommen, mit der Festentlohnung oder einem Bonus verknüpft oder als eine Maßgabe für die berufliche Entwicklung definiert werden. Auch ein Teambonus aus dem Projektbudget ist denkbar.

- *Lokaler Gruppenleiter*
  Bei großen Subgruppen an einem Ort bietet sich die Benennung eines Stellvertreters vor Ort an, der für die täglichen Abstimmungen und als Ansprechpartner für personelle Angelegenheiten zur Verfügung steht.

- *Maßnahmen zur Verantwortungsübernahme*
  Nicht jeder Mitarbeiter weist das für virtuelles Arbeiten notwendige Maß an Selbstständigkeit oder die Fähigkeit auf, die eigenen Aufgaben selbst zu strukturieren. Die Führungskraft sollte Aufgabenpakete und Verantwortungsgebiete auf die Fähigkeiten des Mitarbeiters zuschneiden und langsam steigern, den Mitarbeiter entsprechend coachen und gegebenenfalls mit Trainings unterstützen.

- *Maßnahmen zur Medien-, Sprach- und interkulturellen Kompetenz*
  Um seine Aufgabe erledigen und im Team angemessen auftreten zu können, hat der einzelne Mitarbeitende entweder die entsprechenden Fähigkeiten mitzubringen oder diese über Entwicklungsmaßnahmen herauszubilden. Gruppentrainings (auch online) tragen als Gruppenerlebnis zum Teambuilding bei.

Stützen der Teamentwicklung

Kick-off, regelmäßiger Austausch, Teambonus und gemeinsame Schulungsmaßnahmen sind bereits Bestandteile der nächsten Führungsfunktion, der Teamentwicklung. Sie fördert Teamkohäsion und Vertrauensaufbau und basiert hauptsächlich auf der Integration informeller und personenbezogener Aspekte. Weitere Stützen sind:

- *Soziale Events*
  Bei jedem persönlichen Treffen sollte der Teamleiter Zeit für persönlichen Austausch vorsehen – seien es gemeinsame Abendessen, Kultur- und Outdoor-Veranstaltungen oder Feiern von Projekterfolgen, privaten Anlässen wie Geburts- oder Feiertagen. Deutsche sehen dies eher als lästige Pflichtveranstaltung an, entgegen dem, was andere Kulturen als angemessen für eine Kooperation empfinden oder auch was die virtuelle Konstellation erfordert.

- *Small Talk*
  Ob bei Videokonferenzen, Telefonaten oder E-Mails – immer ist Raum und Zeit vorzusehen, um aktuelle lokale Gegebenheiten (Wetter, Auftragslage, Zeitknappheit, Führungswechsel usw.) und personenbezogene Informationen (Familie, Freizeit, Urlaub usw.) auszutauschen. Ein «Wie geht's?» zu Beginn jedes Kontakts sollte Standard sein.

- *Dienstreisen des Teamleiters*
  Es geht nicht ohne den persönlichen Kontakt. Vor allem der Gruppenleiter sollte regelmäßige Reisen an alle Standorte vorsehen, einerseits für die Teammeetings und Gespräche mit den einzelnen Mitarbeitenden, aber auch um die lokalen Bedingungen und Prozesse kennenzulernen – dafür sollte er einen längeren Aufenthalt einplanen.
- *Dienstreisen der Teammitglieder*
  Insbesondere für Mitarbeiter, die neu im Unternehmen sind oder sich weiterentwickeln, bietet sich ein fachbezogenes oder Onboarding Training im Stammhaus an, zu dem sie für einen angemessen langen Zeitraum anreisen und die dort ansässigen Teamkollegen soweit wie möglich in ihrer täglichen Arbeit begleiten. Ein Austausch, bei dem ein Mitarbeiter einen anderen Bereich oder Standort kennenlernt oder eine zeitlich befristete Aufgabe übernimmt, sorgt ebenfalls für ein persönliches Kennenlernen der Kollegen.
- *Gemeinsame Teilprojekte*
  Um die Interdependenz zwischen zwei Kollegen an zwei unterschiedlichen Standorten zu erhöhen und deren Zusammenarbeit zu intensivieren, kann der Teamleiter ein Teilprojekt für beide definieren, das anfänglich nicht bedeutend sein muss. Im Normalfall tendieren Mitarbeitende dazu, bei Problemen oder Ideen ihren physischen Nachbarn anzusprechen, nicht den virtuellen Kollegen. Diese neue Konstellation aber führt dazu, dass sie durch die Aufgabe gezwungen werden, den abwesenden Kollegen zu kontaktieren, gemeinsame Wege der Aufgabenbewältigung zu definieren und sich besser kennenzulernen. Eine so erprobte Kooperation kann sich später auch in größeren Aufgaben bewähren.

Grenzen eines universalen Führungskonzepts

Spätestens an den Instrumenten, die das neue Führungsverständnis stützen, wird deutlich: Die hier aufgeführten Aspekte entspringen westlicher, mitteleuropäischer und nicht zuletzt deutscher Kultur. Prozessgestaltung und Selbststeuerung sind Ausdruck von Werten wie Unabhängigkeit, Leistungsorientierung und Sachbezug. Sie gründen auf einer Arbeitsweise, die durch Planung, Strukturierung und Verantwortung charakterisiert ist. Andere Kulturen haben andere Werte und ein anderes Verständnis von Arbeit, Führung und Teams.

Deshalb kann hier nur eine Orientierungshilfe vorgelegt werden, die Führungskräften einen Überblick gibt, wie sie virtuelle Teams angehen können und auf welche kritischen Punkte sie achten sollten. Der interkulturelle Ansatz macht die Aufnahme flexibler Gestaltungselemente wie gemeinsame Abstimmung, Schulung und Teamentwicklung notwendig – Maßnahmen, die Mitarbeitenden verschiedener Kulturen ausreichend Spielraum geben, ihre Perspektiven und Vorstellungen einzubringen. Der Teamleiter sollte mit deren Inputs für jedes Team einen eigenen Weg finden. Interkulturelle Führung heißt Analyse, Selbstreflexion und vor allem gemeinsame Entwicklung.

Dieses Kapitel ist angelehnt an einen Beitrag in: «Virtuelle Teams: Die Rolle der Führung», in: Christoph I. Barmeyer, Jürgen Bolten (Hrsg.), *Interkulturelle Personal- und Organisationsentwicklung*, Verlag Wissenschaft & Praxis: Sternenfels 2009.

Literatur

Richard Blackburn, Stacie Furst, Benson Rosen, «Building a winning virtual team. KSAs, selection, training and evaluation», in: Cristina B. Gibson, Susan G. Cohen (Hrsg.), *Virtual teams that work: Creating the conditions for virtual team effectiveness*, San Francisco 2003, S. 95–120.

Friedrich Glasl, *Konfliktmanagement. Ein Handbuch für Führungskräfte, Beraterinnen und Berater*, Bern 2002.

Charles Handy, «Trust and the virtual organisation», in: *Harvard Business Review*, 63 (3), 1995, S. 40–50.

Michael Herczeg, Bert Janfeld, Barbara Kleinen, Huberta Kritzenberger, Hansjürgen Paul, Marion Wittstock, *Virtuelle Teams. Erkenntnisse über die Nutzung von Video Conferencing und Application Sharing bei der Unterstützung virtueller Teams*, Gelsenkirchen 2000.

Pearn Kandola, *The Psychology of Effective Business Communications in Geographically Dispersed Teams*, San Jose 2006.

Timothy Kayworth, Dorothy Leidner, «The global virtual manager: A prescription for success» in: *European Management Journal*, 18 (2), 2000, S. 183–242.

Bradley L. Kirkman, Benson Rosen, Paul E. Tesluk, Christina B. Gibson, «The impact of team empowerment on virtual team performance: The moderating role of face-to-face interaction», in: *Academy of Management Journal*, 47 (2), 2004, S. 175–192.

Petra Köppel, *Konflikte und Synergien in multikulturellen Teams. Virtuelle und face-to-face Kooperation*, Wiesbaden, 2007.

Udo Konradt, Petra Köppel, *Erfolgsfaktoren virtueller Kooperationen*, Gütersloh 2008.

Arnold Picot, Ralf Reichwald, Rolf T. Wigand, *Die grenzenlose Unternehmung*, Wiesbaden 2003.

Jeffrey T. Polzer, C. Brad Crisp, Sirkka L. Jarvenpaa, Jerry W. Kim, «Extending the faultline model to geographically dispersed teams: How collocated subgroups can impair functioning», in: *Academy of Management Journal*, 49 (4), 2006, S. 679–692.

Bedeutet international arbeiten interkulturell kompetent zu sein?

Christa Uehlinger

Interkulturelle Kompetenz erfordert ein erhöhtes Bewusstsein der eigenen Kultur, die Fähigkeit, sich selbst einzuschätzen und das andere wahrzunehmen sowie den Willen, über die eigenen Verhaltensweisen und die interkulturellen Erfahrungen zu reflektieren. Diese auf Toleranz basierende Haltung ist nicht allen in die Wiege gelegt worden. Denn die Andersartigkeit und die Komplexität dieser Herausforderungen konfrontieren uns mit dem Fremden, und sie begegnen uns außerhalb der durch die eigene Kultur definierten Komfort- und Sicherheitszone. Und damit geht jeder Mensch unterschiedlich um.

Stellen Sie sich folgende Situation vor: Ein Event für Führungskräfte ist soeben zu Ende. Man kommt im Foyer zu einem Steh-Lunch zusammen. An einem Tisch treffen Sie auf einen HR-Manager eines global tätigen Unternehmens und Sie kommen ins Gespräch. Er erwähnt stolz, dass in seinem Unternehmen mehr als 20 verschiedene Nationalitäten zusammenarbeiten. Sie fragen daraufhin, wie sein Unternehmen denn mit Multikulturalität umginge und wie es dieses Potenzial zugunsten des Unternehmens nutze. Der HR-Manager schaut Sie erstaunt an und meint: «Unsere Mitarbeitenden arbeiten international. Das macht sie alle interkulturell kompetent.»

Aussagen wie «Mit der Globalisierung entsteht sowieso eine einheitliche Kultur» oder «Management ist Management» basieren auf ähnlichen Grundaussagen (Schneider/Barsoux, S. 3 ff.; Lane et al., S. 4).

Sind international arbeitende Führungspersonen automatisch auch interkulturell kompetent?

Interkulturelle Kompetenz, kulturelle Intelligenz, Global Mindset

Was heißt «interkulturell kompetent sein»? Dazu gibt es die verschiedensten Definitionen und Bezeichnungen. Von interkultureller Kompetenz über kulturelle Intelligenz und kulturelle Handlungskompetenz bis hin zur Aussage, dass Führen im heutigen transnationalen Umfeld einen Global Mindset erfordere.

Interkulturelle Kompetenz kann kurz definiert werden als die Fähigkeit, in anderen Kulturen effektiv zu arbeiten oder als die Fähigkeit, mit Menschen aus einem anderen Kulturkreis effektiv zu interagieren (Thomas/Kerr S. 62). Auf das internationale Geschäftsumfeld bezogen, definieren Johnson et al. interkulturelle Kompetenz als die Fähigkeit eines Menschen, auf eine Kombination von Wissen, Fähigkeiten und persönlichen Einstellungen effektiv zurückzugreifen und darauf basierend erfolgreich mit Menschen aus anderen Kulturen zusammenzuarbeiten, sei es am Arbeitsplatz oder im Ausland (Johnson et al. S. 530).

Das klingt auf den ersten Blick einfach, ist es aber nicht. Kultur ist tief in uns verankert und beeinflusst unsere Wahrnehmung und unsere Handlungsweise. Sie ist ein Orientierungssystem. Treffen Menschen aus verschiedenen Kulturen aufeinander, denken und handeln sie aus ihrem eigenkulturellen Verständnis heraus, das heißt, sie gehen normalerweise davon aus, dass alle anderen sich gleich wie sie verhalten, obwohl sie sich in einer kulturellen Überschneidungssituation befinden (Thomas S. 46). Das kulturell Eigene ist vertraut, zur Gewohnheit geworden, nicht mehr bewusstseinspflichtig und wird als gut und richtig wahrgenommen. Das kulturell Fremde wird tendenziell als kompliziert, von manchen sogar als störend, vergleichsweise defizitär, eher falsch als richtig, eher unvernünftig als vernünftig sowie generell verbesserungswürdig angesehen (Thomas S. 57). Das beginnt schon bei kleinen Dingen, wenn beispielsweise ein Manager aus einem Kulturkreis, in dem die Einstellung zurzeit lockerer gehandhabt wird als in der Schweiz, zu spät zu einer Sitzung kommt. Die Reaktion der Pünktlichkeit liebenden Schweizer wäre wohl Ärger. Interkulturelle Kompetenz hat also damit zu tun, sich mit dem Fremden auseinanderzusetzen und sich in die andere Perspektive hineinzuversetzen; das bedeutet, aus der eigenen kulturellen Begrenzung herauszugehen, das Fremde vertraut und das Eigene fremd zu machen und die Brücke dazwischen zu bauen. Dies erfordert zum einen Sozialkompetenzen wie Empathie oder Kommunikationsfähigkeit, zum anderen aber auch fachliche, strategische und individuelle Kompetenzen. Dabei stehen diese Teilkompetenzen in einem wechselseitigen Zusammenspiel und werden in den Gesamtrahmen integriert (Bolten 2002), das heißt, sie funktionieren nicht nebeneinander, sondern miteinander. Interkulturelle Kompetenz besteht also aus verschiedenen Faktoren, die ein Ganzes bilden und zusammenspielen, und kann nicht als etwas Separates betrachtet werden (z. B. Bolten 2002; Johnson et al., S. 529, Lane S. 1; Bennett 2008, S. 1).

Die Ansätze der interkulturellen Kompetenz haben ihren Ursprung vor allem im Expatriate Management, das heißt bei Führungskräften, die in einem anderen Land als dem Heimmarkt arbeiten. Im Zuge der Globalisierung und damit der Änderungen der wirtschaftlichen Rahmenbedingungen kam man zum Schluss, dass es nicht nur entsprechende Fähigkeiten braucht, um erfolgreich zu sein, sondern dass eine Änderung in der Denkhaltung erforderlich ist. Demgemäß benötigen globale Manager einen Global Mindset. Solche Führungskräfte sind dadurch fähig, effektiv über organisatorische, funktionale und transkulturelle Grenzen hinweg zu arbeiten. Sie können sich erfolgreich in unbekannten Situationen zurechtfinden, lernen von Unterschieden und finden dabei gleichzeitig Gemeinsamkeiten. Die erlangten Erkenntnisse integrieren sie in ihre bereits vorhandenen Fähigkeiten und in ihr Wissen. Eine solche Haltung befähigt die globalen Führungskräfte, ihr Verhalten auf die sich schnell verändernden Anforderungen der internationalen Unternehmenswelt zu modifizieren und in diesem Umfeld erfolgreich zu sein (Lane S. 2; Schneider/Barsoux S. 199 f.).

Sich interkulturelle Kompetenz anzueignen heißt, sein natürlich instinktives Verhalten, das auf der eigenen Kultur basiert, zu ändern. Das geschieht, indem man sich der eigenen Kultur bewusst wird und durch dieses Bewusstsein einen neuen natürlichen Ansatz im Umgang mit kulturellen Unterschieden erlangt. Interkulturelle Kompetenz entwickeln erfordert, verschiedene Entwicklungsphasen mit unter Umständen langwierigen Lernprozessen zu durchlaufen.

Entwicklungsmodell interkultureller Sensibilität

Das Entwicklungsmodell interkultureller Sensibilität von Milton Bennett wird im Folgenden als ein möglicher Lernprozess dargelegt. Bennett entwickelte es, um die verschiedensten Reaktionen der Menschen auf kulturelle Unterschiede zu erklären. Der amerikanische Experte für interkulturelle Kommunikation stützte sich dabei auf Konzepte der kognitiven Psychologie und des Konstruktivismus. Unter interkultureller Sensibilität, die nach Bennett den wichtigsten Teil der interkulturellen Kompetenz ausmacht, ist die Fähigkeit gemeint, kulturelle Unterschiede differenziert zu erfahren.

Dem Entwicklungsmodell interkultureller Sensibilität liegt die Annahme zugrunde, dass je differenzierter und komplexer ein Mensch die kulturellen Unterschiede wahrnehme, desto entwickelter die interkulturelle Sensibilität sei. Forschungen zeigen, dass eine Person, die interkulturell sensibler ist, auch eine höhere interkulturelle Kompetenz aufweist.

Das Entwicklungsmodell interkultureller Sensibilität umfasst sechs Phasen. Die ersten drei Phasen beziehen sich auf ethnozentrische, die nächsten drei auf ethnorelative Einstellungen.

Ethnozentrisch bedeutet, dass die eigene Kultur als zentrale Realität angesehen wird. Andere Kulturen und Verhaltensweisen werden vom Standpunkt der eigenen Kultur aus beurteilt. Menschen, die sich ethnozentrisch verhalten, gehen stillschweigend davon aus, dass alle anderen die gleiche kulturelle Weltanschauung teilen wie sie. Die drei ethnozentrischen Phasen nennt Bennett «denial», «defense» und «minimization».

In «denial» gilt die eigene Kultur als die einzig Richtige. Kulturelle Unterschiede werden nicht oder nur sehr oberflächlich wahrgenommen. Andere Kulturen werden entweder durch Isolation oder Separation gemieden. Leute, die sich in dieser Phase befinden, interessieren sich nicht für kulturelle Unterschiede. Sie haben Schwierigkeiten, Menschen aus verschiedenen Kulturkreisen auseinanderzuhalten und tendieren dazu, sie alle in denselben

Topf zu werfen. Werden sie mit kulturellen Unterschieden konfrontiert, reagieren sie meist aggressiv. Kennzeichnend ist weiter, dass sie sich ihrer eigenen Kultur überhaupt nicht bewusst sind. Manager, die sich in «denial» befinden, können im Umgang mit anderen Kulturen unbedarft wirken und beispielsweise Aussagen machen wie «Solange wir alle die gleiche Sprache sprechen, gibt es doch keine Probleme.»

Kulturelle Unterschiede werden in der nächsten Entwicklungsphase «defense» wohl erkannt, aber als bedrohlich empfunden und negativ bewertet. Die eigene Kultur wird immer noch als die einzig wahre angeschaut. Um die erlebte Bedrohung abzuwenden, wird die Welt klar in «wir» und «wie» unterteilt. Dabei sind «wir» überlegen und «sie» unterlegen. Andere Kulturen werden vorwiegend über Stereotype wahrgenommen wie beispielsweise Schweizer sind langsam oder Amerikaner sind oberflächlich. Leute, die sich in «defense» befinden, tendieren dazu, gegenüber anderen Kulturen sehr kritisch zu sein. Manager in «defense» gehen meist davon aus, dass Menschen aus anderen Kulturen unfähig sind, effizient zu arbeiten und dass nur ihre eigene Art und Weise richtig ist. In diese Kategorie einzuordnen ist die Aussage eines Schweizer Managers, der im Flugzeug nach Warschau zu seinem Kollegen sagte: «Diese Polen wissen einfach nicht, wie man arbeitet. Lass uns denen mal beibringen, wie man eine Sitzung führt.»

Die dritte und letzte der ethnozentrischen Phasen «minimization» bedeutet, dass Elemente der eigenen kulturellen Weltansicht als allgemeingültig angesehen werden. Leute in «minimization» erkennen die sichtbaren Unterschiede verschiedener Kulturen, zum Beispiel dass in China mit Stäbchen gegessen wird oder dass man in Bayern zur Begrüßung «Servus» sagt. Sie interessieren sich meist auch dafür, nehmen aber trotzdem an, dass auf einer tiefer liegenden Ebene sich alle Menschen dieser Welt doch irgendwo grundlegend ähnlich sind. Das kann dazu führen, dass andere Kulturen trivialisiert werden. Aussagen wie «Ich behandle die anderen so, wie ich selbst behandelt werden möchte» sind Ausdruck dieser Phase. Aus interkultureller Sicht ist aber davon auszugehen, dass die anderen eben gerade nicht so behandelt werden möchten. Leute in «minimization» erwarten Ähnlichkeiten zur eigenen Kultur. Sie können beharrlich andere Verhaltensweisen korrigieren, um ihre eigenen, kulturellen Erwartungen erfüllt zu sehen.

Ethnorelativ heißt, dass die betreffende Person fähig ist, ihre Kultur im Zusammenhang mit anderen Kulturen zu erleben. Es wird bewusst wahrgenommen, dass sich sämtliche Verhaltensweisen in einem kulturellen Kontext abspielen. Anderen Kulturen wird offen und respektvoll begegnet. Kulturelle Unterschiede sind weder richtig noch falsch, sondern lediglich verschieden. Die drei ethnorelativen Phasen des Entwicklungsmodells der interkulturellen Sensibilität nennt Bennett «acceptance», «adaptation» und «integration».

In «acceptance» wird die eigene Kultur als eine von vielen, gleich komplexen Weltansichten anerkannt und akzeptiert. Kulturelle Unterschiede werden wahrgenommen, ohne sie positiv oder negativ zu beurteilen. «Acceptance» heißt nicht, alle Unterschiede zu tolerieren. Diese können auch negativ erfahren werden. Ihre Beurteilung fällt jedoch nicht mehr ethnozentrisch aus, sondern wird als ein möglicher Ansatz unter vielen angesehen. Leute in «acceptance» setzen sich mit kulturellen Unterschieden neugierig und respektvoll auseinander. Sie suchen bei anderen Kulturen nach Unterschieden im Verhalten und in den Wertehaltungen und setzen diese in Kontrast zur eigenen Kultur. Manager, die zu Beginn dieser Phase stehen, können zunächst dazu tendieren, ihre zuvor ethnozentrische Einstellung wiedergutmachen zu wollen, indem sie gegenüber anderen Verhaltensweisen übermäßig tolerant werden, selbst gegenüber denen, die im eigenen kulturellen Umfeld als unproduktiv gelten.

In «adaptation» können die Leute die Welt auch mit den Augen anderer Kulturen sehen. Sie sind in der Lage, ihr Denken, Verhalten und Handeln bewusst zu ändern und damit effektiver im multikulturellen Umfeld zu agieren. Das heißt, sie können den kulturellen Bezugsrahmen ändern und sind somit fähig, Situationen aus verschiedenen kulturellen Perspektiven wahrzunehmen und zu beurteilen. In dieser Phase werden neue Fähigkeiten dazugelernt, die anderen Weltanschauungen angehören. Manager in dieser Phase suchen meist den Kontakt mit verschiedenen Kulturen und modifizieren ihr Verhalten in den unterschiedlichen kulturellen Situationen. Sie können Bindeglied zwischen verschiedenen Kulturen sein.

In der letzten, ethnorelativen Phase «integration» werden kulturelle Unterschiede nicht nur wertgeschätzt, sondern kritisch in die eigene Identität internalisiert. Die eigene Identität wird weiterentwickelt. Solche Menschen reflektieren und haben verstanden, dass ihre eigene Identität aus einem Akt heraus entsteht, Identität als solche zu definieren. Verschiedene Perspektiven einzunehmen sowie das Denken, Verhalten und Handeln je nach kulturellem Umfeld zu ändern, werden zum normalen Teil des eigenen Selbst.

Das Entwicklungsmodell interkultureller Sensibilität hilft zu erklären, wie sich Personen in interkulturellen Situationen verhalten. Basierend auf diesem Modell ist interkulturell kompetent, wer sich in einer ethnorelativen Phase befindet. Das kann gemessen werden. Erfahrungsgemäß gehen die meisten Menschen davon aus, dass sie über interkulturelle Sensibilität verfügen und damit auch interkulturell kompetent sind. Tatsächlich ist oftmals feststellbar, dass sich tendenziell viele noch in einer ethnozentrischen Phase befinden, meist trotz internationalen Erfahrungen. So ergab beispielsweise ein Assessment einer Führungskraft, die seit 20 Jahren international tätig war und deshalb überhaupt nicht einsah, weshalb sie die interkulturelle

Kompetenz überprüfen sollte, dass sie sich noch in der ethnozentrischen Phase «defense» befand. Ebenfalls kam die Auswertung einer Untersuchung zur interkulturellen Sensibilität der Studierenden an einer amerikanischen Universität zum Schluss, dass sich 98 Prozent noch ethnozentrisch verhielten und lediglich 2 Prozent ethnorelativ.

Konsequenzen interkultureller Inkompetenz

Was hat es für Konsequenzen, wenn kulturell inkompetent gehandelt wird? Da solche Antworten aus westlicher Sicht oft nur glaubwürdig sind, wenn sie mit Zahlen und Fakten unterlegt werden, hier einige Beispiele:

Aus dem Expatriate Management ist schätzungsweise bekannt, dass 10 Prozent bis 40 Prozent aller ins Ausland entsandten Fach- und Führungskräfte vor Ablauf der vertraglich festgelegten Dauer zurückkehren. Die Fehlbesetzung einer Führungsposition im Ausland kostet ein Unternehmen in der Regel das Drei- bis Vierfache eines Jahresgehaltes. Dies abgesehen von den finanziellen Folgeschäden, die zum Beispiel durch Imageverlust, gestörte Beziehungen zu Kunden, Lieferanten oder Mitarbeitenden entstehen (Kinast/ Thomas S. 243). Außerdem wird die Zahl der Mitarbeitenden, die wohl bleiben, sich aber im Ausland weder wohlfühlen noch die berufliche Leistung erbringen, noch höher eingeschätzt als die Anzahl der abgebrochenen Auslandsentsendungen (Kinast/Thomas S. 243). Das kann unter anderem zu einer reduzierten Produktivität oder zum Verpassen von Geschäftsmöglichkeiten führen. Zu diesen Mitarbeitenden ist auch das Beispiel eines fachlich sehr kompetenten IT-Spezialisten zu zählen, der nach Ungarn geschickt wurde, um ein IT-Projekt zu leiten. Auf die Frage, wie es ihm in Budapest gefalle und wie das Projekt vorwärtskomme, antwortete er: «Es ist furchtbar hier. Die Mitarbeitenden tun nicht, was sie sollten. Das Projekt stagniert. Nach 20.00 Uhr kann ich das Haus nicht mehr verlassen, da es so gefährlich ist.»

Aus amerikanischen Studien sind ähnliche Zahlen bekannt: Über 100 000 Expatriates werden jährlich zum Arbeiten ins Ausland geschickt. Die Quote der Manager, die ihren Aufenthalt vor Ablauf der vertraglich festgelegten Dauer frühzeitig abbrechen, wird auf 40 bis 55 Prozent geschätzt. Die Kosten, die dadurch für amerikanische Unternehmen entstehen, liegen zwischen 250 000 US-Dollar und 1 Million US-Dollar und sind abhängig von der Funktionsstufe des Managers und der Zeitspanne, bis ein Ersatz gefunden ist. Folgekosten wie verpasste Geschäftsgelegenheiten oder reduzierte Produktivität sind darin nicht enthalten (Johnson et al. S. 526). Weiter geht man davon aus, dass das Fehlverhalten von Expatriates die amerikanische Wirtschaft rund 2 Milliarden US-Dollar pro Jahr kostet (Schneider/Barsoux S. 187).

Einer der Hauptgründe für die Abbrüche von Auslandsentsendungen liegt im Unvermögen dieser Manager, die lokale Kultur zu verstehen und sich anzupassen. Die Quote liegt gemäß einer Umfrage bei 50 Prozent (GMAC 2008, S. 15).

In Bezug auf internationale Projekte liegen Schätzungen vor, dass 40 Prozent bis 70 Prozent aufgrund mangelnder interkultureller Kompetenz scheitern (Kinast/Thomas S. 243). Und schließlich nennen 35 Prozent der befragten Führungskräfte in einer Untersuchung kulturelle Unterschiede als Problem Nummer eins bei internationalen Akquisitionen (Schneider/Barsoux, S. 9).

Interkulturelle Handlungsdefizite haben also beträchtliche Auswirkungen auf der persönlichen Ebene, aber auch in Teams und Organisationen und ziehen hohe finanzielle Konsequenzen nach sich.

Die Frage, ob man, wenn man international arbeitet, auch automatisch interkulturell kompetent ist, kann gemäß dieser Studienergebnisse und Schätzungen eher mit einem Nein beantwortet werden. Schneider/Barsoux drücken das treffend wie folgt aus: «The mere fact of operating across national borders does not mean that the minds of international managers are also travelling across boundaries.»

Weder internationale Arbeitseinsätze noch regelmäßige Kontakte ins Ausland erhöhen demnach zwangsläufig die Fähigkeit, interkulturell zu handeln. Es kann gut sein, dass Manager, die im Ausland arbeiteten, danach engstirniger denken als zuvor. Der Besuch von Sprachkursen, das Wissen um lokale Eigenheiten oder Listen von kulturellen Verhaltensregeln reichen nicht aus. Das ist an der Oberfläche gekratzt und vermittelt eine Scheinsicherheit. Damit wird die tiefere, kulturelle Ebene, nämlich die Werte und Glaubenssätze, die sich charakteristisch auf das Verhalten auswirkt, ignoriert. Auch die Vorstellung eines globalen Dorfes, in dem eine einheitliche Kultur herrscht und somit überall gleich gearbeitet werden kann, ist mehr Traum als Wirklichkeit (Moss Kanter S. 4).

Für tendenziell mehr Führungskräfte steigt die Relevanz interkultureller Kompetenz. Doch wie sieht es mit der Umsetzung aus? Das scheint in der wirtschaftlichen Praxis der schwierigste Teil zu sein und wirft die Frage des «Warum» auf. Nach wie vor sensibilisieren und unterstützen Unternehmen ihre Mitarbeitenden zu wenig für die Tätigkeit im internationalen Wirtschaftsumfeld, räumen ihnen zu wenig Zeit ein, um über ihre Erfahrungen zu reflektieren und ihre Erkenntnisse zu integrieren. Nach wie vor liegt der Schwerpunkt vor allem auf fachlichen Kompetenzen. Und nach wie vor handelt man das Thema interkulturelle Kompetenz meist oberflächlich ab, nach dem Motto: «Ich muss für ein Projekt nach China. Bitte führen Sie mich in diese Kultur ein. Ich kann dafür zwei Stunden aufwenden.» Weshalb also nehmen die Unternehmen die deutlichen Forschungsresultate zu wenig zur

Kenntnis und vergeben sich die Chance, dieses oftmals brachliegende Potenzial zu ihren Gunsten, sprich für ihren Wettbewerbsvorteil, zu nutzen?

Wie Menschen mit Kunden umgehen, wie sie ein Projekt managen, ein neues Produkt kreieren, in einem Team arbeiten oder wie sie führen, ist nicht zuletzt auch kulturell bedingt. In diesen Situationen wird man mit dem Fremden und sich selbst konfrontiert, man ist gezwungen, die eigene Komfortzone zu verlassen, das So-macht-man-Es stehen zu lassen. Das eigene Orientierungssystem wird hinterfragt. Unsicherheit und Nichtwissen gehen damit einher und können sich als unangenehm erweisen, können sogar Stress oder Angst wie vor einer Bedrohung auslösen. Man ist mit Ungewissheit, teils Hilflosigkeit konfrontiert. Die Dinge funktionieren anders. Es gibt in solchen Begegnungen keine Sicherheit, kein Richtig oder Falsch. Planung und Kontrolle sind kaum möglich. Man muss sich darauf einlassen. Hinzu kommt, dass interkulturelles Lernen ein langfristiger Prozess ist, der nicht sofort Resultate zeitigt, kaum mit Zahlen messbar ist und mit der kurzfristigen, leistungsorientierten westlichen Denkweise und dem allgemein gegenwärtigen Zeitdruck im Widerspruch steht.

Voraussetzungen schaffen

Effektives Arbeiten im multikulturellen Umfeld bedingt eine andere, offenere und flexiblere Haltung, bewusst nicht Denkhaltung genannt, als die, welche wir uns gewohnt sind. Im westlich geprägten Wirtschaftsumfeld wird aufgabenorientiert gearbeitet, vorwiegend rational und linear vorgegangen. Es wird geplant, strukturiert und kontrolliert mit dem Ziel, schnellstmöglich Resultate zu erwirtschaften. Dagegen ist grundsätzlich wenig einzuwenden, nur ist dieser Ansatz tendenziell zu einseitig. Eine andere Haltung einzunehmen, heißt zum einen, den Menschen in seinem Menschsein wieder mehr ins Zentrum zu rücken und ihn weniger als geschäftliche Resultatmaschine zu sehen. Dazu zählt auch der Umgang jedes Einzelnen mit sich selbst. Menschen entfalten ihre Potenziale, wenn sie als Menschen behandelt, respektiert und wertgeschätzt werden. Zum anderen erfordert es einen integrierten, gesamtheitlichen Ansatz, nämlich ein Zusammenspiel der harten und weichen Faktoren des Managements. Das kommt in der Wirtschaft noch zu kurz. Nach wie vor herrschen die harten Faktoren vor. Sie sind sicht-, mess- und überprüfbar. Der umfassende Ansatz interkultureller Kompetenz macht die Diskussion um harte und weiche Faktoren aber obsolet. Er erfordert ein Umdenken.

Interkulturelle Kompetenz beginnt bei sich selbst. Man muss die eigene Wertekultur entdecken, sich bewusst werden, wie man auf das Fremde reagiert, kurz, sich das Unbewusste bewusst machen. Findet man bestimmte Begegnungen spannend oder ärgert man sich? Lässt man andere Vorgehensweisen zu oder lehnt man sie konsequent ab, weil es nicht so ist, wie man es selber macht? Für diese Selbstanalyse wird jeder sein eigener kultureller Detektiv. Man beginnt dann zu verstehen, wie sich das eigene Denken, Handeln und Verhalten in interkulturellen Interaktionen auswirkt. Diese Selbstreflexion wiederum braucht den entsprechenden Willen, Zeit, Muße und Geduld.

Mit anderen Kulturen zusammenzuarbeiten heißt sodann, über das Gewohnte hinauszugehen, das Unbekannte zu erforschen und sich für die Andersartigkeit zu öffnen. Das braucht Flexibilität und Mut, neue Wege zu gehen, von eigenen Vorstellungen und Gewohnheiten loszulassen, vom Falsch-richtig-Denken wegzukommen, Neues auszuprobieren und sich in den Lauf der Dinge einzulassen. Es erfordert gegenüber anderen Vorgehensweisen und Perspektiven vorurteilslos offen zu sein und nicht auf der eigenen Art zu beharren; außerdem Neugier, sich mit Menschen verschiedenster Herkunft auseinanderzusetzen. Es gilt also, sich bewusst zu werden, wie andere Menschen denken und handeln, ihre Wertesysteme und darauf basierende Verhaltensweisen zu berücksichtigen und mit den eigenen in Einklang zu bringen. Erst dann können Synergien entwickelt werden. Schlüssel dazu ist, sich auf einer ausdiskutierten und vereinbarten Ebene der Zusammenarbeit zu treffen, die für verschiedene Lösungsansätze und Herangehensweisen offen ist. Idealerweise versucht dabei jeder, sich im multikulturellen Umfeld dem anderen anzunähern und die Verantwortung dafür gleichermaßen zu tragen.

Wettbewerbsvorteile werden in diesem Jahrhundert nicht mehr nur durch Technologiefortschritte erreicht, sondern immer stärker über zwischenmenschliche Qualitäten und effektive Kommunikation. Diese Potenziale der Menschen gilt es respektvoll zu entfalten und wertschätzend einzusetzen. Führungskräfte haben dabei die Aufgabe, sich vermehrt darauf zurückzubesinnen, dass Mitarbeitende Menschen sind und sie dabei zu unterstützen, die notwendigen Schritte machen zu können sowie ihnen die notwendige Zeit zur Verfügung zu stellen. Um im globalen Umfeld erfolgreich zu sein, sind interkulturelle Kompetenz im beschriebenen integrierten Ansatz und damit eine Änderung in der Denkhaltung unabdingbar. Wie sagt doch eine indianische Weisheit so schön: «Beurteile nie einen Menschen, bevor du nicht mindestens einen halben Mond lang seinen Mokassin getragen hast.»

Literatur

Christopher A. Bartlett, «Moderne transnationale Unternehmen brauchen Führungskräfte mit besonderen Eigenschaften: Der Global Manager ein Phantom?», in: *Harvard Businessmanager*, Ausg., 1993, 2, S. 119ff.

Milton J. Bennett, «Towards ethnorelativism: A developmental model of intercultural sensitivity», in: R. Michael Paige, *Education for the Intercultural Experience*, Intercultural Press: Yarmouth 1993, S. 21f.

Milton J. Bennett, «Intercultural Competence for Global Leadership», gefunden im August 2008 unter www.idrinstitute.org

Jürgen Bolten, «Interkulturelle Assessment-Center», in: W. Sarges (Hrsg.), *Weiterentwicklungen der Assessment-Center-Methode*, Göttingen (2), 2001.

Jürgen Bolten, «Interkulturelle Kompetenz und ganzheitliches Lernen. Zur Theorie und Praxis interkultureller Kompetenzvermittlung in der Wirtschaft», in: Dokumente, Oktober 2002.

GMAC (2008), *Global Relocation Trends, 2008 Survey Report*, GMAC Global Relocation Services, Woodridge/USA in association with National Foreign Trade Council (NFTC), gefunden im August 2008 unter www.gmacglobalrelocation.com

J. P. Johnson, T. Lenartowicz, S. Apud, «Cross-cultural competence in international business: Toward a definition and a model», in: *Journal of international Business Studies* 2006, 37, S. 525–543.

Eva-Ulrike Kinast, Alexander Thomas, «Interkulturelle Personalentwicklung in internationalen Unternehmen», in: *Handbuch Interkulturelle Kommunikation und Kooperation*, Bd. 1: Grundlagen und Praxisfelder, Vandenhoeck & Ruprecht: Göttingen 2003, S. 243ff.

H. Chad Lane, *Metacognition and the Development of Intercultural Competence Institute for Creative Technologies*, University of Southern California, USA.

Henry W. Lane, Joseph J. Distefano, Martha L. Maznevski, *International Management Behavior, Text, Readings and Cases*, 5th edition, Blackwell Publishing: Malden, Oxford, Carlton 2006.

Rosabeth Moss Kanter, «Transcending Business Boudaries: 12 000 World Managers View Change», in: *Harvard Business Review* 1991, Mai/Juni, S. 151–164.

Susan C. Schneider, Jean-Louis Barsoux, *Managing across Cultures*, 2nd edition, Pearson Education Limited: Essex 2003.

Alexander Thomas, «Das Eigene, das Fremde, das Interkulturelle», in: *Handbuch Interkulturelle Kommunikation und Kooperation*, Bd. 1: Grundlagen und Praxisfelder, Vandenhoeck & Ruprecht: Göttingen 2003, S. 44ff.

David C. Thomas, Kerr Inkson, *Cultural Intelligence*, Berret-Koehler Publications: San Francisco 2003.

Die unbewusste Hemmschwelle bei Change: Was Menschen emotional blockiert

Gabriele Schendl-Gallhofer

Gabriele Schendl-Gallhofer

ist gefragte und erfolgreiche Expertin auf dem Gebiet der «inneren Veränderungskompetenz», Pädagogin, Life Coach, Speaker und Buchautorin. Sie ist international tätig und führt Coachings und Seminare sowohl im privaten als auch im unternehmerischen Bereich mit nachhaltigem Erfolg durch.

Trotz ähnlicher Strategien in Unternehmen fällt es nicht jedem leicht, mit Herausforderungen und Veränderungen umzugehen. Warum ist für manche Führungskräfte die Interkulturalität eine Herausforderung, an der sie wachsen und erfolgreich werden, und für andere ein derart großes Problem, dass daran ihre Leadership-Karriere scheitert? Der Unterschied liegt im Unbewussten.

Es ist bekannt, dass die Bereitschaft zu einer Veränderung maßgeblich am Erfolg der Umsetzung von Change-Prozessen beteiligt ist. So gibt es verschiedene wertvolle Testtools, um den Grad dieser Veränderungsbereitschaft zu eruieren. Es sind Fragetools, die jedoch nur eine Einschätzung unserer Bereitschaft auf dem Niveau des Bewusstseins ermitteln. Oftmals zeigen diese Tools sogar eine große Bereitschaft zur Veränderung an, und trotzdem wird der Veränderungsprozess zum Misserfolg. Woran liegt das? Die Antwort: Das Unbewusste stellt sich quer, und wir merken es nicht.

Veränderungsprozesse werden unbewusst durch die innere Veränderungskompetenz begleitet. Sie ist die vernachlässigte Dimension, die sämtliche Entscheidungen während eines Veränderungsprozesses wesentlich beeinflusst. Damit ist sie die bestimmende Größe für die Dauerhaftigkeit und Nachhaltigkeit von Veränderungsprozessen.

Die Auswirkung des Aktivierungsgrades der inneren Veränderungskompetenz kann mit einer Metapher sehr anschaulich aufgezeigt werden: «Wenn der Wind der Veränderung weht, bauen die einen Mauern, die anderen einen Flugdrachen, um mit ihm zu neuen Ufern des Erfolgs zu fliegen.» Unbewusste Bedenken und Ängste setzen bei Mauerbauern einen Stein auf den anderen. Neugier auf Neues, vorwärtsblicken und positive Einstellung lassen den Drachenbauer noch schneller und effizienter bauen. Mit dieser unterschiedlichen Emotionsqualität kann man die Qualität des Erfolges kreieren.

Fragestellungen zur Umsetzung

Es stellen sich zwei Fragen: Welche Qualitäten hat ein Mensch, der erfolgreich verändert? Wie werden diese Qualitäten in einer gesamten Belegschaft hervorgerufen? Das bedeutet, dass Sie einerseits als Manager und Leader Initiant von Veränderungen sind, und andererseits von Ihnen erwartet wird, auf Veränderungen erfolgreich zu reagieren. Sind Sie in Veränderungssituationen ein Mauerbauer oder ein Drachenbauer? Wissen Sie, ob Sie in allen Situationen Mauer- oder Drachenbauer sind? Baut das Team die Mauern so hoch, dass ihr Drache diese nicht überwinden kann? Durch die Analyse und

Maximierung der inneren Veränderungskompetenz werden Ihre Maurer zu Fliegern.

Begriffserklärungen

Die Grundlage für die maßgebende Bedeutung der inneren Veränderungskompetenz bei Veränderungsprozessen kann am besten mit einer Formel festgemacht werden:

Umsetzungserfolg = Strategie × Intensität

Dabei bedeuten die Begriffe Folgendes:

- *Umsetzungserfolg*
  Umsetzungserfolg wird sehr unterschiedlich definiert. In der interkulturellen Leadership bedeutet er, dass sowohl die Führungskraft als auch deren Mitarbeitende von innen heraus motiviert sind, Werte und Einstellungen der interkulturellen Leadership in das tägliche Geschäft zu integrieren und aus diesem Gefühl heraus den bestmöglichen Erfolg jeden Projekts generieren.
- *Strategie*
  Strategien sind «Anleitungen», wie interkulturelle Leadership erfolgreich funktioniert, also praktische Tipps und Hinweise zur Motivation und Führung von Mitarbeitenden im interkulturellen Kontext.
- *Intensität*
  Die Intensität ist der Multiplikator in der Umsetzung von Strategien. Also die Begeisterung, die Motivation, der Einsatz und die lösungsorientierte Haltung. Die Intensität entspricht der inneren Veränderungskompetenz und ist der Motor für die Umsetzung von Veränderungen.

Wissen bewusst und unbewusst

Wie erweitern Sie Ihren Führungsstil? Folgende Fähigkeiten werden von Ihnen als interkultureller Leader zusätzlich zu den gängigen Führungsqualitäten erwartet:

- Wertschätzung anderer Kulturen
- Beachtung unterschiedlicher Werte und Arbeitshaltungen im Aufbau von Strategien
- Vernetzung von unterschiedlichen Annahmen in der Arbeitshaltung

Strategien und Fähigkeiten können Sie sich erarbeiten. Die Qualität, mit der Sie all das Erlernte umsetzen, hängt jedoch von der emotionalen Unterstützung ab. Dazu gehören die Begeisterung und das Engagement, mit dem Sie das Wissen und die Strategien über interkulturelle Leadership umsetzen. Ihr Wille zur Umsetzung ist die maßgebende Kraft, die im Mittelpunkt steht. Der alltägliche Begriff «Wille», den wir so selbstverständlich verwenden, besteht aus zwei Komponenten: dem bewussten und dem unbewussten Willen. Dabei überwiegt der unbewusste Wille in seiner Kraft.

Zur Veranschaulichung: Wir wissen, dass die Datenverarbeitungsgeschwindigkeit des Bewussten bei 33 000 bit/s liegt und die des Unbewussten bei 44 Millionen bit/s. Das erklärt, warum sich während der ersten 30 Sekunden, in denen wir einem Menschen zum ersten Mal begegnen, bereits entscheidet, ob wir jemanden sympathisch finden oder nicht. Das Unbewusste checkt in diesen 30 Sekunden eine so große Menge von Daten, die wir uns bewusst gar nicht vorstellen können.

Zwei weitere Beispiele können den Unterschied verdeutlichen:

- *Das unbewusste Autofahren*
  Wenn Sie täglich zur Arbeit fahren, bemerken Sie plötzlich, dass Sie bereits an der kleinen Kreuzung abgebogen sind. Das bedeutet, dass Sie die große Kreuzung bereits passiert haben. Bewusst haben Sie das aber gar nicht bemerkt. Ihr Unbewusstes hat Sie sicher durch den Verkehr geleitet. Anlässlich einer Untersuchung eines Automobilklubs in Europa hat sich herausgestellt, dass Unfälle sehr häufig dann passieren, wenn sich das Bewusste einschaltet und die gegenwärtige Verkehrssituation mit seinen Fähigkeiten lösen will.

- *Das unbewusste Mathematikgenie*
  Wenn ein Mensch einen Ball hoch in die Luft wirft und wieder auffängt, verhält er sich so, als hätte er eine Reihe von Differenzialrechnungen gelöst, um die Flugbahn des Balls vorauszusagen. Er muss weder wissen, was eine Differenzialgleichung ist, noch sich dafür interessieren; seine Geschicklichkeit beim Ballspielen beeinflusst das nicht im Geringsten. Auf einer unbewussten Ebene geschieht etwas, das funktionell den mathematischen Berechnungen entspricht (Gigerenzer).

Informationsselektion

Einige Inhalte des Unbewussten hat die Natur bereits vor unserer Geburt installiert: die Reflexe sowie unsere lebenserhaltenden Mechanismen. Dazu kommen die Charakterzüge und Fähigkeiten, die durch die Gene implantiert werden. Das «Füllen» des Unbewussten mit Daten von außen beginnt bereits unmittelbar nach der Empfängnis, sobald die Sinnesorgane des Fötus entwickelt sind. So konnte man beobachten, dass etwa ab dem fünften Schwangerschaftsmonat der Fötus bereits auf Geräusche aktiv reagiert und bei einem lauten Geräusch erschrickt (Hüter/Krens). Damit gelangen auch Handlungsweisen und Einstellungen der Mutter während der Schwangerschaft in das Unbewusste. Später übernehmen wir viele Vorgänge aus dem Verhalten der Menschen, die uns in der Kindheit umgeben, auch ihre Strategien, Gedanken und Werte. Dies sichert das Überleben, denn müsste jede Generation immer die gleichen Erfahrungen machen und alles wieder neu lernen, könnte sich die Menschheit nicht weiterentwickeln.

Die Sinneseindrücke, die wir als Kind aufnehmen, müssen allerdings noch einen Selektionierungsmechanismus passieren. Zum Verständnis mag folgender Vergleich dienen: Auf uns strömt innerhalb kürzester Zeit eine Unmenge an Informationen ein. Wir würden verrückt werden, wenn wir alle Eindrücke aufnehmen und sortieren müssten. Ein Teil unseres Gehirns (der Hippocampus) entscheidet, welche Sinneseindrücke im Unbewussten gespeichert werden und welche nicht. Über die Entscheidungskriterien des Hippocampus weiß die Forschung noch nicht viel. Das Phänomen der unbewussten Selektion lässt sich jedoch anhand der Familiengeschichten erklären. Sie erinnern sich beispielsweise an eine Episode aus Ihrer Kindheit, und Ihre Eltern bestreiten Ihre Erinnerungen. Wie kommt es zu diesem Unterschied? Der Hippocampus der Eltern hat entschieden, diese Erfahrung nicht zu speichern, der Hippocampus des Kinderhirns hingegen doch. Erklärungen zu den Selektionskriterien sind der Forschung nicht bekannt.

Standortbestimmung

Wie können Sie mit dem Wissen über den noch ziemlich unerforschten unbewussten Selektierungsprozess und die pränatalen Informationen Ihren individuellen Aktivierungsgrad der inneren Veränderungskompetenz in Ihrem Unbewusstsein eruieren?

Starten wir mit einem kleinen Experiment:

Nehmen Sie ein Blatt Papier. Quer über das Blatt schreiben Sie «interkulturelle Leadership». Dann teilen sie die Seite mit einem Strich in zwei Spalten. Über die ersten Spalte schreiben Sie «förderliche Gedanken», über die zweite «hemmende Gedanken». Nun notieren Sie fünf Minuten alles, was Ihnen zum Thema «interkulturelle Leadership» einfällt.

Danach vergleichen Sie die Anzahl der Gedanken. Je mehr in der Spalte «hemmende Gedanken» stehen, desto weniger aktiviert ist die innere Veränderungskompetenz. Das heißt, Sie nutzen nicht ihr volles Potenzial, um die Strategien zur Durchführung eines interkulturellen Führungsstils auch umzusetzen.

Emotionale Intelligenz

Wollen wir weitreichende Veränderungen umsetzen, müssen wir den Bereich der Gefühle als Sprache des Unbewussten unbedingt mit ins Boot holen. Bis vor weniger als 20 Jahren postulierte die Wissenschaft Folgendes: Der Mensch ist ein Verstandeswesen, das rational denkt und handelt, Gefühle sind kitschig, romantisch und unbedeutend. Im Laufe der 1980er- und 1990er-Jahre wurde mithilfe der bildgebenden Methoden klar, dass es den rationalen Gedanken, den wir beschworen hatten, nicht für sich alleine gibt. Denn praktisch jeder Gedanke, jede Wahrnehmung und jede Erinnerung wird von Gefühlen begleitet. Ein ungutes, ein schlechtes Gefühl in einer Sache zu haben, ist also ganz natürlich, darauf nicht zu hören, widerspricht der Natur.

Auf diesen Erkenntnissen aufbauend entwickelte der amerikanische Leadership-Experte Daniel Goleman 1995 in der Führungstheorie den Begriff der Emotionalen Intelligenz, der bis heute an Aktualität in Unternehmen gewinnt. Als eine Komponente der Leadership mit Emotionaler Intelligenz identifizierte Goleman zudem die «cross-cultural sensitivity». Er ordnete sie dem Empathie-Aspekt in der Führungsqualität unter. «Je mehr Leader ihre Emotionen kennen, desto eher sind sie fähig, sie in schwierigen Zeiten in den Griff zu bekommen» (Goleman).

Ein drastisches Beispiel zur Illustration des hohen Stellenwerts von Emotionen bei Entscheidungsfindungen ist die Beobachtung von Unfallopfern, deren rechte, primär für Emotionen zuständige Hirnhälfte verletzt wird: Diese Menschen können mit ihrem sonst intakten Verstand nicht mehr die simpelsten Dinge im Leben entscheiden. Das ist ein Indiz dafür, wie sehr wir emotional entscheiden.

Komplexes System

Wo liegt der Zusammenhang zwischen Arbeitsweise und den Fähigkeiten des Unbewussten? Die innere Veränderungskompetenz ist ein komplexes System, das aus 15 Aspekten besteht (nach Schendl-Gallhofer). Das Konzept ist in jahrelanger praktischer Arbeit durch die Auswertung von Gesprächen mit Menschen, die erfolgreich auf Veränderungssituationen reagiert haben, entstanden. Es geht im Kern um Kybernetik und die Bedeutung der Gefühle als Kommunikationsmittel des Unbewussten.

Verändern ist kein linearer Prozess, sondern ein kybernetisches Netz. Dies machte schon Frederic Vester anhand seines «Berufsflippers» erkennbar. Das zeigt auch, in welchen Bereichen eines Veränderungsprozesses die innere Veränderungskompetenz ihre Bedeutung hat.

Dazu ein Beispiel: Ihr Ziel ist es, sich die Fähigkeiten eines interkulturellen Leaders anzueignen. Zu diesem Zweck wollen Sie sich über das Angebot an Seminaren erkundigen. Nun steht die erste Entscheidung an: «Mache ich das sofort? Oder warte ich, bis das nächste Projekt abgeschlossen, der und der Termin vorbei ist oder der Zeitpunkt günstiger ist als gerade jetzt?» Die Konsequenzen dieser Entscheidung reichen von «Ich erreiche mein Ziel nicht, weil ich gar nie die Zeit finde, mit der Suche zu beginnen» bis «Nächste Woche beginne ich, weil ich das richtige Angebot gefunden habe». Entscheidungen ziehen sich durch den ganzen Veränderungsverlauf. Und genau an diesen Entscheidungspunkten hat die innere Veränderungskompetenz ihren stärksten Einfluss. Zum besseren Verständnis können Sie sich den Ablauf der Entscheidungsfindung wie das Anwenden einer Checkliste vorstellen. Diese Checkliste, die das Unbewusste anwendet, beinhaltet die 15 Aspekte der inneren Veränderungskompetenz. Bei jeder Entscheidungsstelle macht Ihr Unbewusstes den Check und beeinflusst so die Entscheidung. Diese wiederum beeinflusst den gesamten Veränderungsablauf. Die innere Veränderungskompetenz entscheidet durch ihren Aktivierungsgrad sowohl maßgebend über die Qualität des Veränderungsprozesses selbst als auch über die Qualität des Umsetzungserfolgs.

Aktivierung der inneren Veränderungskompetenz

Im Umgang mit Veränderungen ist der Mensch selten total unfähig. Allerdings kann sich das Phänomen der Unfähigkeit in vereinzelten Veränderungssituationen ganz plötzlich und selbst für den Betroffenen unerwartet zeigen. Dies macht es auch für einen sehr erfolgreichen Menschen oft schwierig zu erkennen, dass die sonst vorhandene und funktionierende innere Veränderungskompetenz bei der aktuellen Herausforderung nicht aktiviert ist.

Als Beispiel hierzu ein realer Fall: Ein Unternehmer vertrat vehement die Meinung, dass er der geborene «Veränderer» sei und dass sich das vor allem im Erfolg seiner Firma widerspiegle. Die Messung des Aktivierungsgrades ergab allerdings, dass seine innere Veränderungskompetenz durchaus nicht aktiviert war. Ein paar Sekunden, nachdem er das Resultat gesehen hatte, meinte er: «Das ist richtig. Ich habe im Moment in meinem Unternehmen eine Veränderung durchzuführen, in deren Umsetzung ich erstmals in meiner Karriere vor unüberwindbaren Problemen stehe.» Nach der

Aktivierung der inneren Veränderungskompetenz war es ihm möglich, eine für alle Parteien stimmige, diplomatische Lösung zu finden. Diese Qualität zur Veränderung war seit Jahren sein Markenzeichen als Unternehmer. Dank der Aktivierung konnte er seinem Ruf als weitsichtiger Unternehmer wieder gerecht werden.

Die innere Veränderungskompetenz als Multiplikator des Umsetzungserfolgs

Anzeichen für eine gering aktivierte innere Veränderungskompetenz

Es braucht eine lange Anlaufzeit, bis der Veränderungsprozess ins Rollen kommt, die «Wenn und Aber» verhindern ein konstruktives Arbeiten. Der Umsetzungserfolg ist kurzfristig und in seiner Qualität weit unter dem erwarteten Ziel. Das heißt konkret: Nach längerem Hin und Her sowie der Teilnahme an einigen Seminaren versuchen Sie immer wieder, das Erlernte umzusetzen. Wiederholt stellen sich Ihnen jedoch kleinere oder größere Probleme in den Weg, sodass Sie diesen Führungsstil nicht wirklich umsetzen können. Vielleicht entscheiden Sie sogar, dass der interkulturelle Führungsstil ein neumodischer Nonsens sei und Sie lieber alles beim Alten lassen.

Anzeichen für eine deaktivierte innere Veränderungskompetenz

Es gibt zahlreiche Gründe, warum die Veränderung schädlich und nicht durchführbar ist. Die Umsetzung erstickt, bevor sie beginnen kann. Das bedeutet, dass es Ihnen unmöglich erscheint, diesen Führungsstil einzuführen. Sie finden sämtliche Gründe, warum ein interkultureller Führungsstil nur in der Theorie möglich ist. Alles bleibt beim Alten.

Anzeichen für eine aktivierte Veränderungskompetenz

Sie beginnen kurz nach dem Kreieren Ihres Veränderungsziels mit dem ersten Schritt der Umsetzung und der Verlauf des Prozesses ist fließend. Sie kommen zum Ziel und integrieren das neue Verhalten in Ihr Leben. Möglicherweise bauen Sie auf dem erreichten Ziel Ihr nächstes Ziel auf. Für unser Thema bedeutet das, dass Sie sofort mit der Umsetzung einiger der Inhalte des Buches beginnen, die Ihnen persönlich am wertvollsten erscheinen. Es gelingt Ihnen, die neuen Strategien langsam einfließen zu lassen, die neuen Bedürfnisse bewegend zu kommunizieren. Sie motivieren Ihre Mitarbeitenden zum Mitmachen und integrieren die Strategien als unbewussten Ablauf. Der Aktivierungsgrad der inneren Veränderungskompetenz wirkt sich direkt auf die Qualität der Umsetzung Ihres Veränderungsvorhabens aus. Deshalb ist es so wichtig, vor oder während Veränderungssituationen den Aktivierungsgrad zu analysieren und zu maximieren.

Wie erhalte ich Informationen aus meinem Unbewussten?

Um bis heute überleben zu können, musste der Mensch sehr flexibel auf die unterschiedlichen Gegebenheiten der Natur reagieren. Dabei hilft ein Überlebensmechanismus: das Gefühl. Wenn wir eine negative Erfahrung machen, entsteht ein unangenehmes Gefühl, bei einer positiven Erfahrung entsteht ein angenehmes Gefühl. Gelangt über die Sinnesorgane ein Input ins Gehirn, wird nach Analogien und Assoziationsmöglichkeiten gesucht. Die Summe aller gesammelten Erfahrungen zeigt sich uns bewusst in Form eines Gefühls. Wir erlernen die Gefühlsbildung und den Umgang mit Gefühlen bereits im Mutterleib. Je mehr und je vielfältiger eine werdende Mutter Gefühle zulässt, desto besser wird das Kind später mit Gefühlen umgehen und sie zu seinem Wohl nutzen können. Das beeinflusst beispielsweise auch unseren späteren Umgang mit Angst in Veränderungssituationen.

Zur Beantwortung dieser Frage ist es wichtig, sich auf die Gefühlsebene zu begeben. In wissenschaftlichen Studien hat man herausgefunden, dass durch Fragetests kaum ein Zugriff auf die Inhalte und Antworten des Unbewussten zu erhalten ist. Sie erhellen eher eine Selbsteinschätzung der aktuellen Lage auf der reinen Bewusstseinsebene. Um Informationen aus dem Unbewussten zu gewinnen, benötigen wir die richtige Kommunikationsform. In diesem Fall sind dies Bilder, Grafiken und Farben. Aus Studien amerikanischer Hochschulen geht hervor, dass es so gut wie keine Zusammenhänge aus Testergebnissen gibt, bei denen die Fragen einerseits kognitiv und andererseits über Bilder gestellt werden. Dies war der Grund, dass man zunächst an den Aussagen von Bildtests zweifelte. Erst als man die Anwender von Fragetests zuerst auf die Gefühlsebene brachte, zeigte sich, dass die Diskrepanz zwischen den beiden Testmethoden nicht mehr so groß war. Die neue Generation von Tests und Analysetools, die Aussagen zu unbewussten Inhalten ermöglichen sollen, müssen auf der Basis von Gefühlen aufgebaut sein (Kast).[1]

Experiment im Zusammenhang mit der Integration von interkulturellen Führungsqualitäten

Ein Aspekt der inneren Veränderungskompetenz korreliert mit den Bedenken, Befürchtungen, Sorgen und Ängsten im Menschen. Hier ein Beispiel aus der Coaching-Praxis mit Anwendung eines IT-basierten Veränderungstools:

- *Ablauf:*
  Sagen Sie sich dreimal laut: «Ich bin ein erfolgreicher interkultureller Leader.»

Stellen Sie sich die unten aufgelistete Frage und bewerten Sie diese auf einer Skala von 0 Prozent bis 100 Prozent.
0 Prozent bedeutet: Es sind keine Bedenken und Ängste vorhanden.
+100 Prozent bedeutet: Es ist eine große Menge an Bedenken und Ängsten vorhanden.

- *Frage:*
  «Wie hoch schätze ich meine Bedenken ein, wenn es um die erfolgreiche Umsetzung des Gefühls ‹Ich bin ein erfolgreicher interkultureller Leader› geht?»

- *Auswertung:*
  0 Prozent bis 20 Prozent: Das Maß an Bedenken und Ängsten hat keinen hinderlichen Einfluss auf das Veränderungsvorhaben.
  21 Prozent bis 100 Prozent: Das Maß an Bedenken und Ängsten hat einen hinderlichen Einfluss auf das Veränderungsvorhaben. Stellen Sie sich eine zusätzliche Frage: «Was passiert, wenn ich als interkultureller Leader erfolgreich bin?» Zählen Sie für sich Pro und Kontra auf. Jedes Kontra beeinflusst die Qualität des Veränderungsverlaufs negativ.

Sobald Sie die Erkenntnis haben, dass Bedenken, Befürchtungen und vielleicht sogar Ängste in der Umsetzung von Strategien in der interkulturellen Leadership sind, wird sich etwas in Ihnen bewegen. Als besonders effizient hat sich die Arbeit mit visuellen Elementen erwiesen, wenn es um die Analyse des Unbewussten, von Ängsten und Bedenken geht. Menschen sind oft erstaunt, wenn bei der Frage mittels visuellen Elementen Bedenken im Unbewussten von mehr als 20 Prozent erscheinen und diese Zahl nicht mit der Einschätzung bei der Beantwortung mittels verbaler Fragen zu diesem Thema übereinstimmt. Es ist jedes Mal eine große Überraschung, wenn erkannt wird, welche bisher unbekannten Bedenken die Umsetzung des Veränderungswunsches behindert haben.

Bei einer Umfrage unter Führungskräften mit interkulturellem Kontext wurden folgende Bedenken genannt:

«Ich habe keine Zeit, um noch was Neues zu lernen.»
«Ich weiß nicht, wie die Mitarbeiter darauf reagieren, wenn ich plötzlich anders bin.»
«Wie kann ich den neuen Führungsstil überhaupt gegenüber anderen vertreten?»
«Ist das wirklich der richtige Weg?»
«Ich habe eigentlich viele Vorbehalte und negative Einstellungen zu anderen Kulturen.»
«Bringe ich das überhaupt noch?»

Attraktivität der Veränderung

Ein weiterer Aspekt der inneren Veränderungskompetenz ist die Attraktivität des Veränderungswunsches. Dabei geht es um das Gefühl, das sich hinter der «vision behind» verbirgt. In dem Moment, in dem Sie an einer Zielformulierung arbeiten und diese in all ihren Facetten ausformulieren, liefert das Unbewusste zusätzliche Informationen. Informationen, die Ihnen bewusst gar nicht einfallen. So erkennt das Unbewusste beispielsweise Gefahren und Nachteile, die sich hinter dem Veränderungsprojekt verbergen, die Ihnen so aber nicht präsent sind. In diesem Prozess entscheidet das Unbewusste, in welchem Ausmaß es die Umsetzung des Ziels unterstützen wird. Somit bestimmt das Unbewusste mit seinen Inhalten über die Attraktivität des Ziels. Gleichzeitig bildet das Unbewusste das Gefühl über das Ziel, das sich gut oder schlecht anfühlt, also die Intuition. Das Unbewusste will Sie mit einem schlechten Bauchgefühl vor Schaden schützen, weil es Gefahren erkennt, die Sie bewusst nicht erkennen. Mit einem guten Bauchgefühl will es eine Entscheidung hin zum Erfolg unterstützen, weil es Chancen erkennt, die Sie bewusst nicht wahrnehmen.

Hier ein weiteres Experiment, diesmal im Zusammenhang mit der Attraktivität des Ziels:

> Sagen Sie sich dreimal (vorbereitend autosuggestiv): «Ich bin ein erfolgreicher interkultureller Leader.»
> Stellen Sie sich nun die unten aufgelistete Frage und achten Sie auf das Gefühl, das sich bei Ihnen einstellt. Stufen Sie es auf einer Skala von −100 Prozent bis +100 Prozent ein.
> −100 Prozent bedeutet ein schreckliches, destruktives Gefühl.
> +100 Prozent bedeutet ein geniales, motivierendes Gefühl.

- *Frage:*
  «Wenn ich frei entscheiden kann, will ich das Gefühl ‹Ich bin ein erfolgreicher interkultureller Leader› erfolgreich umsetzen?»

- *Auswertung:*
  +50 Prozent bis +100 Prozent: Die innere Veränderungskompetenz ist aktiviert. Das Unbewusste unterstützt Sie bei der Erreichung Ihres Ziels.
  −100 Prozent bis +49 Prozent: Die innere Veränderungskompetenz ist gering oder gar nicht aktiviert. Jede Antwort, die sich unter +50 Prozent befindet, zeigt, dass Sie die innere Veränderungskompetenz noch nicht voll aktiviert haben und daher die Umsetzung des Veränderungsvorhabens zum Problem werden wird. Denken Sie nochmals über die Attraktivität nach, ein interkultureller Leader zu sein. Entkräften

Sie Argumente, die Ihnen unattraktiv erscheinen, wenn es darum geht, ein interkultureller Leader zu sein.

Der wichtigste Lösungsansatz für die erfolgreiche Umsetzung von Veränderungen, die nötig sind, um die Welt auch für nachfolgende Generationen zu erhalten, liegt in der Einbeziehung des Unbewussten. Es setzt ökonomische und ökologische Ideen sowie Strategien um. Das ist unser größter Pool an Ressourcen – ob in international ausgerichteten Unternehmen oder lokalen Unternehmen mit multikultureller Belegschaft, ob in der internationalen Politik oder in unserer gesamten Einstellung zum Leben.

Anmerkung

1 Im Institut für Veränderungskompetenz, Zürich, verwenden wir dafür den ChangeBooster®, ein PC-basiertes Analysetool, das die spezifische Messung des Aktivierungsgrades der inneren Veränderungskompetenz ermöglicht.

Literatur

Gerd Gigerenzer, *Bauchentscheidungen*, Verlag C. Bertelsmann: München 2008, S. 17.
Daniel Goleman, *What makes a leader?*, 4. Aufl., Harvard Business School Press: Cambridge 2001.
Gerald Hüter, Inge Krens, *Das Geheimnis der ersten neun Monate*, Verlag Walter 2006.
Kast, Bas, *Wie der Bauch dem Kopf beim Denken hilft*, S. Fischer Verlag: Frankfurt a. M. 2007.
Gabriele Schendl-Gallhofer, www.schendl-gallhofer.com, Institut für Veränderungskompetenz, 2008.
Frederic Vester, *Unsere Welt als vernetztes System*, dtv: München 1983.

Wie wertefrei können wir handeln? Gedanken zur Neutralität

Robert S. Benninga

Robert S. Benninga

ist Gründer von Mindpower International, ein Coaching-Unternehmen für Veränderungsmanagement, High Performance Leadership und Persönlichkeitsentwicklung. Er ist weltweit gefragter Redner in diesen

«Manch einer möchte lieber jemand anderer werden. Aber ich habe Neuigkeiten für Sie: Sie können nur Sie selbst sein, und deshalb sind Sie hier. Es ist unmöglich, jemand anderer zu werden, denn diese andere Persönlichkeit ist bereits vergeben.» Diese Botschaft zum Thema Authentizität mag simpel erscheinen, aber sie erfordert Reflexion. Im letzten Kapitel folgen diese und mehr persönlich wiedergegebene Sichtweisen zur Werteneutralität und Unvoreingenommenheit, die interkulturelle Leadership stützen.

Die Vielfalt, der wir heute in einer vielgestaltigen, komplexen, multikulturellen und multinationalen Welt praktisch überall begegnen, gibt uns die einmalige Gelegenheit, interkulturelle Leadership als Diamanten zu betrachten, der nur darauf wartet, für die Kronjuwelen geschliffen und poliert zu werden.

In diesem Essay möchte ich Sie zu einer kurzen, aber aufschlussreichen Besprechung einladen. Zu diesem Zweck scheint es mir angebracht, jeden Menschen als ungeschliffenen Diamanten zu betrachten. Ein Diamant lässt sich in die verschiedensten Formen schleifen, darunter Birne, Princess, Herz, Rundschliff und Brillant.

Am häufigsten ist die Brillantform mit ihren 57 Facetten, eine wunderbare Metapher für die Vielfalt an Merkmalen und Ausprägungen unseres Verhaltens.

Ich möchte hier den universellen menschlichen Diamanten schleifen, um Ihnen dessen Größe, Karatzahl und Farbpalette – also das Potenzial, das wir, Sie und ich, besitzen – vor Augen zu führen. Das erinnert mich an die einmalige Antwort von Michelangelo auf die Frage: «Meister, wie ist es Ihnen nur gelungen, aus einem großen Stück Marmor ein Meisterwerk wie den ‹David› zu erschaffen?» Er antwortete: «Das war gar nicht schwer ... ich habe einzig den überschüssigen Marmor entfernt, denn das Meisterwerk des ‹David› war bereits darin enthalten.» Deshalb lade ich Sie zu einem Besuch im Atelier der «Welt» ein, um Ihnen einige konkrete und bewährte Werkzeuge sowie nützliche, bisweilen aber auch anspruchsvolle Ratschläge mit auf den Weg zu geben, welche die Qualität Ihres Lebens verbessern. Dabei werden Sie feststellen, dass sowohl das gesamte Interkulturelle-Leadership-Konzept wie auch der Gedankenaustausch zur Neutralität auf zentralen kosmischen Prinzipien beruhen, die allen hilfreichen Thesen, Interpretationen und Anregungen übergeordnet sind. Hier drei wichtige Lektionen, die für jede Beziehung und jede Situation zutreffen:

1 *Urteile nicht.*
2 *Praktiziere bedingungslose Liebe.*
3 *Vergib – dir selbst wie auch den anderen.*

Jeden Tag, insbesondere wenn ich mich mit globalen Fragen, internationalen Netzwerken und anderen privaten oder geschäftlichen Angelegenheiten befasse, erscheinen diese drei «allgemeingültigen Vorschläge» auf meinem inneren Computerbildschirm, und/oder am inneren Armaturenbrett leuchtet eine Warnlampe, wenn ich (wie ein Pilot vor dem Abflug) überprüfe, ob mein Flugzeug bereit ist für die Reise an ein neues Ziel unseres Lebenswegs.

Die Bewusstmachung dieser drei kosmischen Gesetze und ihre gezielte Anwendung im Alltag schaffen ein Umfeld, in dem Sie mit weniger Aufwand mehr erreichen können und in dem sich die Leute zu Ihnen hingezogen fühlen. Diese Tatsache wird Ihnen zu einem tiefen inneren Frieden verhelfen, wie Sie ihn im Leben vielleicht noch nicht erlebt haben. Daraus wiederum resultiert eine Art magnetischer Kraft, die interkulturelle interpersonelle und persönliche Führerschaft mit allen damit verbundenen Vorteilen für die Betroffenen bedeutend einfacher macht.

Das erinnert mich an ein Leadership-Forum in den Niederlanden, wo ich, wie meine Kulturkollegen Geert Hofstede und Fons Trompenaars, geboren und aufgewachsen bin. Dort hatte ich die Gelegenheit, Peter Bakker, CEO der TNT-Gruppe (eines weltweiten Post-, Express- und Logistikdienstleisters mit 165 000 Mitarbeitenden in über 200 Ländern), zu fragen, welches für ihn die wichtigsten Lehren aus der Führung eines derart globalen und diversifizierten Unternehmens wie TNT seien. Seine Antwort lautete sinngemäss:

1 *Nimm dir Zeit zum Nachdenken.*
2 *Umgib dich mit schwierigen Leuten, die unterschiedliche Standpunkte vertreten.*
3 *Sorge dafür, dass du Teams mit Menschen bildest, die sich in puncto Persönlichkeit und Charakter optimal ergänzen.*

Lassen Sie mich eine persönliche Interpretation von Bakkers Beobachtungen und Rezepten für erfolgreiche Leadership geben. Sie basiert auf langjähriger Erfahrung im Executive Coaching, die ich im Kontakt mit anderen starken und etablierten Führungskräften auf der ganzen Welt sammeln konnte.

1 *Nimm dir Zeit zum Nachdenken:*
- Nehmen Sie Ihre Aufgabe ernst und sich selbst leicht.
- Schaffen Sie Distanz, agieren Sie als Beobachter des «Spiels» und lenken Sie Ihre eigenen Aktivitäten und jene der anderen in entsprechende Bahnen.
- Sämtliche althergebrachten Traditionen der Welt lehren uns, dass man sich (mindestens) zweimal am Tag 20 Minuten Zeit nehmen sollte, um mit der ultimativen Quelle aller Informationen, Geheimnisse und Energien in Kontakt zu sein. Wenn Sie sich denken, «Ich

weiß schon eine gute Idee, aber ich habe keine Zeit dazu!», liegt genau da ihr Potenzial.

2. *Umgib dich mit schwierigen Leuten, die unterschiedliche Standpunkte vertreten.*
   - Lagere dein Ego im Kühlschrank ein. Sei verwundbar, nimm Hilfe in Anspruch und führe dir vor Augen, dass du nicht das Zentrum des Universums bist und dass dir andere gerne weiterhelfen, wenn du sie nur fragst.

3. *Sorge dafür, dass du Teams mit Menschen bildest, die sich in puncto Persönlichkeit und Charakter optimal ergänzen.*
   - Es ist vielleicht bequem, nur Leute einzustellen, die Ihnen ähnlich sind. Aber in beruflicher Hinsicht wäre das Scheitern vorprogrammiert. Projizieren Sie Ihre Arbeits- und Denkweise niemals auf andere, denn das kann, wie Sie wissen, nicht funktionieren.
   - Leben Sie nach der Platinregel «Behandle andere so, wie sie behandelt werden möchten», anstelle der ebenso bekannten wie wohlmeinenden goldenen Regel («Behandle andere so, wie du selbst behandelt werden möchtest»). Egal wie gut die Absicht hinter der goldenen Regel sein mag, im wirklichen Leben sind die anderen meistens ganz anders. Lernen Sie daraus und handeln Sie entsprechend.
   - Manch einer möchte lieber jemand anderer werden. Aber ich habe Neuigkeiten für Sie: Sie können nur sich selbst werden, und deshalb sind Sie hier. Es ist unmöglich, jemand anderer zu werden, denn diese andere Persönlichkeit ist bereits vergeben. Darin offenbart sich die Schönheit der Vielfalt, die wir ständig sehen und erleben.

Werden Sie sich darüber klar, was Sie vom Leben wollen, welchen Beitrag Sie leisten wollen und was Sie hinterlassen wollen, wenn Sie nach Ihrem Leben hier in die nächste Dimension übergehen. Ein Ziel ist ein Traum mit einem festen Termin. Setzen Sie sich bei all Ihren Bestrebungen möglichst konkrete Ziele (definiert als «SMART»-Ziele), und gehen Sie danach von der Perspektive des *emotionalen Wollens* aus. Das macht das Leben in all seinen Manifestationen viel einfacher als der Ansatz des rationalen Müssens, den allzu viele Leute, Institutionen und Interessengruppen wählen. Lassen Sie sich vom Win-win-Konzept leiten. Seien Sie sich stets darüber im Klaren, was Sie wollen und wofür Sie stehen, und kombinieren Sie den daraus resultierenden Anspruch mit einem offenen und ehrlichen menschenorientierten Ansatz. Schaffen Sie ein leistungsfähiges, spannungsfreies und einladendes Umfeld des emotionalen Wollens, das von Glaubwürdigkeit, Zuverlässigkeit, hervorragenden Beziehungen und Demut aller Beteiligten geprägt ist, wie wir sie in historischen und interkulturellen Führungspersönlichkeiten bewundern, die es gewagt haben, die eigenen Grenzen zu überwinden – Persönlichkeiten wie Nelson Mandela, Mahatma Gandhi, Martin Luther King jr. und hoffentlich auch junge Männer und Frauen dieses Kalibers, welche die Welt so dringend benötigt und verdient.

Nachwort

Connie Voigt

«Ich freue mich, wenn ich jemanden finde, der ganz anders ist als ich, damit ich mit ihm in einem Balanceakt eine Stufe höher komme.»

Professor Hans-Peter Dürr, Physiker und Träger des Alternativen Nobelpreises

Der deutsche Physiker Hans-Peter Dürr beschäftigt sich seit Jahrzehnten mit den Gesetzen der Wechselseitigkeit, mit denen Menschen in ihrer Evolution immer nur zusammen eine Stufe höher kommen, wie er behauptet. «Und um das Lebendige lebendiger werden zu lassen, brauche ich Störungen von außen», so Dürr während einer Veranstaltung in Zürich am 3. November 2008.

Diese physikalische Gesetzmäßigkeit kann gut übertragen werden auf die interkulturelle Führung, denn viele Menschen nehmen «Störungen von außen» innerhalb ihres Unternehmens wahr – allerdings tun sie das nicht so positiv wie Hans-Peter Dürr. Und den Grund für ihre eher negative Wahrnehmung vermögen die wenigsten als ihr eigenes Defizit zu erkennen.

Zur Illustration ein Beispiel eines solchen «Störfalls», der sich im Herbst 2008 zugetragen hat: Das französische Unternehmen Alstom besitzt in China die Wuhan Boiler Company. Zum globalen Management Meeting treffen einige chinesische Manager in Paris ein. Während einer Sitzung nach dem großen französischen Mittagessen wird ein chinesischer Manager in der Runde vermisst. Ein französischer Kollege macht sich auf die Suche nach ihm und findet ihn schlafend im Herren-WC vor. Er sei nicht etwa aus Versehen eingenickt, sondern er sei es gewohnt, nach dem Mittagessen einen zehnminütigen Schlaf zu halten, erklärte der fernöstliche Kollege auf Anfrage der Europäer. In China ist ein Nickerchen während der Arbeitszeit eine durchaus übliche Methode zur Regenerierung der mentalen Kräfte.

Was in der chinesischen Kultur als Standard gilt, wollte das französische Management aber nicht tolerieren. Die kurze Abwesenheit des chinesischen Kollegen bauschte sich zu einer Konfliktsituation auf, in der sich der französische Personalchef mit seinem chinesischen «counterpart» zusammensetzen musste, um «dieses Fehlverhalten», wie es aus französischer Perspektive bezeichnet wurde, zu korrigieren. Man einigte sich auf angepasstes Verhalten in der Zukunft. Eine mögliche Anpassung vonseiten der französischen Kultur blieb unberücksichtigt.

Dies ist nur eines von wahrscheinlich vielen eklatant monopolaren Beispielen aus Führungsetagen international agierender Unternehmen. Hier fand weder ein Perspektivenwechsel statt noch ging es um Toleranz, geschweige denn um Respekt für «fremdartige» Bedürfnisse. Man könnte fast von neokolonialem Verhalten sprechen, da nur ein Wert als der richtige gilt, während der andere als unakzeptabel abgelehnt wird. Hier wären Fragestellungen zum Verständnis der chinesischen Kultur sinnvoll gewesen, und natürlich ein kleiner Paradigmenwechsel wie: Was wäre, wenn chinesische Gastgeber ihren Gästen einfach französische Küche verbieten würden?

Unterschiedliche Wertevorstellungen lassen sich auch sehr gut im Sprachgebrauch erkennen. Das Wort «Krise» wird im deutschen Wortschatz als grundsätzlich negativ konnotiert. Erst der Spruch «In jeder Krise steckt eine Chance» relativiert die negative Bedeutung etwas. In der japanischen Sprache setzt sich das Wort «Krise» aus zwei Wörtern zusammen, nämlich aus der Gefahr und aus der Chance. Das sei ein Grund, so der japanische Unternehmensberater Minoru Tominaga, weshalb sich Toyota immer wieder erfolgreich eigene «Krisen» kreiere – und dies bewusst und mit strategischer Absicht. Während der japanische Autohersteller die Unternehmenswerte Bescheidenheit, Selbstverantwortung und Sauberkeit seit Jahrzehnten lebt, kommuniziert die Führung von Toyota den eigenen Mitarbeitenden zusätzlich seine größten Konkurrenten als eine Gefahr für ihr Geschäft, um ihre Motivation laufend hoch zu halten. «Zuerst war es General Motors, heute sind es chinesische Autohersteller, die den steten Preisverfall verantworten», so Tominaga. Zudem verweist er auf die Wortwahl deutscher Manager, wenn sie sich über den Fortschritt ihrer Prozesse äußern. Sie sagen: «Alles unter Kontrolle.» Das würden japanische Chefs nie so sagen, so der Berater, sondern sie sagen eher: «Alle wissen Bescheid.» Es lässt sich daraus ableiten, dass japanische Chefs eindeutig menschenorientierter führen als deutsche Chefs, denen es um ihre eigene Kontrolle zu gehen scheint. Ohne an dieser Stelle werten zu wollen, auch Führungsstile entstehen innerhalb von jeweiligen Kulturen, in denen wir gefangen sind.

Wenn wir im Rahmen der weiter zunehmenden Globalisierung in Zukunft vermehrt unterschiedlichen Führungsstilen begegnen, müssen wir unsere Toleranzschwellen stark erhöhen, um das Mindeste zu erreichen: die 100-prozentige Akzeptanz anderer Führungsstile. Der maximale Nutzen wäre die gegenseitige Inspiration zur Findung ganz neuer individueller Führungsstile, ganz egal, wer an welchem Standort dieser Welt welche Kulturen führt. Die Boston Consulting Group identifizierte in ihrer letzten Studie, dass Unternehmensführungen durchaus Verbesserungspotenziale sehen in den Bereichen Transformation von Unternehmenskultur und in der Leadership-Entwicklung. Beide Aspekte gekoppelt zu betrachten, wurde bisher weitgehend unbeachtet gesehen.

Wir müssen aber noch nicht einmal von Unternehmen sprechen, die in Regionen wie Asien aktiv sind. Auch die Zusammensetzung der Bevölkerungen ändert sich schnell. In Deutschland sind 42 Prozent der Jugendlichen von bis zu 18 Jahren multikultureller Herkunft. Hinzu kommt die Tatsache, dass ungefähr 50 Prozent aller deutschen Unternehmen Fachkräfte im Ausland suchen müssen, von denen etwa 20 Prozent aus Indien stammen und

40 Prozent aus osteuropäischen Kulturen. In diesem Buch wird nicht die These vertreten, dass mit diesen multikulturellen Einflüssen eine kulturelle Vereinheitlichung stattfinden wird. Im Gegenteil: Unsere Gesellschaften individualisieren sich noch mehr, als sie es schon sind, denn die Kombinationsmöglichkeiten an kulturellen Einflüssen wachsen exponenziell. Somit ist ein Führungsstil gefragt, der über den situativen Führungsstil hinausgeht.

Mit der ebenso rasant wachsenden Mobilität von Menschen und dem Wunsch, auch von neuen, kleineren Unternehmen, weltumspannend agieren zu wollen (vgl. Friedmann 2005), werden Teams in Zukunft vermehrt virtuell zusammenarbeiten. Als Beispiel sei an dieser Stelle der Schweizer Reiseveranstalter Kuoni genannt, dessen wichtigstes Teammitglied im Personalmanagement laut ihrem global verantwortlichen Personalchef Alexander Brochier aus Indien rekrutiert wurde und auch weiterhin von dort arbeiten wird, was beim CEO der Kuoni-Gruppe zunächst Skepsis auslöste. «Unser Chef fragte sich, weshalb und wie sie von Indien aus im globalen Team arbeiten kann», so Brochier. Für den deutsch-österreichischen Personalchef geht es hier «weniger um interkulturelles Verhalten, sondern primär um die offene Lebenseinstellung», wie er sagt.

Grundsätzliche Offenheit für Eigenschaften, die einer anderen Kultur entsprechen, ist für manche Menschen nicht naturgegeben. Sie muss erlernt werden, und das fällt besonders dann nicht leicht, wenn es einen sogenannten Culture Clash gibt, mit dem vor allem zwischen Nachbarländern wie der Schweiz und Deutschland nicht gerechnet wird – Länder, in denen Menschen sich, bis auf regionale Abweichungen, in der gleichen Sprache verständigen. Um mit stereotypen Allgemeinplätzen zu kokettieren: Deutsche erleben ihre südlichen Nachbarn oft als langsam agierendes ehemaliges Bergvolk mit Präzisionswahn und Geldgier. Schweizer nehmen Deutsche, die seit ein paar Jahren die größte Ausländergruppe in der Schweiz ausmachen, häufig als Bedrohung wahr. Denn in ihren Augen glauben Deutsche mehrheitlich, alles besser zu können und sie sind eloquenter im deutschen Sprachausdruck. Während der deutsche Geschäftsmann sich zudem gut verkauft, neigt der Schweizer zum chronischen – durchaus unbewussten – Understatement. Es treffen hier also zwei Extreme aufeinander, die, zumindest zur Vereinfachung sehr verallgemeinernd formuliert, nicht unbedingt zu ändern sind. Was jedoch zu ändern ist, ist die Hebung der Toleranzschwelle beider «Parteien», um vielleicht sogar mehr voneinander profitieren zu können.

Besonders in Stresssituationen oder bei einer Bedrohung zählt Toleranz nicht zum Reflexverhalten. Man denke nur an banale Situationen in unvertrauten Flughäfen und deren Ausschilderungen, die manchen gestressten Reisenden schnell zu Ad-hoc-Vorurteilen verleiten. Es wird in Zukunft vermehrt eine Notwendigkeit sein, die Kunst der Ambiguitätstoleranz zu beherrschen – der Toleranz beim Umgang mit Neuem, bei Unvorhersehbarem und Unsicherheiten. Denn unser Lebens- und Arbeitsstil wird immer schneller, Veränderungen jeglichen Ursprungs treten in immer kürzeren Zyklen ein. Um mit den Eingangsworten von Roland Berger zu schließen: «Die Geschäftswelt wird komplexer, internationaler, vielfältiger – und die sogenannten weichen Faktoren werden mehr und mehr zu den wichtigen Erfolgsfaktoren.»

Literatur

Thomas L. Friedman, *The world is flat. A Brief History of the Twenty-First Century*, Farrar Straus & Giroux: New York 2005.

Danksagungen

Großen Dank an Roland Berger Strategy Consultants Schweiz und Professor Roland Berger persönlich für die spontane Mitwirkung und seine Überzeugung von der wachsenden Bedeutung des Themas für die Führung von morgen. Ebensolcher Dank gilt Professor Jürgen Bolten von der Universität Jena, der mit großer Leidenschaft den interkulturellen Ethnozentrismus des Westens kritisiert und damit den Kern des Buches erfasst.

Dank auch Christa Uehlinger und Guy Lang für ihr coachendes Lektorat sowie Regula Walser für ihre enorm saubere Lektoratsarbeit.

Vor allem auch Dank an die Verlage NZZ Libro und GABAL für ihren Glauben und ihre Investition in das Buch, und natürlich größten Dank jedem einzelnen der in der Welt verstreuten Kapitelautorinnen und -autoren und allen Interviewpartnern, ohne die keine inhaltliche Diversität entstanden wäre.

Und last but not least Dank der ManRey Übersetzungen GmbH, namentlich Georges Manouk, der mit Riesenspaß am Thema mitgewirkt hat, und Claudio Fernandez-Araoz, Partner der Zehnder Executive Search in Argentinien, der für das Verfassen des Nachworts großzügig seine Büroräumlichkeiten in Buenos Aires zur Verfügung stellte.

Schliesslich vorauseilender Dank an alle diejenigen, die ihre eigenen Erfahrungen mit interkultureller Führung in Zukunft teilen mit der Herausgeberin Connie Voigt über: c@interculturalcenter.com.